中国农业的化肥减量化逻辑：理论与证据

张 露 罗必良 著

科学出版社
北 京

内 容 简 介

本书基于"技术—规模—分工—治理"的分析线索，结合分工理论和合约理论等，运用实证与案例研究方法，揭示不同农业经营目标和要素禀赋情境下，农户化肥减量的行为逻辑、决定机理与治理路径，进而从微观、中观与宏观三个层面阐明化肥减量的政策含义及其策略选择。

本书适合于农业资源环境经济、土壤与植物营养、生态学等方向的研究者或者从业者阅读，也推荐应用经济学方向的研究生阅读。

图书在版编目（CIP）数据

中国农业的化肥减量化逻辑：理论与证据/张露，罗必良著. —北京：科学出版社，2022.5
　　ISBN 978-7-03-063658-4

　　Ⅰ. ①中… Ⅱ. ①张… ②罗… Ⅲ. ①化学肥料－施肥－研究－中国　Ⅳ. ①S143

中国版本图书馆 CIP 数据核字（2021）第 127424 号

责任编辑：王丹妮 / 责任校对：贾娜娜
责任印制：张　伟 / 封面设计：无极书装

科 学 出 版 社 出版
北京东黄城根北街 16 号
邮政编码：100717
http://www.sciencep.com

北京虎彩文化传播有限公司 印刷
科学出版社发行　各地新华书店经销

*

2022 年 5 月第　一　版　开本：720×1000　1/16
2023 年 1 月第二次印刷　印张：14 3/4
字数：298 000
定价：148.00 元
（如有印装质量问题，我社负责调换）

前　言

　　农户是农业经营的核心主体，也是农业减量化技术的采纳主体，其减量意愿及潜在技术需求具有重要的行为发生学意义。已有研究往往将农户视为同质化主体，未能厘清农户需求偏好与减量技术采纳行为的内在机理。本书以化肥减量为例，通过构建"农户分化—要素匹配—减量策略"的分析线索，揭示不同情境下农户减量的目标偏好及其行为逻辑差异。分析结果表明如下几点。

　　第一，技术逻辑。农户减量具有差异性，并与农户的禀赋特性及其要素匹配紧密关联。其中，生存型农户偏好以家庭生态圈内部要素替代外部要素来弱化毒性成分以保护土壤；生活型农户偏好以节省劳动力的施肥措施来降低肥料损耗；生产型农户偏好以改善化肥养分元素配比来增加作物吸收率；功能型农户则偏好通过危害度更低的外部要素的替代来弱化毒性成分。

　　第二，规模逻辑。地块规模越大，减施量越高；追求产量最大化的生产型小农，其减施量与经营规模呈倒"U"形变化态势，而追求多元化经营的功能型小农，其减施量随经营规模的扩大而增加；连片规模扩大，减施量就增高，并且能够通过地块规模的扩大及经营规模的扩大而增进减施效应。

　　第三，分工逻辑。横向分工与纵向分工分别通过人力资本积累、迂回技术引进效应促进农户的化肥减量施用；对于化肥施用量处于低位分布的农户，纵向分工的减施效应相对较强，对于化肥施用量处于高位分布的农户，横向分工的减施效应更为明显；伴随分工深化，农户对社会化服务的采纳能够通过地块规模、经营规模和连片规模的扩大而增强减施效应。

　　第四，治理逻辑。为激发农户从自我服务向外包服务的行为转变，并维护所缔结服务合约的稳定性，需要以要素合约和服务合约为核心合约，并匹配资本合约与产品合约等边缘合约。核心合约与边缘合约的匹配，可以生成减量化的自我实施机制，从而为化学品减量从政府主导向市场主导转变提供契机。

本书进一步在分析高标准农田建设和粮食主产区政策减量影响的基础上，重新定位农业功能，并明确农业高质量发展的本质规定，倡导鼓励小农户的连片种植，以突破其要素禀赋局限，增进农业减量服务的社会化与专业化，进而实现农业减量的市场化。

张 露

2021 年 11 月

目　　录

第四篇 减量的治理逻辑

第五篇 减 量 政 策

第1章 绪 论

1.1 问题提出

1.1.1 化学品用量的时序和空间特征

化肥的施用对提升作物产量、维护粮食安全具有重大意义（何秀丽和刘文新，2014）。在中国，化肥对粮食增产的贡献在 20.79%～56.81%（房丽萍和孟军，2013；王祖力和肖海峰，2008）。同样令人瞩目的是，1978～2015 年，中国农用化肥施用折纯量由 884.00 万吨激增至 6022.60 万吨，年均增长率达 5.32%[①]。化肥消费量占全球总量的 32%。中国已成为化肥用量最高的国家之一，化肥用量为世界平均水平的 3 倍，欧美发达国家的 2 倍（李红莉等，2010；张凯等，2019）。同时，化肥利用率相对低下，例如，氮肥在中国水稻、小麦和玉米生产中的利用率仅为 27.3%、38.2% 和 31.0%，相较于世界平均利用率低出 20%～30%（闫湘等，2017）。

更为严峻的是，长期过量施用化肥，不仅造成严重的环境污染，表现为土壤板结酸化、水体富营养化和温室气体排量增加，威胁粮食安全乃至农业可持续发展（黄国勤等，2004；Cordell et al.，2009；杨林章等，2013；吕娜和朱立志，2019）；而且经污染的土壤、水和空气进入食品，引致突出的食品安全问题，如农产品的重金属超标等，产生致癌等健康风险（向涛和綦勇，2015；叶兴庆，2016；Zhang et al.，2018）。据此，农业部于 2015 年发布《到 2020 年化肥使用量零增长行动方案》，化肥减量受到普遍重视（刘丹等，2018）。于是，以 2015 年为政策冲击的时间节点，形成"准自然实验"，可以观测其前后化肥用量的时空演进特征。

[①] 除特别说明，所有数据均来源于国家统计局官网（http://data.stats.gov.cn/）。

（1）时间维度：第一，1983～2015 年化肥用量持续增长，且增长率呈现出时间的阶段性，其中，1983～1998 年为快速增长期，年均增速为 5.79%，1999～2015 年为增速放缓期，年均增速降至 2.39%；第二，在 2015 年达到峰值后，农用化肥施用折纯量于 2016 年首度出现下降，2016～2018 年较上一年的降幅分别为 0.64%、2.09% 和 3.52%；第三，施用量的下降主要表现在氮肥、磷肥与钾肥方面，农用复合肥的施用量和占比仍呈持续上升趋势，2018 年（2268.84 万吨）相较于 2015 年（2195.69 万吨）增长 3.33%（图 1-1）。

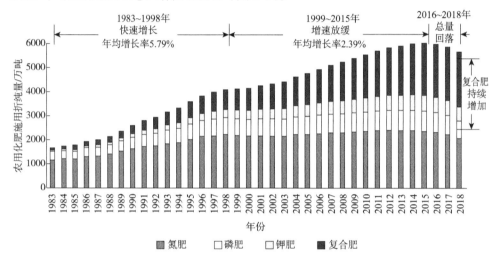

图 1-1　时间维度：1983～2018 年农用化肥施用折纯量及其品类构成

（2）空间维度：第一，化肥用量的贡献率表现出区域异质性[①]，1980～2018 年平均贡献率由高到低顺次为华东（31.61%）、华中（19.91%）、西南（11.38%）、华北（10.88%）、华南（9.52%）、东北（9.21%）和西北（7.49%）；第二，化肥用量的增长率也呈现出区域异质性，相较于华北、东北和华南片区，华中和西北片区的增长相对迅速；第三，化肥消费重心出现转移，以 1996 年为基期，华中片区的贡献率持续上升，而华东片区的贡献率呈现下降趋势，华中片区的河南于 2001 年超越华东片区的山东，高居全国化肥用量榜首；第四，着力推进减量化的 2015～2018 年，化肥施用的区域空间格局未发生显著改变。

本书致力于回答：为何化肥用量居高不下？各类农业经营主体的化肥施用的行为逻辑是什么？激励各类农业经营主体减少化肥用量的策略是什么？

---

① 区域划分：东北（黑龙江、吉林、辽宁），华东（上海、江苏、浙江、安徽、福建、江西、山东），华北（北京、天津、山西、河北、内蒙古），华中（河南、湖北、湖南），华南（广东、广西、海南），西南（四川、贵州、云南、重庆、西藏），西北（陕西、甘肃、青海、宁夏、新疆）。港澳台无数据，故略。

1.1.2 化学品减量的政策与误区

1. 既有减量政策的技术依托

由于农业减量化依赖于技术的进步，2016～2018 年，中央财政投入 23.97 亿元设立"十三五"国家重点研发计划重点专项，开展"化学肥料和农药减施增效综合技术研发"，为减量奠定坚实的技术基础（张凯等，2019）。那么，如何有效推广这些既以成熟的减量技术？历年出台的多个《土壤有机质提升补贴项目实施指导意见》主要是按照所采纳的技术类型来制定不同额度的补贴，而补贴额度的高低则体现了对应减量技术策略的优先序，这是典型的技术导向设计（金书秦等，2015）。以技术为导向的减量策略可归纳为三类：一是弱化毒性成分，二是提升吸收效率，三是降低施用损耗。

（1）弱化毒性成分。传统意义上的生产要素替代效应是在产出不变情形下，由相对价格变化所激发的。但随着环境保护约束力的增强，生产要素替代是否发生也可能由相对污染强度决定，即通过要素替代，降低甚至消除肥料中可能形成毒害或污染的要素用量。比如，用生物质炭基肥替代部分化肥进行施用，这既能增加产量，又能减低传统化肥施用造成的污染物累积及其健康危害；再比如，以种养结合构建家庭农业生态圈，通过适量的畜禽养殖或绿肥种植产出有机肥，实现有机无机相结合，短期可以兼顾成本与肥效需求，长期能够提升耕地肥力，用耕地内在养分替代外部化肥投入（仝为民和严力蛟，2002；Xin et al.，2017）。可见，要素替代包括两种路径：一是用无毒或低毒要素替代高毒要素，降低环境或健康危害程度，表现为外部要素之间的替代；二是通过生态圈内部良性循环的构建，实现内部要素间的自发均衡，表现为内部要素对外部要素的替代。值得注意的是，目前针对农产品品质的市场甄别与监管机制尚未健全，若直接推广弱化毒性成本的减量技术，在不完全市场条件下容易引致道德风险。一方面表现为施肥行为的双标倾向，即供给家庭消费的部分采用要素替代以降低毒性，用于出售的部分则多施化肥以保证产量；另一方面，受绿色农产品的高附加值影响，可能诱发漂绿行为，即虚假宣称已采用要素替代（张露和罗必良，2020a）。

（2）提升吸收效率。利用效率表达的是既定投入要素组合获取的产出数量，提升效率的路径为在稳定产出的情形下降低投入或在稳定投入的情形下提升产出。具体来说，测度化肥利用效率的指标参数包括养分回收率（apparent recovery efficiency，RE）、偏生产力（partial factor productivity，PFP）、农学效率（agronomic efficiency，AE）和生理利用率（physiological efficiency，PE）。RE 反映施入土壤中肥料养分的回收效率，PFP 和 AE 分别反映单位肥料投入所生产的作物籽粒产量或产量的增量，PE 则反映作物地上部分每吸收单位肥料所获得的籽粒产量增量

（张福锁等，2008）。显然，高吸收率、低残留率是减量的重要思路，要求根据土壤肥力状况和作物营养需求等实施精准施肥用药。例如，我国着力推广的测土配方肥，就是先检测土壤营养物质状况，再有针对性地配比养料元素。既提高所缺物质的吸收效率，又避免富余物质的无效累积。然而，吸收效率的变化并非可以直观被感知的，需要基于精密仪器的检测与实验才能准确判断，这就使得农户在采纳提升吸收效率的减量技术时，由于自身缺乏技术绩效的检验能力，而面临极高的风险与交易成本约束。农户，特别是小规模经营农户，囿于家庭要素禀赋局限，其生产决策往往具有明显的风险规避和简化交易倾向，造成相对较低的技术采纳率。

（3）降低施用损耗。研究显示，我国水稻、小麦和玉米的氮素当季回收率仅为27.2%、43.8%和32.4%，与国际平均回收率51%相差甚远。这表明粮食作物种植中，56.2%～72.8%的氮素被无效损耗（朱兆良和金继运，2013）。在提升作物吸收效率的同时，通过施用方式的优化降低无效损耗，也是减量的重要思路。其一，改进施肥观念。农户普遍存在认知误区，认为化肥用量越高，作物生长所需的养分供应越充分，产量也就越高（尚杰等，2019）。事实上，化学投入品的过量施用不仅无效，甚至有害。张福锁等（2008）的分析显示，氮肥施用量与产量呈倒"U"形变动关系，即用量超过240千克/公顷时，产量出现下降。其二，改进施用工具。以无人机为代表的机械化喷施，通过雾化形式均匀连续作业，避免人工重复喷施以及地形限制等因素造成的损耗，可将施用量降低30%～50%（蒙艳华等，2018）。其三，改进施用措施。叶面施肥、湿润施肥、化肥深施、化肥缓释等对表面撒施方式的改进均能有效降低流失风险（樊小林和廖宗文，1998；全为民和严力蛟，2002）。需要注意的是，无论是思想观念的革新还是工具措施的改进，都需要打破农户原先旧的耕作理念与方式（张露和罗必良，2019）。然而，农户的耕作经验是经由家庭世代沿袭和传承的，通常表现出极强的行为惯性特征。若不具备强烈的行为动机诱导，任何对其进行变革的努力都难以奏效或不可持续。

综上可以发现，技术导向的减量化策略主要聚焦于如何通过技术或工具的改进，以达到其弱化毒性成分、提升吸收效率或者降低施用损耗的目标。鲜见技术导向的减量研究探讨如何将改进的技术或工具在农户中进行推广，从而造成技术的适用对象不明确，相应的政府扶植政策也呈现普惠性，略显无的放矢。事实上，对于技术受众农户而言，不同的技术或工具隐含着不同的采纳门槛或者说要素匹配要求，也隐含着不同的交易费用，普惠制的政策激励并不能形成广泛的行为激励与目标相容。类似于2017年印发的《关于创新体制机制推进农业绿色发展的意见》等减量政策，仍过于强调目标导向与政府导向（庇古传统），忽视了农户的行为特征及其响应逻辑。例如，种粮大省黑龙江在2016～2017年使用测土配方肥、缓释肥、生物肥等新型肥料及水肥一体化的面积为 91.7 万亩[1]，占其耕地面积（2.39 亿亩）的比例不足 4‰（刘伟林，2017b）。因此，在减量技术研发取得坚实进展的情形下，农业减量化重心应转向技术-需求匹配，即探索如何根据地域自然环境特征与决策主体特征，靶向精准实施减量技术推广。

2. 既有减量政策的激励思路

鉴于减量行为的显著外部性特征，既有政策导向集中表达为两个方面的激励。一是遵循庇古传统，强化政府的职能，以期通过测土配方肥补贴等政策手段，来改善各类农业经营主体的减量行为响应；二是遵循科斯定理，试图通过产权明晰（农地的确权颁证）来促进农地流转交易，以期诱导农业的规模经济性，从而改善新型农业经营主体的减量化效果。

Pigou（1920）主张通过政府补贴等实现外部性的内部化，在环境友好行为激励方面得到普遍运用。2015 年中央财政补助 6.94 亿元，支持测土配方肥的推广运用，补贴项目覆盖全国 67 万个村的 1.63 亿农户及 1642 家农企合作企业[2]。需要指出的是：其一，政府干预也并非零成本，特别是对广泛且大量存在的小农户采取补贴策略以激励其可持续生产行为，可能造成干预成本高于外部性产生的损失（李江一，2016；Chen et al.，2017）。其二，政府干预情形下容易滋生寻租行为，且对寻租行为监督困难，同样可能产生额外监督成本，从而形成政府资源配置的效率障碍，甚至引发干群之间或者群众之间的团结稳定问题（马恩涛等，2018）。其三，合理补贴对象和补贴标准的确定困难，因为需要明确行为主体和受既定行为影响主体，同时采集其边际成本与边际收益数据等相关信息的难度较大，需要支付可观信息成本（蔡时雨等，2019）。其四，补贴引致长期行为改变存在准入门槛问题，对人力、资本和经营规模均受限的小农户而言，只有补贴后的新要素采购成本低于传统要素时，才能激励其采纳行为改变（Mason et al.，2017；周静等，2019）；而补贴刺激消失后，小农户可能并不具备采纳环保新要素的可持续性，从而表现出行为改变的短期性（Pan et al.，2016；林楠等，2019）。

Coase（1960）认为外部性内部化无须抛弃市场机制而依赖政府行为，产权界定的明晰化可提高资源配置效率。于是，以确权产权界定策略刺激农地交易市场发育，实现农地的流转与集中，继而扩大农户的农地经营规模，被认为是实现减量化的重要路径（程令国等，2016；张聪颖等，2018）。值得注意的是：其一，Coase 强调要将产权界定为更有能力或者可以降低交易费用的主体，但更有能力

---

① 1 亩=666.7 平方米。

② 资料来源：《对十二届全国人大四次会议第 4560 号建议的答复》，http://www.moa.gov.cn/govpublic/CWS/201608/t20160829_5255912.htm，2016 年 8 月 29 日。

的产权主体识别及其成本问题却未能得以有效揭示。其二，随着环境条件的改变，如资源相对重要性改变，原有产权安排可能产生高昂的交易成本，此时若变更产权可能引发不稳定预期，若维持产权不变则可能牺牲潜在收益，从而陷入决策的两难困境（罗必良，2017a；Xu et al.，2018）。其三，虽然长期推进农地确权和流转，但小规模农地经营格局并未发生根本性改观。1996 年，经营土地规模在 10 亩以下的农户占家庭承包户总数的 76.0%，2018 年的比重则高达 85.2%[①]。与小规模相伴随的是土地的细碎化。本书对湖北省 1752 户稻农的随机抽样表明，即便是平均经营规模高达 176.4 亩的农业经营主体，其平均地块数也高达 44.4 块。

同时需要注意的是，关注农地经营规模对农业减量化影响的研究并未形成一致性结论。部分研究认为，农地经营规模与化学投入品施用量呈现显著的负向相关性（李传桐和张广现，2013；蔡颖萍和杜志雄，2016；Ju et al.，2016）。例如，Wu 等（2018）的测算指出，农户经营的农地规模每增加 1%，化肥和农药的用量能够分别下降 0.3% 和 0.5%。然而有研究指出，二者间的关系可能并非线性的，而是存在农地规模阈值。诸培新等（2017）的分析认为，水稻生产的亩均化肥投入随经营规模扩大呈现"U"形变动趋势。纪龙等（2018）的研究也证明，随着农地经营规模扩大，农户合理施用化肥的概率显著提升，但提升幅度随规模扩张呈逐级递减趋势。甚至有研究指出，随着规模的扩张，人工要素过度投入趋势得以缓解，但是化肥过度投入现象并未改善（张晓恒等，2017；张聪颖等，2018）。之所以如此，恰恰是因为不同地区的自然环境特性与决策主体特性存在差异。不同类型的农地规模使得具有不同比较优势的农户有着不同的行为目标偏好，进而诱发不同要素配置行为与技术匹配策略，由此会导致不同的减量化效果（杨泳冰等，2016；郭晓鸣等，2018）。已有研究尚未对此予以充分重视。

在农业减量化情境中，无论是采用 Pigou（1920）的政府补贴逻辑还是 Coase（1960）的产权界定逻辑，其所蕴含的假设均为农业减量化具备完全的正外部性。但是与工业领域不同，过量施用农药，不仅可能导致农田污染，而且可能造成农产品中的污染物残留。此时，一个以满足自身需求安全最大化为目标的农户，能够将社会的减量化目标与自身效用最大化的目标相容。那么可以判断，农业减量化及由此产生的环境保护效应并非完全是外部性的，无差别的农户补贴政策或者单纯的产权稳定政策难以实现减量行为激励的效率最优。

3. 既有减量政策的可能误区

如前所述，以下两个方面的问题必须受到重视。第一，尽管推进农地规模经营已成为基本的政策主线，但基于前述的政策绩效，可以认为，在能够预期的较

[①] 1996 年数据来源于全国农村固定观察点的农户调查；2018 年数据来源于《中国农村经营管理统计年报》。

长时期内，寄希望于通过扩大农户经营规模来实现减量化不具备现实可行性；第二，考察农户特性及其农业生产所依托的要素市场环境演变是讨论农业减量化问题的逻辑起点，孤立地审视农户的农地经营规模与减量化的关系，忽视其差异化的关联机理与作用机制，可能造成对二者关系的误判。

（1）孤立性问题：忽略要素匹配的关联性。当农户的经营规模超出家庭农业经营能力时，会形成劳动力要素的刚性约束，经营主体或者通过要素市场补充劳动力，或者引入机械化的生产要素替代劳动力（王建英等，2015）。由此可能存在三种不同类型的农业化学品施用模式，即完全人工施用、人工与机械结合施用和完全机械施用。一方面，由于人工投入与机械资本的组合投入不同，其农业化学投入品的施用量与利用率在不同规模乃至同等规模的农户间，均可能形成较大差异。另一方面，人工与机械均可以实现减量化，但机理不同。其中，人工施肥的机动性更强，可以根据局部作物生长情况灵活地进行现场处理，但却缺乏标准化；机械施肥则可进行定量化与标准化控制，能够保证施用量的均匀和精准性并避免施用损耗（苏效坡等，2015），但存在土地规模匹配与机械利用效率的约束。可见，忽略生产要素的匹配特征来讨论农地经营规模与减量化的关联，可能存在较大误差。

（2）静态性问题：忽略农户经营目标转换的行为影响。长期以来，农业人口增长与耕地的刚性约束，造成了中国农业发展的内卷化（involution），即通过高度密集的劳动力投入提升耕作的精细度与复杂度，消解劳动力的增长并避免收入降低（黄宗智，1986）。由此，农地规模小、以自给自足为目标的生存型小农大量形成。然而，20 世纪 80 年代起，非农产业的发展诱导了农业的去内卷化，使得生存型小农出现分化。部分农户开展家庭内部的代际分工，老龄或妇女劳动力留守务农，成为追求生活体面感、幸福感的生活型小农；部分具备经营能力的小农，通过农地转入，发展成为以追求产量最大化为目标的生产型小农；部分农户甚至转型为旨在拓展农业食品供给功能、发挥其多元化价值的功能型小农（贺雪峰和印子，2015；郭晓鸣等，2018）。生产目标转型会引发小农化学投入品施用量的行为差异。显然，忽视农户的务农目标及其行为动机，将难以准确把握其减量化的内在机理。

（3）同质性问题：忽略农地流转及经营规模所隐含的差异性。考虑灌溉条件、土壤肥力以及距居住点远近等多重因素的农地分配方式，使得同一家庭所分得的地块不连片，造成严重的农地细碎问题。所以，即便是经营着同等规模耕地的农户，其地块数与地块面积也存在差异，随之可能带来化学品施用量的差异（王建英等，2015）。同时，农户对耕地的经营决策不同，化学品的施用量亦可能不同。首先，发生劳动力非农转移的家庭可能选择撂荒或将土地转出；而以农为业的农户则可能通过土地转入扩大经营规模。实际经营的农地规模发生变化，可能造成化学品施用量不同（Wu et al.，2018）。其次，农民的行为决策具有显著的从众倾向，若多个农户开展连片种植，在保留其土地经营权的基础上，获得规模经济性，也可能改变化学品的施用行为（罗必良，2017b）。据此，农地规模有着不同的表达形式，而仅仅以地块规模或总量规模来判定减量化的机理，可能失之偏颇。

1.2　事实判断：小农减量的行为逻辑

1.2.1　小农分化的典型事实

已有关于小农的研究主要聚焦于：一是何谓小农，即小农的经营规模与特征属性问题（林毅夫，1988）；二是小农存续的机理，即小农演进发展的政治经济史问题（徐勇，2006）；三是小农的未来走向，即小农与现代农业的衔接问题（贺雪峰和印子，2015；张露和罗必良，2018）。值得注意的是，多数文献往往将小农视为同质化群体，即使是考虑到了小农的分化，但依然忽视其经营目标的异质性及其行为发生学意义。

通过观察美国家庭经营的发展趋势不难发现，其小规模农户呈现日益多元化趋势。美国农业部数据显示，2017 年，虽然小规模家庭农场的产值贡献只占17.70%，但数量占比达到 84.98%。小规模家庭农场至少包括退休、兼业、低销售收入职业务农三类（表 1-1）。其中，低销售收入职业务农的小规模家庭农场增长尤为迅速。可见，在农业现代化的发展进程中，即使在美国这样大规模的农业经营格局中，收入最大化也并非总是小农经营的唯一目标。

表1-1　美国家庭农场分类及其分布

家庭农场类型	数量占比		产值占比	
	2011 年	2017 年	2011 年	2017 年
退休（retirement）	16.74%	10.93%	1.79%	1.50%
兼业（off-farm）	43.03%	41.67%	6.01%	5.62%
低销售收入职业务农（farming occupation：low-sales）	26.82%	32.38%	7.95%	10.58%
中等销售收入职业务农（farming occupation：medium-sales）	5.59%	5.79%	14.17%	11.78%
中等规模家庭农场（midsize）	5.82%	6.41%	29.06%	25.92%
大规模家庭农场（large）	1.82%	2.53%	27.75%	26.45%
超大规模家庭农场（very large）	0.18%	0.29%	13.27%	18.14%

资料来源：美国农业部官网（https://www.ers.usda.gov）

现代农业是充斥着错综复杂趋势与矛盾互相交织的领域，如果仅仅按照经营规模对农户进行分类，而忽视既定时期的经济、技术与文化条件，往往难以对农业发展的本质进行深刻理解（列宁，1958）。早在 2007 年的中央一号文件就已阐明"农业不仅具有食品保障功能，而且具有原料供给、就业增收、生态保护、观光休闲、文化传承等功能。建设现代农业，必须注重开发农业的多种功能，向农业的广度和深度进军，促进农业结构不断优化升级"[①]。显然，现代农业发展存在多元化目标，包括既能够满足消费者营养健康需求、维持农户生计、创造经营利润新增长点，又能够调节生态平衡和维系文化传承等。由此，作为农业家庭经营主体的小农，其从事农业生产的目标也可能随之形成分化并走向多元，从而在现代农业尤其是在推进农业绿色发展进程中具有不同的行为响应。

因此，本章试图在理解生存型小农本质特性及其分化路径的基础上，揭示不同类型小农经营目标的转换及其行为特征，由此讨论农业减量化的内在逻辑与决定机理，目的在于说明小农的分化及其目标转换在农业现代化，尤其是农业绿色发展进程中将表现出多元化趋势。

1.2.2　生存型小农及其分化

1. 生存型小农的本质特征：农业"内卷化"

恩格斯对小农的定义被学界普遍采用，其认为小农是"小块土地的所有者或租赁者，尤其是所有者；这块土地既不大于他以自己全家的力量通常所能耕种的限度，也不小于足以养活他的家口的限度"（马克思和恩格斯，1995）。这一定义清晰界定了小农的生产关系与生产力水平（张新光，2011），意味着小农家庭经营的生产经营目标主要是谋求自给自足。

中华人民共和国在成立初期，国民经济以农业为主导并表现出典型的小农大国特征。1952 年，第二产业和第三产业增加值占国内生产总值的比重仍仅为 20.8% 和 28.7%，而第一产业增加值占比则高达 50.5%。由于工业和服务业对劳动力的吸纳能力有限，而劳动人口数量却急剧增长，造成农业就业人口的持续增加。在改革开放之前，中国农业的就业人口占比一直保持较高水平（表 1-2），农业发展呈现内卷化现象。

---

① 资料来源：《中共中央　国务院关于积极发展现代农业扎实推进社会主义新农村建设的若干意见》，http://www.gov.cn/gongbao/content/2007/content_548921.htm，2016 年 12 月 31 日。

表1-2 三大产业就业人数占比

年份	第一产业就业人数占比	第二产业就业人数占比	第三产业就业人数占比	年份	第一产业就业人数占比	第二产业就业人数占比	第三产业就业人数占比
1953	83.07%	8.03%	8.90%	1987	59.99%	22.22%	17.80%
1955	83.27%	8.57%	8.16%	1989	60.05%	21.65%	18.31%
1957	81.23%	9.01%	9.76%	1991	59.70%	21.40%	18.90%
1959	62.17%	20.64%	17.19%	1993	56.40%	22.40%	21.20%
1961	77.17%	11.16%	11.67%	1995	52.20%	23.00%	24.80%
1963	82.45%	7.65%	9.89%	1997	49.90%	23.70%	26.40%
1965	81.60%	8.40%	10.00%	1999	50.10%	23.00%	26.90%
1967	81.67%	8.64%	9.70%	2001	50.00%	22.30%	27.70%
1969	81.62%	9.12%	9.26%	2003	49.10%	21.60%	29.30%
1971	79.72%	11.20%	9.08%	2005	44.80%	23.80%	31.40%
1973	78.73%	12.26%	9.01%	2007	40.80%	26.80%	32.40%
1975	77.17%	13.50%	9.33%	2009	38.10%	27.80%	34.10%
1977	74.51%	14.81%	10.68%	2011	34.80%	29.50%	35.70%
1979	69.80%	17.58%	12.62%	2013	31.40%	30.10%	38.50%
1981	68.10%	18.30%	13.60%	2015	28.30%	29.30%	42.40%
1983	67.08%	18.69%	14.23%	2017	26.98%	28.11%	44.91%
1985	62.42%	20.82%	16.76%	2018	26.11%	27.57%	46.32%

资料来源：国家统计局官网（http://data.stats.gov.cn/）

Geertz（1963）将印尼爪哇地区农业部门在外部扩张受限情形下，向内使耕作精细化与复杂化发展，以消解农业劳动力的增长，并避免人均收入下降称为"农业内卷化"。黄宗智（1986）将 Geertz 局限于水稻的内卷化概念拓展到"更为劳动密集的经济作物形式"，甚至可以是"半工"与"半耕"相结合。郭继强（2007）则进一步将内卷化界定为农户的自我战胜和自我锁定过程。虽然内卷化理论在概念边界与劳动生产率的计算等方面未能达成共识，但 Geertz（1963）的内卷化表达已经被学界广泛接受（刘世定和邱泽奇，2004）。

在内卷化情形下，小农通过高度密集的农业劳动力投入，以降低劳动生产率为代价，获得土地生产率的提升，然而效率改进又被更高的人口增长率所消耗，最终使中国传统农业呈"过密型增长"（贺雪峰和印子，2015），并不断加剧人地矛盾。1776 年我国人均耕地面积为 3.7 亩/人，1952 年下降到 2.8 亩/人，1978 年进一步降至 2.2 亩/人（张新光，2011）。由于缺乏劳动对外输出的可选路径，小农逐渐形成精耕细作的路径依赖并被锁定，其生产以自给自足为目标，表现为生存型小农。

综观世界小农演进历程，自给自足的生存型小农在农业现代化起步阶段是普遍存在的农户形态。即便是凭借设施化发展创造世界农业奇迹的荷兰，其农业现代化也以生存型小农的转型为起点（厉为民，2007）。如何"去内卷化"，一直是学界关注与争论的焦点（张新光，2011）。

2. 小农分化："去内卷化"及其目标转换

对于小农的存续，马克思指出，在资本主义生产关系形成过程中，家庭农场可能被消解或是被资本主义农场所取代，农民终将会成为工具化的雇佣劳动者。恰亚诺夫（1996）则认为，小农经济能够以其"农民生产方式"抵御资本主义渗透，因为其寻求的是劳动辛苦程度和家庭成员需求满足间的均衡，所以能对外在力量进行有效应对。然而，无论是秉承马克思的观点，倡导培养各类新型农业经营主体，发展农业产业化经营，还是沿袭恰亚诺夫的思想，主张保持小农的独立性，发展适度规模的小型家庭农场，其均肯定了农业去内卷化的必要性以及生存型小农转型的必然性（贺雪峰，2011）。

以工业化与城镇化来吸纳农业剩余劳动力，被认为是中国农业去内卷化的基本思路（郭继强，2007）。表1-2的数据表明，以1991年为基期直至2018年，第一产业吸纳的就业人数占比始终呈下降趋势。其中，2003年可视为重要的分水岭，该年非农就业人数总和占比（50.90%）首次反超第一产业就业人数占比（49.10%）。由此，农业的去内卷化发展，使得生存型小农出现分化，逐步转型出生产型小农、生活型小农与功能型小农。分化路径如图1-2所示。

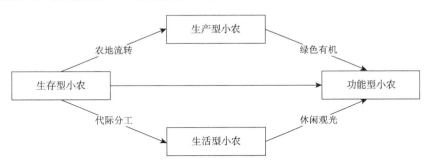

图 1-2　生存型小农的分化路径图

1）生产型小农

依照"人动"带动"地动"的逻辑，工业化与城镇化进程将诱导农业劳动力的非农转移，农业就业人口的减少能够促进土地流转，继而有助于实现农业规模化乃至产业化经营。于是，扩大经营规模的小农将不再以自给自足为生产目标，转而引入先进的农业生产要素或者卷入农业分工，以追求农业生产利润的最大化，由此成为生产型小农；而适度规模经营的生产型小农若进一步卷入农业横向分工，进行连片化种植，则可能获得更大的规模经济性，实现生产利润的进一步扩大。荷兰自给自足的生存型小农，正是借助社会分工促进的技术进步与劳动生产率提高，转型为专业化的农产品供应商（厉为民，2007）。

2）生活型小农

以农业劳动力的非农转移实现去内卷化，将造就出小农家庭以代际分工为基础的生产模式（贺雪峰，2011）。青壮年劳动力的兼业化，使得农业劳动力老龄化趋势明显。第六次全国人口普查数据显示，2010年，农村60岁及以上老年人口为9930万人，而城镇仅为4631万人。由于兼业农户能够通过青壮年劳动力的外出务工使其家庭收入得到有效保障，那么留守的老龄劳动力从事农业生产将不再单以自给自足为目标，而是将根深蒂固的乡土情结寄托于简单的农业劳动，追求生活的舒适性与幸福感，由此成为生活型小农。随着农业纵向分工的深化，特别是机械化服务的普及，老龄劳动力完全有能力完成家庭农业生产任务，并从中获得劳动的充实感与成就感（贺雪峰，2011）。

3）功能型小农

由于小农拥有独特的乡土文化、生活方式乃至生活哲学，因此，生产型小农和生活型小农，甚至生存型小农均可能拓展农业的食物供给与生存保障功能，基于区域农业生态系统特性发展生态农业与休闲农业，成为功能型小农。

首先，城乡居民收入水平的提高将引发对绿色、有机农产品的购买意愿与支付能力的显著增强（Zhu et al.，2013）。而实现适度规模经营且农业收入得以改善的生产型小农，具备与绿色农业相匹配的规模要求与资本条件，故而可能迎合消费市场需求，发展生态农业，由此成为功能型小农。美国市场对有机农产品的需求旺盛，被认为是其小规模家庭农场持续大量存在的原因；且小规模、高附加值的有机农业已成为美国新一代年轻职业农民的首选，2011年有机农业种植者中约20%为年轻农民（李国祥和杨正周，2013）。

其次，快节奏的都市生活造成抑郁症等心理疾病高发，激发出人们对乡村田园生活的期盼与向往（Apesteguia and Palacios-Huerta，2010）。这与生活型小农从事农业生产的目的不谋而合。与此同时，基于代际分工的生活型小农，因其非农收入能够完成初期的资本积累，亦具备发展休闲农业的资本条件。由此，生活型小农可能进一步转型发展休闲农业，成为功能型小农。2016年，我国休闲农业各类经营主体高达33万家，营收近5500亿元（高云才，2018）。

最后，生存型小农虽以自给自足为农业生产目标，其自身尚不具备转型为功能型小农所需的要素条件，但广泛发展的农业合作社可为生产要素缺乏的生存型小农提供资金与技术支持，包括种质资源、有机化肥、生物农药等生产资料的集体购置与科学施用等，并可为有机产品提供可靠的销售渠道保障（黄祖辉和俞宁，

2010）。同时，生存型小农可以通过参与横向分工，即连片化种植，获得农业经营的规模经济性；然后通过卷入纵向分工，即社会化服务，缓解功能型农业的劳动力要求（罗必良，2017b）。

1.2.3 不同类型小农的减量行为机理

不同类型的小农有着不同的经营目标，导致其生产行为存在异质性。这突出表现于农业化学投入品（包括化肥与农药）的施用行为。尽管农业化学投入品的引入对作物产量与种植收入的提升起到显著促进作用，但长期与过量的化学品投入导致土壤板结酸化、作物重金属富集等严重后果，其使用效果目前备受质疑。已有研究将小农视为同质化群体加以研究，或仅以人口统计学特征（如性别、年龄、受教育程度等）加以区分，忽视了家庭经营目标不同而造成的化学投入品施用行为或者说减量化的行为差异（Liu et al., 2019）。

追求自给自足的生存型小农，其由于收入有限而处于较低的生活层次，因而对外呈现出低水平的社会福利改进支付意愿，对内则呈现出低水平的幸福感。追求利润最大化的生产型小农，尽管引入现代生产要素能够提升农业收入，但其对社会福利改进的支付意愿低且幸福感低。追求精神富足的生活型小农，因兼业能够获得家庭收入保障，其对社会福利改进的积极响应能够进一步满足其精神层面的自我实现需求，因而表现出高水平的社会福利改进支付意愿和幸福感。功能型小农能够通过高附加值的农产品生产和农业服务提供获得收入的改进，且其所追求的绿色有机与自然休闲同社会福利改进高度吻合，因而表现出高支付意愿与高幸福感。为此，可以从收入水平、社会福利改进支付意愿及幸福感三个维度对农户化学品施用减量化行为进行分类分析（图 1-3）。

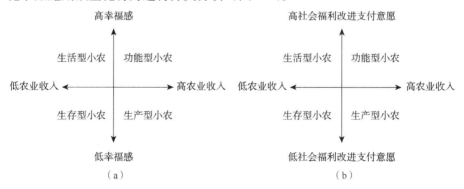

图 1-3 不同类型小农的特征

1. 生存型小农的施用行为

以自给自足为农业生产目标的生存型小农，致力于通过有限农地的精耕细作提高作物产量，维持家庭成员的生计与人口再生产。囿于过低的家庭收入水平，生存型小农对现代生产要素（如化肥）的采用相对有限，主要依靠传统生产要素（如农家肥和绿肥）来满足生产需求。据此，生存型小农的化肥和农药施用量可能最低。本章以此为对照组展开分析。

2. 生产型小农的减量化行为

以利润最大化为经营目标的生产型小农，致力于通过先进生产要素的引入与深度农业分工的卷入提升劳动生产率，获得最大限度的经济收益。开展化肥和农药减量化生产需要对有机化肥、生物农药等支付更高的采购成本，且种植绿肥、依靠人工的防虫除草等作业亦需支付额外的人工成本，造成减量化生产的成本骤增，这与生产型小农的利润最大化目标相悖。虽然绿色或有机农产品可能带来更高的商品附加值，但囿于目前国内农产品需求与供给市场严重的信息不对称问题，开展绿色或有机生产面临的价格风险也是生产型小农所极力规避的。此外，针对农产品品质的市场甄别机制尚未健全，不完全市场条件容易引致道德风险，如"漂绿"行为。据此，生产型小农的化肥和农药减量化可能存在激励不足。

3. 生活型小农的减量化行为

以获得劳动价值感和生活幸福感为农业生产目标的生活型小农，致力于通过简单的农业劳作，享受自己有付出与收获的体面感及生活安排丰富与充实的愉悦感。由于生活型小农基于家庭的代际分工而生成，老龄化的剩余劳动力的农业生产能力有限，包括心理层面对新事物的接收能力以及身体层面对高劳动强度的负荷能力。因此，生活型小农的生产行为呈现出高度的基于传统经验的行为惯性。反映到化肥和农药的施用行为中，表现为其既难以接受生态农业的发展理念，又难以负荷精耕细作农业的劳动强度。据此，生活型小农的化肥和农药减量化程度虽高于生产型小农，但却低于生存型小农。

4. 功能型小农的减量化行为

以纵深发掘农业多功能价值为目标的功能型小农，致力于拓展农业的食物供给与生存保障功能，进一步开发其就业增收、环境保护与文化体验等功能，谋求农业社会福利的最大化。具体表现为发展生态农业的功能型小农与发展休闲农业的功能型小农。生态农业有着对环境福利的直接贡献，而休闲农业所包含的亲自然、亲环境需求也对环境福利存在间接贡献。进一步地，相较于生活型小农的田园牧歌式的经验性生产模式，功能型小农所发展的生态农业与休闲农业的组织化程度更高，因而化肥和农药减量化程度更高。据此，功能型小农的化肥和农药减量化程度低于生存型小农，但高于生活型小农。

根据上述分析，形成以下研究假说。

假说 1-1：以生存型小农的化肥和农药减量化程度为对照组，生产型小农的减量化程度最低，生活型小农的减量化程度居中，功能型小农的减量化程度最高。

1.2.4 模型、变量与计量结果分析

1. 样本数据

本章的分析数据采用本书项目组 2018 年 7 月对湖北省水稻主产区农户的调查数据。考虑到农业内卷化理论源于对印尼水稻种植的观察（Geertz，1963），且湖北省是中国重要的水稻产区，其 2017 年稻谷产量（1927.16 万吨）占全国稻谷产量（21 212.9 万吨）的 9.08%，因而抽样对象选择具有合理性。鉴于湖北省包括三大水稻种植区，即江汉平原、鄂东单双季籼稻板块，鄂中丘陵、鄂北岗地单季籼稻板块和鄂东北粳稻板块，我们根据板块规模确定样本县（市、区）抽样个数，并考虑各县种植面积的大小随机抽取 2～3 个乡镇（街道、管理区），然后在每个样本乡镇（街道、管理区）随机抽取 2 个行政村，最后在每个样本村随机选取 40～50 位农户进行问卷调查，共计获得有效问卷 1752 份。

2. 模型设置

小农从事农业生产的目标具有自我选择性，实现效用最大化是小农生产和消费决策的目标（Manda et al.，2016）。然而，在可观测变量，如性别、年龄、教育和经营规模等因素之外，小农的农业化学品施用量亦可能受不可观测因素影响，如风险偏好、经营能力和社会资本等。由可观测和不可观测因素导致的选择性偏误是分析农户生产行为决策所面临的重要挑战（Khonje et al.，2018）。已有研究借鉴随机试验的思想，通过构建实验组与对照组，利用反事实分析框架克服选择性偏误，如佟大建等（2018）利用倾向得分匹配（propensity score matching，PSM）解决农户技术采纳研究中的样本选择偏误问题。值得注意的是，PSM 虽然能够缓解由可观测变量引起的选择性偏误，但无法克服由不可观测因素导致的选择性偏误（Khonje et al.，2018）。基于此，本章利用多项内生处理效应（multinomial endogenous treatment effect，METE）模型估计不同类型小农化学品投入水平的差异。

3. 变量选择

（1）被解释变量。化学投入品施用行为不仅影响生产成本、作物产量与经济收益，与行为主体本身利益密切相关；而且作用于食品安全与自然环境，与社会公众福利显著关联，是极具代表性的小农生产行为（Liu et al., 2019）。化肥与农药是农业生产过程中的两类主要化学投入品，因此，本章选择小农水稻生产的化肥施用量与农药施用量作为被解释变量。以小农亩均实际化肥投入（斤[①]/亩）、实际农药投入（元/亩）进行测度。

（2）处理变量。以农业收入的高低和为社会福利改进支付额外成本意愿的高低为标准，本章将小农划分为生存型、生产型、生活型和功能型小农。进一步地，本节用生活幸福感替代社会福利改进支付意愿，进行估计结果的稳健性检验。表1-3说明，在全部样本农户中，两类划分标准的数据均表明，生产型小农占比最少，生活型小农占比最高，生存型小农和功能型小农占比居中且比例大体相当。可见，追求收入最大化并非农户经营农业的最主要的目标，伴随家庭内部的代际分工、农地流转的着力推进和农业功能的深度挖掘，大量生存型小农已然分化为生活型小农、生产型小农和功能型小农，小农分化及其功能转型成为普遍现象。

表1-3　不同类型小农的样本量与比例

划分标准	小农类型	定义	数量/户	占比
划分 标准1	生存型小农	低农业收入×不愿意支付更高生产成本	451	25.74%
	生产型小农	高农业收入×不愿意支付更高生产成本	283	16.15%
	生活型小农	低农业收入×愿意支付更高生产成本	554	31.62%
	功能型小农	高农业收入×愿意支付更高生产成本	464	26.48%
划分 标准2	生存型小农	低农业收入×低生活满意度	428	24.43%
	生产型小农	高农业收入×低生活满意度	355	20.26%
	生活型小农	低农业收入×高生活满意度	553	31.56%
	功能型小农	高农业收入×高生活满意度	416	23.74%

（3）控制变量。其他可能影响小农化学品施用行为决策的变量包括：①农户决策者的个体特征，即性别、年龄、受教育年限、健康状况；②家庭特征，即农业劳动力占比、家庭住房面积；③生产特征，即耕地总面积、地块数和商品化率；④外部环境，即灌溉条件、合作社服务、政府补贴和通信条件等；⑤区域虚拟变量，考虑到同一区域地形特征类似，气候条件无显著差异，本章引入区域虚拟变

---

① 1斤=0.5千克。

量来控制区域固定效应，以处理地形、气温、降水、病虫害特征和区域水稻生产技术传统、管理观念等因素的影响。具体变量的含义、赋值与描述性统计见表1-4。

表1-4 变量含义、赋值与描述性统计

变量（单位）	含义与赋值	均值	标准差
化肥投入（斤/亩）	2017年水稻生产化肥亩均施用量	125.1	63.50
农药投入（元/亩）	2017年水稻生产农药亩均投入	68.00	48.59
农业收入（万元）	2017年农户家庭农业总收入	4.318	19.94
社会福利改进支付意愿	是否愿意为碳减排支付更高的生产成本，是=1，否=0	0.581	0.494
幸福感	对自己生活的满意度如何，1～10分	7.195	1.502
性别	决策者性别，女性=1，男性=0	0.101	0.301
年龄（岁）	2017年决策者实际年龄	58.25	9.934
受教育年限（年）	决策者实际受教育年限	6.298	3.492
健康状况	决策者是否经医疗机构诊断患有重要疾病，是=1，否=0	0.471	0.499
农业劳动力占比	农业劳动力数量占家庭劳动力总数的比重	0.444	0.235
家庭住房面积（米²）	农户家庭住房实际面积	180.4	91.22
耕地总面积（亩）	2017年家庭经营耕地总面积	35.83	138.6
地块数	2017年家庭经营地块数	11.73	41.95
商品化率	2017年水稻销售量占水稻总产量的比重	0.880	0.326
灌溉条件	农田灌溉是否便利，是=1，否=0	0.676	0.468
通信条件	是否连接网络宽带，是=1，否=0	0.435	0.496
政府补贴（元/户）	2017年农业生产获得政府补贴数额	1469	9897
合作社服务	农户是否获得合作社提供的服务，是=1，否=0	0.179	0.384
市场距离（分钟）	到距离最近市场的时间	21.58	12.58
农业保险	2017年水稻生产是否购买保险，是=1，否=0	0.330	0.471

4. 计量结果及分析

表1-5、表1-6分别汇报了小农类型与化肥、农药施用量关系的模型估计结果。结果显示，在估计小农类型及其化肥投入的模型中（表1-5），λ_1的系数显著为正，这表明不可观测因素对生产型小农经营目标决策具有显著负向影响，但是与其化肥投入显著正向相关。在估计小农类型及其农药投入的模型中（表1-6），λ_1与λ_3的系数显著为负，表明不可观测因素对小农选择生产型、功能型经营目标具有显著的正向影响，但却与其农药投入呈显著的负相关关系。据此，本章采用METE模型具有合理性。

表1-5　不同类型小农化肥减施量估计结果（以生存型小农为对照组）

变量	生产型小农	生活型小农	功能型小农	化肥投入（对数）
生产型小农				0.446*** （0.065）
生活型小农				0.246*** （0.070）
功能型小农				0.182** （0.082）
性别	0.366 （0.321）	0.494** （0.247）	−0.276 （0.309）	0.116** （0.057）
年龄	0.014 （0.010）	0.001 （0.008）	−0.003 （0.009）	−0.000 （0.002）
受教育年限	0.010 （0.030）	−0.058** （0.024）	−0.055** （0.027）	−0.010* （0.006）
健康状况	−0.237 （0.184）	−0.287* （0.152）	0.641*** （0.166）	−0.049 （0.035）
农业劳动力占比	1.626*** （0.376）	−0.505 （0.329）	1.311*** （0.349）	0.028 （0.075）
家庭住房面积（对数）	−0.511*** （0.195）	−0.394** （0.160）	−0.159 （0.178）	−0.038 （0.038）
耕地面积（对数）	1.059*** （0.115）	−0.033 （0.103）	1.014*** （0.105）	0.029 （0.023）
地块数	−0.001 （0.003）	−0.003 （0.006）	0.000 （0.003）	−0.001 （0.001）
灌溉条件	−0.130 （0.191）	−0.034 （0.160）	0.134 （0.175）	−0.047 （0.036）
商品化率	0.221 （0.292）	0.315 （0.212）	0.918*** （0.285）	0.090 （0.055）
通信条件	−0.466** （0.201）	0.394** （0.160）	−0.288 （0.176）	0.051 （0.037）
政府补贴（对数）	0.127*** （0.031）	0.039 （0.024）	0.122*** （0.027）	0.012** （0.006）
合作社服务	−0.186 （0.237）	−0.145 （0.204）	−0.427* （0.220）	−0.052 （0.046）
市场距离	0.170 （0.161）	−0.049 （0.128）	−0.511*** （0.139）	0.118*** （0.030）
农业保险	0.093 （0.197）	−0.103 （0.167）	−0.141 （0.179）	−0.100*** （0.037）
区域虚拟变量	控制	控制	控制	控制
常数项	−3.561** （1.413）	2.430** （1.127）	−1.539 （1.265）	4.328*** （0.267）
lnsigma				−0.445*** （0.027）
λ_1				0.254*** （0.041）
λ_2				−0.037 （0.066）
λ_3				−0.023 （0.078）
卡方值（60）				402.09***

注：括号内为 bootstrap 重复随机抽样 200 次估计的稳健标准误。lnsigma 为残差的方差检验值。λ_1、λ_2、λ_3 为扰动项系数。卡方值（60）为含 60 个变量的模型卡方值

***、**、*分别表示在 1%、5%及 10%的水平上显著

表1-6　不同类型小农农药减施量估计结果（以生存型小农为对照组）

变量	生产型小农	生活型小农	功能型小农	农药投入（对数）
生产型小农				0.650*** （0.090）
生活型小农				0.402*** （0.132）
功能型小农				0.251*** （0.084）
性别	0.357 （0.322）	0.502** （0.247）	−0.288 （0.309）	0.165** （0.072）
年龄	0.014 （0.010）	0.001 （0.008）	−0.003 （0.009）	0.005** （0.002）
受教育年限	0.012 （0.030）	−0.059** （0.024）	−0.055** （0.027）	−0.007 （0.007）
健康状况	−0.229 （0.185）	−0.297* （0.152）	−0.643*** （0.166）	−0.111*** （0.043）
农业劳动力占比	1.595*** （0.378）	−0.516 （0.329）	1.339*** （0.348）	−0.150 （0.093）
家庭住房面积（对数）	−0.495** （0.196）	−0.386** （0.160）	−0.162 （0.178）	0.008 （0.047）

变量	生产型小农	生活型小农	功能型小农	农药投入（对数）
耕地面积（对数）	1.072*** （0.115）	−0.027 （0.104）	1.021*** （0.105）	−0.049* （0.029）
地块数	−0.001 （0.003）	−0.003 （0.006）	0.000 （0.003）	0.001** （0.001）
灌溉条件	−0.109 （0.192）	−0.034 （0.160）	0.131 （0.175）	−0.038 （0.045）
商品化率	0.223 （0.293）	0.328 （0.214）	0.974*** （0.285）	0.339*** （0.068）
通信条件	−0.521*** （0.202）	0.395** （0.159）	−0.298* （0.176）	0.090* （0.046）
政府补贴（对数）	0.125*** （0.031）	0.040 （0.024）	0.124*** （0.027）	−0.008 （0.007）
合作社服务	−0.169 （0.236）	−0.145 （0.204）	−0.431** （0.219）	0.044 （0.057）
市场距离	0.165 （0.161）	−0.045 （0.129）	−0.505*** （0.140）	0.057 （0.036）
农业保险	0.129 （0.197）	−0.108 （0.167）	−0.141 （0.178）	−0.047 （0.047）
区域虚拟变量	控制	控制	控制	控制
常数项	−3.680*** （1.422）	2.373** （1.129）	−1.629 （1.267）	3.398*** （0.346）
lnsigma				−0.361*** （0.054）
λ_1				−0.327*** （0.071）
λ_2				0.060 （0.142）
λ_3				−0.356*** （0.069）
卡方值（60）				412.26***

注：括号内为 bootstrap 重复随机抽样 200 次估计的稳健标准误。lnsigma 为残差的方差检验值。λ_1、λ_2、λ_3 为扰动项系数。卡方值（60）为含 60 个变量的模型卡方值

***、**、*分别表示在 1%、5%及 10%的水平上显著

进一步观察表 1-5 和表 1-6 可以发现，相较于生存型小农，生产型、生活型和功能型小农的亩均化肥施用量分别增加 44.6%、24.6%和 18.2%，亩均农药施用量则分别增加 65.0%、40.2%和 25.1%。由此表明，以生存型小农的化肥和农药减量化程度为对照组，生产型小农的减量化程度最低，生活型小农的减量化程度居中，功能型小农的减量化程度最高。这与本章对不同类型小农的生产行为异质性的逻辑推论具有一致性。

据此判断，追求自给自足的生存型小农对化肥和农药的施用均呈现出最低水平，故而减量空间相对有限；追求农业生产利润最大化的生产型小农倾向于用较高的化肥和农药投入降低作物产量损失风险，故而用量最高，是农业减量化需要重点关注的群体对象；追求农业生态价值拓展的功能型小农为契合其亲环境的价值主张，表现出最低的化肥和农药用量水平，该群体规模的适度扩张，有利于农业减量化发展；追求田园生活幸福感的生活型小农，同样表现出较低水平的化肥和农药用量，对受家庭劳动力约束明显的该群体提供标准化、规范化的化肥和农药喷施服务，可能有助于其用量的进一步降低。

值得注意的是，化肥和农药减量施用具有明显的正外部性特征。于是，遵循庇古传统，财税补贴等政府投入被普遍认为是激励这类正外部性行为的主导力量。然而，化肥和农药两方面的实证结果均表明，政府补贴并非对全部类型的农户的

减量行为产生显著影响。具体来说，政府补贴显著影响依托农业盈利的小农群体，包括生产型小农和功能型小农；而对家庭需求基本能够通过务工收入得以满足的生活型小农而言，农业补贴并未对其减量行为产生显著影响。这表明，政策工具的使用亦不能忽略受众对象的异质性特征，考虑农户经营目标的分化并施以差别化的、精准化的政策引导，有望产生事半功倍的效果。

基于 METE 模型的估计结果，本章进一步测算不同类型小农的化肥和农药施用量的处理效应，并刻画出不同类型小农的化肥和农药施用量的核密度分布（图1-4）。结果显示，化肥和农药施用量的核密度分布从左至右分别是生存型、功能型、生活型和生产型小农。总体而言，化肥和农药施用量呈生产型小农>生活型小农>功能型小农>生存型小农的格局。据此，假说 1-1 得以验证。

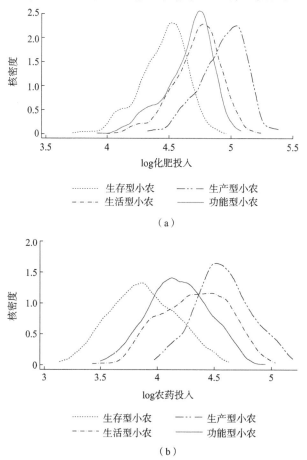

图 1-4　不同类型小农化肥和农药施用量的核密度分布图

进一步地，本章基于小农类型的划分标准 2 进行稳健性检验。表 1-7 的估计结果显示，相较于生存型小农，生产型、生活型和功能型小农化肥投入分别增加72.9%、26.8%和23.4%；农药投入分别增加73.4%、34.0%和21.3%。可以发现，虽然估计结果在具体数值上存在差异，但趋势与前文结论一致。据此判断，本章的结论是稳健的。

表1-7 稳健性检验结果（以生存型小农为参照）

变量	化肥投入（对数）	农药投入（对数）
生产型小农	0.729*** （0.078）	0.734*** （0.087）
生活型小农	0.268*** （0.075）	0.340** （0.138）
功能型小农	0.234*** （0.079）	0.213** （0.092）
常数项	4.303*** （0.264）	3.410*** （0.336）
其他控制变量	控制	控制
lnsigma	−0.442*** （0.032）	−0.371*** （0.060）
λ_1	−0.136** （0.068）	−0.347*** （0.072）
λ_2	−0.091 （0.079）	0.133 （0.151）
λ_3	−0.179*** （0.068）	−0.329*** （0.078）
卡方值（60）	369.26***	376.35***
观测值	1752	1752

注：括号内为 bootstrap 重复随机抽样 200 次估计所得的稳健标准误。lnsigma 为残差的方差检验值。λ_1、λ_2、λ_3 为扰动项系数。卡方值（60）为含 60 个变量的模型卡方值

***、**分别表示在 1%、5% 的水平上显著

1.2.5 结果与讨论

已有研究多将小农视为同质化的群体，忽略了小农分化及由此引发的在现代农业绿色发展中的异质性作用。本章从理论层面厘清了农业内卷化情形下生存型小农的生成机理，阐明了去内卷化过程中生存型小农分化为生产型小农、生活型小农与功能型小农的转型逻辑。

本章主要的研究结论是：①前期农业的内卷化使得生存型小农群体扩张，后期农业的去内卷化发展则使得生存型小农出现分化转型；②农业劳动力的非农转移与务工收入的提高，诱导农地流转与代际分工，由此分化出生产型小农与生活型小农；③日益增加的对食品安全与回归自然的需求，促使生产型小农及生活型小农转型为以生态农业或休闲农业为导向的功能型小农；④对湖北省三大水稻主产区稻农的随机抽样调查证实，小农经营目标分化已然普遍存在，目前生产型小农比例最低，生活型小农比例最高，生存型小农和功能型小农占比居中且比例大

体相当；⑤对样本数据的实证分析进一步发现，不同生产目标驱动下的小农生产行为，特别是亲环境生产行为，存在明显差异。以生存型小农的减量化程度为对照组，生产型小农的减量化程度最低，生活型小农的减量化程度居中，功能型小农的减量化程度最高。

本章主要的理论发现是：突破原先对小农同质化的考察，在剖析生存型小农本质特性及其分化路径的基础上，阐明不同类型小农经营目标的转换及其行为特征，由此揭示出农业减量化的内在逻辑与决定机理。小农的分化及其目标转换，在农业现代化尤其是农业绿色发展进程中将表现出多元化趋势。

本章隐含的政策含义是：①单纯追求农业生产利润最大化的生产型小农，对社会福利最大化的响应程度最低，是推进减量化生产的首要瓶颈。因此，减量化政策应着力诱导生产型小农生产行为的转变，助力农业绿色化发展。②功能型小农的减量化程度虽低于生存型小农，但其对社会福利最大化的响应程度最高，能够兼顾农业提供生态产品和生态福利的双重功能。因而在现代农业的功能性拓展及绿色转型发展进程中，功能型小农及其培育具有重要的政策导向作用。③生活型小农的减量化程度居于功能型小农和生产型小农之间，考虑到该类型农户主要受老龄化和妇女化的剩余劳动力制约，因此，推进农业社会化服务发展，以标准化、规范化的化肥和农药喷施服务为迂回策略，间接助力该群体实现减量是可行的政策选择。④经营目标分化不仅引致小农内部生产行为决策方面的差异，而且造成对外部政策工具响应的不同，补贴等正外部行为激励政策仅对依托农业盈利群体的减量化行为产生激励作用。由此，政策工具的预期效用并非普遍可达成的，需要考虑受众对象的特征精准施策。

1.3　本书研究目的、分析框架与创新

1.3.1　本书研究目的

农户是农业减量化技术的采纳主体，其减量意愿及潜在技术需求具有重要的行为发生学意义。已有研究往往将农户视为同质化主体，未能厘清农户需求偏好与减量技术采纳行为的内在机理。本书旨在以化肥减量为例，通过构建"农户分化—要素匹配—减量策略"的分析线索，揭示不同农户减量的目标偏好及其行为逻辑差异。

1.3.2　本书分析框架

农户化肥减量施用的行为逻辑可以从技术、规模、分工和治理四个视角进行理解，本书研究内容也将分别从这四个视角展开（图 1-5）。

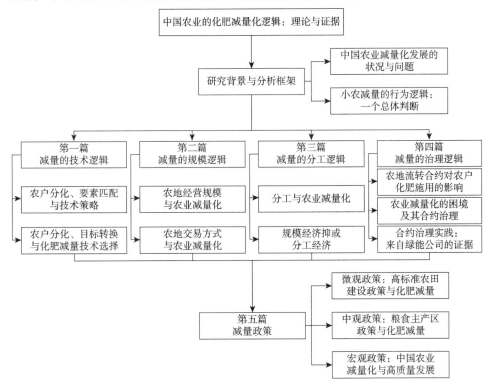

图 1-5　分析框架

1. 技术逻辑

农业的内卷化发展使得生存型小农群体扩张，而去内卷化进程则使得生存型小农出现分化。具体来说，农业劳动力转移形成的农地流转与代际分工，促使生存型小农可分别分化出生产型小农与生活型小农；物质层面的食品安全需求和精神层面的亲近自然需求，又促使部分生产型和生活型小农转型为功能型小农。本书致力于揭示不同行为目标驱动下的小农生产中，化肥减量技术偏好和技术采纳行为表现存在的差异性。

2. 规模逻辑

农地规模有不同的表现形式，包括农户经营的农地总面积、地块数或地块面积、播种面积乃至连片种植面积等，不同的规模形式隐含着不同的行为经济学含义。本书将农地规模区分为总量面积规模（即经营规模）、地块规模与连片规模三种情形，分别辨析不同情形对农业减量化的影响，从而分类刻画农地规模与减量化的关联关系；同时探析两类土地转入情景（分散转入与连片转入）引致的两类规模（经营规模与地块规模）的相对变动所产生的化肥减量差异。

3. 分工逻辑

大量事实表明，农业并不是一个难以融入分工经济的被动部门。甚至有观点认为，分工及其服务规模经营是与农地规模经营并行不悖的农业规模经营策略。农业分工有助于增加粮食作物播种面积和产量，改进农业生产效率与降低成本；有助于土地要素的优化配置，推动农地规模经营；也有助于家庭代际分工发展，实现劳动力资本的配置效率改进。可见，农业分工对农业生产要素配置产生重要影响。本书致力于揭示农业分工对农户化肥减量及其家庭经营绩效的影响。

4. 治理逻辑

化学品质量信息的隐蔽性可能引发两类行为机会主义问题：一是生产资料供应商的以次充好行为；二是农业生产者的产品漂绿行为。进一步地，化学品供应商的以次充好会诱发化学品交易市场走向柠檬市场，而农产品生产者的漂绿行为则会致使绿色农产品交易市场走向柠檬市场。据此，农业减量化的核心是解决农业化学品质量信息的隐蔽性问题。本书致力于揭示如何基于多重合约的匹配及其治理，在服务市场竞争的基础上生成正向激励，从而诱导农业减量化的可自我执行机制。

1.3.3　本书研究创新

本书分别从技术、规模、分工和治理四个向度解析农户化肥减量施用的行为逻辑，其创新点在于以下几个方面。

1. 揭示出化肥减量施用的技术逻辑

突破原先对小农同质化的考察，在剖析生存型小农本质特性及其分化路径的基础上，阐明不同类型小农经营目标的转换及其行为特征，由此揭示化肥减量的技术逻辑与决定机理。研究发现，生存型小农偏好以家庭生态圈内部要素替代外部要素来弱化毒性成分，以保护土壤；生活型小农偏好以节省劳动力的施肥措施来降低肥料损耗；生产型小农偏好以改善化肥养分元素配比来提高作物吸收率；

功能型小农则偏好通过危害度更低的外部要素的替代来弱化毒性成分。

2. 揭示出化肥减量施用的规模逻辑

突破原先对农地经营规模的单向考察，将农地规模分解为经营规模、地块规模和连片规模，揭示化肥减量的规模逻辑及其实证证据。研究发现，地块规模越大，减施量越高；追求产量最大化的生产型小农，其减施量与经营规模呈倒"U"形变化，而追求多元化经营的功能型小农，其减施量随经营规模的扩大而增加；连片规模扩大，减施量就增高，并且能够增强地块规模扩大及经营规模扩大对减施的促进作用。

3. 揭示出化肥减量施用的分工逻辑

突破原先以农地规模经营促进减量的单向思维，通过分析连片规模、社会化服务卷入的化肥减量影响，以及其与地块规模、经营规模的交互作用，揭示以服务规模经营实现减量的机理与策略。研究表明，横向分工与纵向分工分别通过人力资本积累、迂回技术引进效应促进实现农户化肥减量施用；对于化肥施用量处于低位分布的农户，纵向分工的减施效应相对较强，对于化肥施用量处于高位的农户，横向分工的减施效应更为明显；伴随分工深化，农户对社会化服务的采纳能够增强地块规模、经营规模和连片规模扩大对减施的促进作用。

4. 揭示出化肥减量施用的治理逻辑

突破原先单一要素合约及其主体因机会主义行为可能产生减量的局限，揭示出多重合约的匹配及其治理的化肥减量潜力。研究表明，为激发农户从自我服务向外包服务的行为转变，并维护所缔结服务合约的稳定性，需要以要素合约和服务合约为核心合约，匹配资本合约与产品合约等边缘合约。核心合约与边缘合约的匹配，可以生成减量化的自我实施机制，为化学品减量从政府主导向市场主导转变提供契机。

第一篇　减量的技术逻辑

第2章 农户分化、要素匹配与技术策略

2.1 农户经营目标分化与减量技术偏好

农户是减量化的行为主体。需要关注的是，农户需要什么样的减量技术？显然，从农户的角度来看，施肥并非独立事件，而施肥技术则具有情景依赖性，因为农户的技术采纳往往与农户的资源禀赋（劳动力、土地和资本等）及其生产经营目标密切相关。于是问题转换为：假定农户存在异质性，减量技术要如何与劳动力、土地和资本要素相匹配？因此，农业的减量化可以表达为农户的行为逻辑。

2.1.1 分析线索

伴随着户籍制度的松动与工业化、城镇化的推进，就业机会的开放与人口流动使得务农不再成为农户谋生的唯一选择（黄宗智和彭玉升，2007）。农业劳动力的非农转移引发了农户对土地的依赖产生不同程度的弱化，进而导致了农户间日益明显的"留农经营"、"兼业务农"和"离农务工"的分化格局。资源禀赋、行为能力与目标偏好的差异，进一步引发农户在农业经营中寻求不同的要素匹配，从而在农业减量化的政策导向下形成不同的技术匹配策略。为此，本章构建"农户分化—要素匹配—技术策略"的分析线索，阐明农户减量的行为逻辑及其选择策略。图2-1刻画了农户分化及其减量化策略选择的图景。

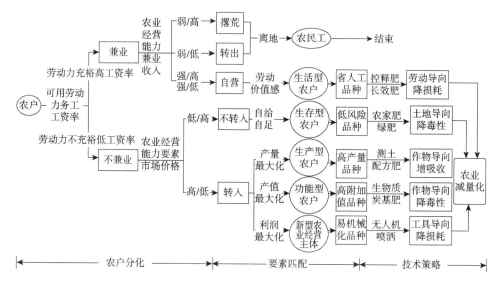

图 2-1　农户减量的逻辑分析线索

2.1.2　农户分化与要素配置

首先，假定农户家庭生产决策以劳动力配置决策为起点。为实现家庭收入最大化目标，当务工工资率高于务农时，农户可能基于其比较优势选择离农或者是基于家庭内部的代际分工发展兼业；反之，则维持以农为生。

其次，家庭劳动分工引发的农户兼业与非兼业分化，随即带来生产要素投入组合的改变，突出表现为农地经营规模决策的变化。①对兼业农户而言，假定其务工收入具有稳定预期，一方面，如果家庭留守劳动力的农业经营能力不足，可能选择撂荒或转出农地，意味着农户退出农业经营或者转向农业副业化；另一方面，如果留守劳动力仍具备基本的农业经营能力，其土地经营规模由留守劳动力的经营能力决定，并通过农业生产以谋求部分家庭收入补充及劳有所获的价值感。②对务农农户而言，往往存在两种情形：一是农业经营能力有限，亦缺乏非农就业能力，此类农户可能维持经营规模不变，以密集投入家庭劳动力开展精耕细作，通过产量最大化实现家庭自给自足；二是具有农业经营能力的比较优势，其可能通过土地要素市场转入农地，表现为经营规模的扩大，由此实现经营规模与经营能力的匹配。

最后，劳动力与土地配置决策使得农户的农业经营目标函数出现分化，兼业与非兼业两类农户组群内部进一步被细分，并表现出各异的要素投入组合偏好。①兼业农户若将农地撂荒或转出，则身份从农民转换为农民工，农业生产决策终止。②若由家庭剩余劳动力继续开展农业生产，此时家庭生产的目标函数不再是收入最大化，而是通过简单农业劳动寄托乡土情结，追求劳有所获的价值感和田园生活的幸福感，转型为生活型农户。生活型农户的农业生产受家庭可用劳动力约束，因而偏好节省人工的作物品种。③未扩张农地经营规模的非兼业农户，通过密集的劳动投入，在有限的土地上开展精耕细作，以最大限度地满足家庭成员的消费需求，表现为生存型农户。由于缺乏农业以外的就业渠道与收入来源，自给自足的生存型农户具有明显的风险规避倾向，偏好产量和价格稳定的低风险作物品种。④扩张农地经营规模的农户则可能出现经营目标的分化，或者成为追求产量最大化的生产型农户，或者成为追求产值最大化的功能型农户。其中，生产型农户致力于引入高效生产要素来增加产量；功能型农户则通过发展绿色有机农业或休闲观光农业来拓展农业的食物供给功能以增加产值。所以，生产型农户偏好高产量作物品种，功能型农户偏好高附加值作物品种。⑤特别地，当农户经营规模达到一定程度，则可能成长为以利润最大化为目标的家庭农场等新型农业经营主体，通过发展产业化或多元化经营，走向机械化的大农业经营模式，由此偏好易于机械化作业的品种。

2.1.3　经营目标与减量化策略

不同类型农户进行农业经营的目标函数与要素约束各异，这就决定了其减量的技术策略也将呈现出差异性。

1. 生存型农户的减量技术偏好

生存型农户主要面临资本约束，因而，具有高投资门槛特点的新要素、新工艺难以激发其购置偏好，相反，低成本的农家肥、绿肥等有机肥与其要素条件的匹配度更高。劳动力方面，有机肥需要耗费相对较高的人工，而生存型农户恰恰具备充裕的劳动时间。土地方面，生存型农户以土地为生，表现出强烈的土地肥力保护意愿，有机与无机结合的施肥方式有利于实现土地利用的可持续。此外，相对于新型肥料，传统有机肥的风险更低，符合生存型农户的风险规避意愿。由此，生存型农户重视土地，偏好以家庭生态圈内部要素替代外部要素来弱化毒性成分。可以认为，生存型农户能够代表传统小农的生产与经营情景，隐含着精耕细作、自然循环与风险规避的生态经济逻辑。

2. 生活型农户的减量技术偏好

生活型农户的农业生产受可用劳动力约束，其偏好节省人工的作物品种，亦需要节省人工的肥料类型与施用方式。显然，农家肥与绿肥等有机肥料因需要相对较高的人工投入，所以并不适合生活型农户的闲暇偏好。进一步地，囿于土地经营规模有限，无人机等具有土地经营规模门槛的施肥方式也难以实施。控释肥、缓释肥和长效肥等以节约劳动力为导向，又不存在规模门槛的肥料类型最为契合生活型农户的生产需求。据此，生活型农户重视闲暇，偏好以节省劳动力的施肥措施改进来降低肥料损耗。

3. 生产型农户的减量技术偏好

生产型农户追求产量的最大化，增加化肥施用量和提升养料吸收效率均是增产的可行途径。所以，在所有农户类型中，生产型农户的化肥施用量最高。与此同时，根据土壤营养状况配制测土配方肥，精准施入匮乏的养分继而提升吸收效率，也符合生产型农户的需求。由于这类农户具备采纳配方肥等新型肥料的投资能力，因而是配方肥的主要受众群体。所以，产量导向的生产型农户偏好以化肥养分元素配比改进来提高作物吸收率。

4. 功能型农户的减量技术偏好

功能型农户追求产值的最大化。产值由产量和价格决定，在单产提升空间有限的情形下，提升产品价格是增加产值的重要途径。相比普通农产品，绿色或有机农产品能够带来更高的附加值，且功能型农户适度的农地经营规模也适宜发展绿色或有机农场。此时，运用天然要素制成的生物质炭基肥，可以有效降低化肥过量的产出安全威胁，实现产出的绿色化和产品价格溢价。可见，价格导向的功能型农户也表现为重视作物，但偏好以亲环境外部要素替代传统无机要素来弱化毒性成分。需要指出的是，生存型农户采用的有机肥等内部要素替代因隐含较高的人工成本，并不一定适宜于功能型农户。相反，炭基肥采用产业化模式制造，且肥效高，更适宜功能型农户。

5. 新型农业经营主体的减量技术偏好

新型农业经营主体追求利润最大化，因而需要通过机械化作业来降低生产成本。同样追求低成本的生存型农户的要素条件是多劳动力、小土地规模和高资本约束，其成本的降低主要通过内卷化的模式来提升土地生产效率。而新型农业经营主体则正好相反，其要素条件是少劳动力、大土地规模和低资本约束，成本的降低主要通过劳动工具的改进来提升劳动生产效率。例如，运用无人机喷洒替代人工施肥。因此，新型农业经营主体重视工具，偏好以施用工具改进来降低化肥损耗的减量技术。

表2-1是对上述分析的一个总结。

表2-1　农户的要素匹配与减量策略

农户类型	劳动力	土地	资本	生产目标	减量偏好	减量目标
生存型农户	全部家庭劳力	小规模	机械化低	自给自足	内部替代	减少毒性成分
生活型农户	部分家庭劳力	小规模	机械化中	自我价值	措施改进	降低施用损耗
生产型农户	雇佣劳力	适度规模	机械化高	产量最高	化肥改进	提升吸收效率
功能型农户	雇佣劳力	适度规模	机械化中	产值最高	外部替代	减少毒性成分
新型农业经营主体	雇佣劳力	大规模	机械化高	利润最高	工具改进	降低施用损耗

2.2　小农的减量化：逻辑转换及其市场化路径

供给或技术改进导向的减量策略忽略了技术与其他生产要素的匹配问题，难以激发农户的采纳行为意向，而需求或行为能力导向的减量策略契合农户要素组合偏好，由此形成的行为意向也并不必然诱发技术采纳行为。从偏好到行为的转化，仍然受到诸多因素的影响。

2.2.1　化肥施用技术：小农的减量难境

1. 质量与效果的甄别：信息成本与逆向选择

对农户而言，肥料属于经验型商品，即品质信息难以在购买前准确获悉，需要实际施用后才能生成质量感知。尽管肥效能够直接并且显著作用于产量，但错误的购买决策可能引致减产，甚至威胁农户的家庭生计，所以化肥购置决策存在风险。进一步地，即便有实际施用的经验，但地块、土壤和作物类型不同，施用的时间和方式存在差异，甚至对肥料的品质预期有高低，这些都会影响农户对肥料的质量感知。肥料品种的多样性、施肥效果的滞后性以及对作用对象及环境的依存性，决定了肥料品质甄别隐含着高昂的信息成本。尽管农户普遍选择以产量这一直观方式在事后评价肥效，但由于产量水平是诸多要素协同作用的结果，农户难以从中单独分离出肥料对产量的贡献，因此，事后评价也并非对肥效的客观评判。基于上述原因，农户往往在肥料购置决策时，或者采取规避策略，即沿袭过往的决策经验，拒绝采纳新要素或新方法；或者采取从众策略，即基于社交网络学习并参照他人的采纳决策。前者选择"理性的无知"，后者依赖"道听途说"的扁平化的知识传播。

从肥料供应市场的角度来说，由于农户难以独立地、准确地评估肥料对产量的贡献及滞后的残留效果，因此，肥料供应商往往会利用有关肥料质量的信息优势，滋生以次充好的机会主义行为。假定供应商能够对肥效做出承诺，但农户不合理的施肥方式（如为节省劳动成本不按照说明剂量均匀施用）也会降低其承诺的可信度，且产量承诺可能诱发农户采取降低劳动努力以提高化学品投入量以保证产量等败德行为。因此，信息的不对称与承诺的不可信，导致了农户更倾向于通过压低肥料价格来规避风险和损失。这一策略必然导致两个结果：一是逆向选择，即农户过低的价格偏好，使得供应商不再愿意维持高质高价的产品策略。高品质肥料退出市场，低品质肥料反而充斥市场，最终走向柠檬市场。二是路径依赖。为了规避作物减产的风险，农户往往过量施用低价格的化肥。化肥施用效果的不确定性，又会加剧产量的风险性。农户风险规避程度越高，越倾向于施用更多化肥以规避潜在的产量损失（仇焕广等，2014），由此形成化肥增施的路径依赖。

2. 技术专用性与资产专用性：小规模农户的风险与门槛

化肥施用技术具有两个重要的动态特性。一是技术的累积性，采用某类施肥技术，不仅意味着相对应装备的投资，也包含着相应的经验、技巧甚至习惯的人力资本积累。这类技术积累通过"熟能生巧"降低技术使用成本与技术风险，往往具有路径依赖特性，生成极为顽固的行为惯性。二是创造性毁灭，包括新产品对现有产品的替代、采用功效更高的农艺流程等，其意味着对原有技术的放弃。这种创造性毁灭会带来三个问题：①新的施肥技术往往具有技术专用性，缺乏相应的知识积累，往往隐含着高昂的采纳风险；②新的施肥技术往往具有配套装备的投资专用性，不仅面临投资门槛，也面临投资风险；③采用新的技术，意味着放弃原有技术的装备与经验，从而面临着高昂的沉没成本。

以无人机为例，农用无人机根据其载重不同，价格为 10 万～30 万元。同时，考虑单次飞行的续航能力，要求农地规模在 600～10 000 亩范围内，才适宜采用。农地面积过小难以产生规模经济性，面积过大则有人驾驶飞机喷洒更为经济。此外，单台无人机需要配置具备操作技能的专业人员，以及保证无人机运输安全的配套车辆。显然，家庭经营的农户既不具备购置无人机的资本，也难以达到土地的规模要求，更缺乏专业的操控技能。

综上可以认为，小规模农户选择并实施农业减量化技术，面临重重困难。

2.2.2　减量逻辑的转换：迂回交易策略

已有研究表明，农业经营规模是影响农用化学品施用量的重要因素，适度扩大农业经营规模，能有效帮助耕地"减肥"（Wu et al., 2018）。于是，促进农地的流转与集中，改善农地规模经济性成为主流文献的政策主张。然而，正如 Federico（2005）所指出的，农地经营规模向来不是决定农业增长绩效的关键要素，试图以扩大农地规模的方式来实现规模经济的政策主张，都未获得令人信服的证据支持。尽管我国自 1984 年以来就一直强化农地流转与集中的激励政策，但收效甚微。有关数据显示，2016 年耕地规模在 10 亩以上的农户占比为 28.03%，相较于 1996 年仅增加 4.03%。这表明，通过农地流转实现农业规模经营可能并非促进减量技术扩散的现实路径。

庞巴维克（1964）最早提出"迂回生产"的概念，并由 Young（1928）发展为报酬递增的重要解释机制。罗必良（2017a）基于中国农地人格化产权的特殊性，提出了产权配置的"迂回交易"概念。迂回交易指在直接开展 A 交易成本过高的情形下，由 B 交易进行匹配或者替代，通过 B 交易来促进 A 交易，以改善交易效率。在农业减量化情景中，相关新技术与新工具都具有一定的知识门槛、技术门槛与投资门槛，以及高昂的交易成本，小规模农户往往难以企及，有必要通过迂回交易并寻求恰当的交易装置来改善减量化技术的交易效果。由此，通过培育专业化的中间服务组织进而采用技术服务的迂回交易方式，将能够有效满足农户的减量化需求。显然，当技术（服务）交易效率的改进相较于土地流转效率更高时，迂回交易市场（即农业社会化服务市场）会逐步发育并壮大，从而实现农业"减肥"（减量）的农地规模经营策略向服务规模经营策略的逻辑转换。

在农地产权"三权分置"的制度背景下，通过盘活农地经营权，尤其是通过农艺生产环节或活动的产权细分，将为专业性的生产性服务组织的技术外包服务提供可能性空间，这不仅能够化解农户减量的技术风险，而且有助于农户分享服务规模化和专业化所带来的分工经济性。生产性服务组织的技术外包服务的有效性在于：第一，降低交易费用。尽管化肥品质存在信息不完全性，但服务主体的专业知识及其技术装备，能够有效提升其甄别能力；尽管存在土壤生化与作物生理的信息的不规则性，但专业化组织具有信息搜集与处理的比较优势；尽管存在服务质量的考核困难，但专业服务形成的资产专用性与服务市场的竞争，能够有效缓解监督成本问题。第二，改善分工效率。专业服务组织及其技术优势，能够在资本市场上较为便利地获得融投资，能够化解农户的投资约束，改善农业减量的迂回经济效果；专业知识、精准技术以及由职业化所生成的企业家能力，将有效降低减量成本并提升减量绩效，服务成本的比较优势将吸引更多的农户卷入服务外包，市场容量的扩大又进一步提升减量技术的服务交易频率并降低单位服务成本，从而深化分工。

2.2.3　减量技术服务：交易规模、布局组织及其市场化

专业服务组织实施的"迂回"减量化，可以从三个维度来实现：其一，减少毒性危害方面，对个体农户家庭的化肥利用行为监管面临高昂的成本问题，而对服务市场的监管则能够引入市场竞争机制实现自我监督；其二，提升吸收效率方面，服务供应商以利润为导向，必然会通过投入要素吸收效率的提升来降低成本；其三，降低施用损耗方面，服务供应商既可以通过高强度作业增加熟练程度，避免施肥不均造成的浪费，又能够根据作物生长状况灵活调节施用量，通过采用先进机械实现精准靶向施肥。

需要注意的是，服务市场的发育并非无门槛或者无条件的。其中，足够规模的市场容量是诱导农业纵向分工的重要前提（罗必良，2017b）。在一定范围内促进区域布局的横向专业化、引导农户的连片种植，能够显著扩张市场容量。市场范围的扩大，将诱导不同生产环节的服务组织的进入，进而形成多样化的服务交易（纵向专业化）。因此，可以选择的基本策略是：①强化农业生产布局的组织化，通过多个农户进行集中化、连片化与专业化生产，诱导农业减量服务交易的分工深化；②鼓励多样化外包服务组织的竞争，由此推进农业减量的市场化（图2-2）。

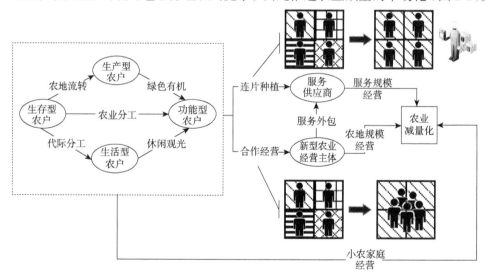

图 2-2　农业减量化的多元主体及其关联关系

农业布局的连片化与服务组织的多样化，不仅有助于降低服务主体与经营主体之间的搜寻、判断与监督成本，又能够成为服务质量的有效评价机制。服务价

格的生成与服务组织的竞争，将诱导农业减量的市场化。显然，服务组织的投资能力越强、专业化水平越高、服务质量越好、服务收费越合理，能够获得的服务规模、声誉效果、信贷支持及政策扶持的竞争力越大，从而为农业减量服务的市场拓展与分工深化提供了可持续发展的动力。更为重要的是，市场竞争将触发专业服务组织进一步改进技术效率的需求。由此，为获取市场竞争优势，服务组织将自发投入资本进行技术革新，由技术接受者转变为技术开发者，成为推动减量技术进步的主体。可以预期，随着农业分工的深化与服务竞争格局的形成，以政府出资推动减量技术进步的局面会发生根本性改观，农业减量化将从政府主导转型为市场主导。

需要特别指出的是，农业减量化及其精准化能够改善施肥效率，但亲环境行为毕竟隐含着产量风险，尤其是环境外部性所决定的激励不足，依然使得减量化难以形成自我执行机制。为此，构建农户、减量技术服务组织与农产品营销服务组织的合作平台尤为必要。第一，专业化的营销组织具有产品市场运作的比较优势，有能力对农户的农产品进行销售外包，而减量化带来的环境改善与产品质量提升，有助于农产品营销组织的品牌经营与溢价销售，从而将外部经济性内部化。第二，通过合理的溢价分成，一方面能够激励农户的减量偏好；另一方面，能够激励减量技术服务组织的技术创新与技术监督，从而形成自我执行机制。第三，鼓励各类产品营销组织的竞争，扩大农户产品营销外包与技术服务组织合作的选择空间，将改善减量的组织化及其治理，由此形成"共减、共营、共享"的有序格局。因此，将农业生产、技术服务与产品营销进行整合，有助于形成"农户减量种地、专业组织服务外包、社会迂回投资、平台竞争交易"的市场化的新型农业绿色经营格局。

第3章 农户分化、目标转换
与化肥减量技术选择

3.1 理论逻辑与研究假设

3.1.1 农户经营目标分化逻辑与分类

为便于分析，我们假定劳动要素市场是完全的，理性农户可以通过在农业和非农部门之间的劳动配置实现家庭收入最大化（钱忠好，2008）。进一步假定农户是异质性的，此类异质不仅包含资源禀赋和风险偏好的差异，更包含非农就业能力的差异。具备非农就业能力优势的农户，在农业部门低工资率和非农部门高工资率的推拉作用下必然将更多的劳动配置于非农部门，逐渐分化为兼业农户或者非农户。相反，不具有非农就业优势的农户仍将以农为生。

农户因兼业决策的差异分化为兼业农户和非兼业农户，随即带来农业生产要素投入组合的变化，而各异的农地经营规模决策是其中最突出的表现。①对兼业农户而言，在非农收入有稳定预期的情况下，一方面，若家中留守劳动力有能力完成农业生产，将根据客观经营能力决策最佳经营面积，通过农业生产增加家庭收入或获得劳有所获的价值感；另一方面，若留守劳动力不能完成农业生产，将选择转出土地或直接撂荒。②对非兼业农户而言，存在两种情况：第一，农业经营能力有限且缺乏获得非农就业能力渠道的务农农户，可能继续维持现有农地经营面积，通过密集的劳动投入和精耕细作，实现农业产量的最大化，以满足家庭口粮需求。第二，有农业经营能力的比较优势的农户，可能通过土地要素市场转入农地实现经营规模的扩大，实现经营规模与经营能力的匹配。

　　劳动力与土地配置决策的差异使农户的农业经营目标函数出现分化，兼业与非兼业两类农户将进一步被细分，并表现出各异的要素投入组合偏好。①撂荒和转出全部土地的兼业户，从农民转化成为农民工，不再参与农业生产经营决策。②留守部分劳动力在家进行农业生产的农户，通过农业生产实现收入最大化已不是其主要的经营目标，而是在农业生产中追求劳动带来的价值感的满足，表现为生活型农户。生活型农户因家庭农业劳动力受限，其生产经营决策偏向可节省劳动力的作物品种。③未扩大农地经营规模的非兼业农户，在承包地上精细化耕作并追求产量的最大化，以最大限度地满足家庭成员口粮需求，表现为生存型农户。受自身的禀赋条件限制，生存型农户没有能力通过外出务工获得非农收入，抵御风险的能力较差，具有明显的风险规避特点，偏好产量和价格均稳定的作物品种。④扩大农地经营规模的农户群组内部可能出现农业经营目标函数的分化，表现为追求作物产量最大化的生产型农户，以及实现产值最大化的功能型农户。生产型农户通过引入高效生产要素来增加产量，因此偏好高产作物品种；功能型农户致力于通过发展休闲观光农业和有机农业，来拓展农业的食物供给功能并增加产值，因此偏好高附加值作物品种。⑤特别地，当农户经营规模达到一定门槛后，最终可能成为以实现利润最大化为目标的新型农业经营主体。新型农业经营主体主要通过两种方式追求利润最大化，或通过大规模农地经营实现规模经济性，或依托密集的资本投入来提升劳动生产率。具体表现为发展产业化或多元化经营，走向机械化的大农业模式，因此其偏好易于机械化作业的品种。

3.1.2　经营目标分化与减量技术选择

　　不同类型农户进行农业经营的目标函数与要素约束各异，决定了其减量的技术策略也相去甚远。

　　生存型农户的资本积累普遍不足，但在劳动力方面具有优势。因而资本密集型的化肥减量技术，如新要素（高效肥料）、新工艺（水肥一体化技术）将不受农户偏好，相反，农家肥、绿肥等劳动密集型减量技术将高度契合生产型农户具备充裕的劳动时间的特点。土地方面，生存型农户以土地为生，表现出强烈的土地肥力保护意愿，有机与无机结合的施肥方式有利于实现土地利用的可持续。此外，传统有机肥的肥效历经长期实践检验，其相对新型肥料的风险更低，符合生产型农户从事农业生产的强风险规避意愿。由此，生存型农户重视土地，偏好以家庭生态圈内部要素替代外部要素来弱化毒性成分。可以认为，生存型农户能够代表传统农户的生产与经营情景，隐含着精耕细作、自然循环与风险规避的生态经济逻辑。

生活型农户的农业生产受可用劳动力约束，偏好节省人工的作物品种，亦需要节省人工的肥料类型与施用方式。显然，农家肥与绿肥等有机肥料因需要相对较高的人工投入，所以并不适合生活型农户。进一步地，囿于土地经营规模有限，无人机等具有土地经营规模门槛的施肥方式亦难以实施。控释肥、缓释肥和长效肥等以节约劳动力为导向，又不存在规模门槛的肥料类型最为契合生活型农户的生产需求。例如，控释肥通过包膜或添加抑制剂，延长肥效发挥的时间，既减少了肥料施用频次，又避免了重复施用的浪费。据此，生活型农户重视闲暇，偏好以节省劳动力的施肥措施改进来降低肥料损耗。

生产型农户追求产量的最大化，增加化肥施用量和提升养料吸收效率均是增产的可行途径。所以在所有农户类型中，生产型农户的化肥施用量最高。张露（2020）的研究表明，以生存型农户为对照组，生产型农户的化肥施用量增加44.6%；生活型农户和功能型农户的增量仅为24.6%和18.2%。与此同时，根据土壤营养状况配制测土配方肥，精准施入匮乏的养分继而提升吸收效率，也符合生产型农户的需求。并且生产型农户通常具备采纳配方肥等新型肥料的资本条件，因而是配方肥的主要受众群体。所以，产量导向的生产型农户重视作物，偏好以化肥养分元素配比改进来提高作物吸收率。

功能型农户追求产值的最大化。产值由产量和价格两部分构成，在单位面积农地产量有限的情形下，提升产品价格是增加产值的重要途径。相比普通农产品，绿色或有机农产品能够带来更高的附加值，且功能型农户适度的农地经营规模也适宜发展绿色或有机农场。此时，运用天然要素制成的生物质炭基肥，可以有效降低化肥过量的产出安全威胁，实现产出的绿色化和产品价格溢价。可见，价格导向的生产型农户也表现为重视作物，但偏好以亲环境外部要素替代传统无机要素来弱化毒性成分。需要特别指出的是，生存型农户采用的有机肥等内部要素替代，其肥料生产制作面临高人工成本，且肥效见效周期长，不适宜功能型农户。相反，炭基肥采用产业化模式制造，且肥效高，更适宜功能型农户。

基于上述理论分析，本章研究提出如下研究假说。

假说3-1：生存型农户更倾向于施用有机肥。

假说3-2：生产型农户更倾向于施用测土配方肥。

3.2　模型、变量与计量结果分析

3.2.1　数据来源

本章研究所用数据来源于 2018 年 7 月在湖北省水稻主产区的农户调查。为了更好地了解受访农户农业生产的真实情况，受访对象均为 2017 年从事过农业生产的农户，收集的是反映他们 2017 年农业生产情况的数据。

该调查采用多阶段抽样方法：第一阶段，抽样范围界定为湖北省三大稻区，即鄂中丘陵、鄂北岗地单季籼稻板块，江汉平原、鄂东单双季籼稻板块和鄂东北粳稻板块；第二阶段，根据板块规模确定了 9 个样本县（市、区），在每个样本县（市、区），依据水稻种植面积随机抽取 2～3 个乡镇（街道、管理区），共计 20 个样本乡镇；第三阶段，在每个样本乡镇（街道、管理区）随机抽取 2 个行政村，共计 40 个样本村；第四阶段，在每个样本村随机抽取 40～50 个农户家庭，并选择农户家庭中的农业生产决策者开展问卷调查。

该调查的主要内容包括两个层面：第一，农户层面的内容，涵盖农户家庭成员基本信息和农业经营等情况；第二，地块层面的内容，考虑到农户经营多个地块，农户凭借记忆可能无法准确地描述地块间投入产出的差异，因此，本章仅调查农户最大地块的基本特征与投入产出信息。该调查共计发放问卷 1800 份，剔除遗漏关键信息（如最大地块上化肥施用量）的问卷后，共获得满足本章研究要求的有效样本 1752 份，有效问卷率为 97.33%。

3.2.2　模型设置

农户的农业经营目标具有自我选择性（Manda et al., 2016）。具体而言，农户经营目标除受可观测因素，如性别、年龄、教育和经营规模等的影响外，还可能受不可观测因素，如风险偏好和经营能力等的影响。若不可观测因素同时影响农户经营目标选择和化肥减量技术采纳行为决策，那么，利用标准的回归方法［如普通最小二乘（ordinary least squares，OLS）法］估计农户经营目标分化对其化肥减量技术采纳行为的影响可能有偏。例如，生产经营能力越低的农户越有可能选择自给自足经营模式，经营目标分化为生存型的农户，其越有可能施用有机肥。这将导致模型高估生存型农户对施用有机肥的影响。借鉴 Khonje 等（2018）的做法，本章利用 METE 模型估计农户经营目标分化对其有机肥与测土配方肥施用行为的影响。

METE 模型包含两个阶段。第一阶段估计农户农业经营目标选择方程。用 V_{ij}^* 表示农户选择第 $j(j=1,2,3,4)$ 类经营目标所获得的效用。其数学公式表达为

$$V_{ij}^* = X_i\alpha_j + \sum_{K=1}^{J}\delta_{jk}\eta_{jk} + n_{ij} \tag{3-1}$$

其中，X_i 表示影响农户经营目标选择的可观测影响因素，包括农户的个体特征、家庭特征、生产特征、外部环境等；η_{jk} 表示影响农户经营目标、有机肥和测土配方肥的不可观测因素；α_j、δ_{jk} 表示待估参数；n_{ij} 表示随机误差项，服从正态分布（Khonje et al.，2018）。

本章以功能型农户为参照组，即 $J=0$，则有 $V_{i0}^* = 0$。由于 V_{ij}^* 无法直接观测，本章将农户选择某一具体的农业经营目标视为二分类选择变量 d_{ij}（$d_{ij} = d_{i1}, d_{i2}, \cdots, d_{iJ}$）。同样地，令 $\eta_{ik} = \eta_{i1}, \eta_{i2}, \cdots, \eta_{iJ}$。据此，农户选择某一经营决策目标的概率表示为

$$\Pr(d_i|X_i,\eta_i) = g(X_i\alpha_1 + \sum_{K=1}^{J}\delta_{1k}\eta_{ik} + X_i\alpha_2 + \sum_{K=1}^{J}\delta_{2k}\eta_{ik} + \cdots + X_i\alpha_J + \sum_{K=1}^{J}\delta_{JK}\mu_{ij}) \tag{3-2}$$

其中，g 服从多项式概率分布。进一步利用混合多项 logit（mixed multinomial logit，MMNL）模型进行估计（Manda et al.，2016）。其数学表达式为

$$\Pr(d_i|X_i,\eta_i) = \frac{\exp(X_i\alpha_j + \delta_i\eta_{ij})}{1 + \sum_{K=1}^{J}\exp(X_i\alpha_k + \delta_k\eta_{ik})} \tag{3-3}$$

在第二阶段，不同经营目标农户对有机肥（测土配方肥）施用行为的影响效应可以利用极大模拟自然估计法，公式如下所示：

$$E(y_i|d_i,x_i,\eta_i) = x_i\beta + \sum_{j=1}^{J}\gamma_j d_{ij} + \sum_{j=1}^{J}\lambda_j\eta_{ij} \tag{3-4}$$

其中，y_i 表示农户有机肥（测土配方肥）施用技术；x_i 表示解释变量；β 表示代估参数系数。γ_j 表示相对于功能型农户，其他经营目标农户的有机肥（测土配方肥）施用行为的处理效应，即表征经营目标分化对有机肥（测土配方肥）施用技术的影响。若 λ_j 显著为负，则表明不可观测因素在显著促进农户选择经营目标 $j(j=1,2,3,4)$ 的同时，显著抑制农户有机肥（测土配方肥）施用行为。

3.2.3 　变量选择

（1）被解释变量。有机替代化肥与施用测土配方肥是实现化肥减量施用的两类重要的技术策略[1]。本章利用农户是否施用有机肥二分类变量（是=1，否=0）表征农户有机替代化肥减量技术策略选择行为，利用农户是否施用测土配方肥二分类变量（是=1，否=0）表征农户测土配方肥技术策略选择行为。

（2）解释变量。本章以农户分化作为核心解释变量。借鉴张露（2020）的做法，以农业收入的高低和为社会服务改进支付额外成本意愿的高低为标准，本章将农户划分为生存型、生产型、生活型和功能型农户。

（3）控制变量。为缓解潜在的遗漏变量问题，本章纳入影响农户化肥减量技术采纳行为的其他控制变量。具体包括：农户决策者的个体特征，即性别、年龄、受教育年限、健康状况，上述变量可以作为农户人力资本的代理变量（Chen et al.，2017）；家庭特征，即农业劳动力占比、家庭住房面积，上述变量集中反映了农户家庭劳动力资源禀赋（Khonje et al.，2018）；生产特征，即耕地总面积、地块数和商品化率；外部环境，即灌溉条件、合作社服务、政府补贴和通信条件；区域虚拟变量，考虑到同一区域地形特征类似，气候条件无显著差异，本章引入区域虚拟变量来控制区域固定效应，以控制地形、气温、降水、病虫害特征和区域水稻生产技术传统、管理观念等因素的影响（张露，2020）。具体变量含义、赋值与描述性统计见表3-1。

表3-1　变量含义、赋值与描述性统计

变量（单位）	含义与赋值	均值	标准差
被解释变量			
施用有机肥	是否施用有机肥，是=1，否=0	0.178	0.383
施用测土配方肥	是否施用测土配方肥，是=1，否=0	0.147	0.354
解释变量			
生存型农户	低农业收入且不愿意支付更高生产成本的农户，是=1，否=0	0.257	0.437
生产型农户	高农业收入且不愿意支付更高生产成本的农户，是=1，否=0	0.161	0.368
生活型农户	低农业收入且愿意支付更高生产成本的农户，是=1，否=0	0.316	0.465
功能型农户	高农业收入且愿意支付更高生产成本的农户，是=1，否=0	0.265	0.441

---

[1] 参见《农业农村部关于印发<农业绿色发展技术导则（2018—2030 年）>的通知》，http://www.gov.cn/gongbao/content/2018/content_5350058.htm，2018 年 7 月 2 日。

续表

变量（单位）	含义与赋值	均值	标准差
控制变量			
性别	决策者性别，女性=1，男性=0	0.101	0.301
年龄（岁）	2017 年决策者实际年龄	58.25	9.934
受教育年限（年）	决策者实际受教育年限	6.298	3.492
健康状况	决策者是否经医疗机构诊断患有重要疾病，是=1，否=0	0.471	0.499
农业劳动力占比	农业劳动力数量占家庭劳动力总数的比重	0.444	0.235
家庭住房面积（米²）	农户家庭住房实际面积	180.4	91.22
耕地总面积（亩）	2017 年家庭经营耕地总面积	35.83	138.6
地块数	2017 年家庭经营地块数	11.73	41.95
商品化率	2017 年水稻销售量占水稻总产量的比重	0.880	0.326
灌溉条件	农田灌溉是否便利，是=1，否=0	0.676	0.468
通信条件	是否连接网络宽带，是=1，否=0	0.435	0.496
合作社服务	农户是否获得合作社提供的服务，是=1，否=0	0.179	0.384
市场距离（分钟）	到距离最近市场的时间	21.58	12.58
农业保险	2017 年水稻生产是否购买保险，是=1，否=0	0.330	0.471

总体上，施用有机肥、测土配方肥的农户分别占 17.8%、14.7%。这表明，农户有机肥、测土配方肥两类化肥减量技术的采纳率均比较低。不同经营目标农户的比重为：生产型农户（16.1%）<生存型农户（25.7%）<功能型农户（26.5%）<生活型农户（31.6%）。这说明，样本区域内追求产量最大化的生产型农户的占比最低，农户经营目标以生活型为主。样本农户的平均年龄约为 58 岁，平均受教育年限约为 6 年，与农业劳动力老龄化、受教育水平低的现实情况基本相符。

表 3-2 报告了不同经营目标农户的化肥减量技术选择情况。以功能型农户为参照，生存型农户有机肥施用概率显著增加，但测土配方肥施用概率显著下降；生产型农户测土配方肥施用概率显著增加。描述性统计分析结果与前文理论预期相符，但仍需要控制其他干扰因素进行实证检验，已获得更为可靠的结论。

表3-2　农户分化与化肥减量技术策略选择描述性统计结果

变量	（1）生存型农户	（2）生产型农户	（3）生活型农户	（4）功能型农户	均值差异		
					（1）-（4）	（2）-（4）	（3）-（4）
施用有机肥	0.665	0.004	0.016	0.006	0.659***	-0.002	0.010
施用测土配方肥	0.020	0.728	0.038	0.045	-0.025**	0.683***	-0.007

、*分别表示在 5%和 1%的水平上显著

3.2.4　计量结果及分析

1. 基准模型估计结果

表 3-3 汇报了以 probit 模型为基准模型的估计结果。可以发现，回归（1）中生存型农户变量的系数显著为正，边际效应为 0.305。说明与功能型农户相比，生存型农户更倾向于使用有机肥。如前所述，相对新型的肥料的风险更低，符合生产型农户从事农业生产的强风险规避意愿，同时，利用有机肥替代化肥实现化肥减量属于劳动密集型技术，更符合生存型农户农业劳动力禀赋充裕的特征。

表3-3　基准模型估计结果：probit模型（以功能型农户为参照组）

变量	（1）施用有机肥		（2）施用测土配方肥	
	回归系数	边际效应	回归系数	边际效应
生存型农户	3.215*** （0.307）	0.305*** （0.019）	−0.418** （0.181）	−0.042** （0.018）
生产型农户	−0.462 （0.440）	−0.044 （0.042）	2.651*** （0.154）	0.266*** （0.014）
生活型农户	0.282 （0.286）	0.027 （0.027）	−0.114 （0.162）	−0.011 （0.016）
性别	−0.641*** （0.174）	−0.061*** （0.017）	−0.384** （0.177）	−0.039** （0.018）
年龄	0.001 （0.006）	0.000 （0.001）	0.016*** （0.006）	0.002*** （0.001）
受教育年限	−0.035** （0.017）	−0.003** （0.002）	−0.007 （0.017）	−0.001 （0.002）
健康状况	−0.170 （0.124）	−0.016 （0.011）	−0.252** （0.120）	−0.025** （0.012）
农业劳动力占比	0.128 （0.250）	0.012 （0.024）	0.427* （0.220）	0.043* （0.022）
住房面积（对数）	−0.000 （0.117）	−0.000 （0.011）	−0.281** （0.111）	−0.028** （0.011）
耕地面积（对数）	−0.174** （0.072）	−0.016** （0.007）	−0.036 （0.064）	−0.004 （0.006）
地块数	0.003** （0.001）	0.000** （0.000）	0.001 （0.001）	0.000 （0.000）
灌溉条件	−0.012 （0.126）	−0.001 （0.012）	−0.051 （0.107）	−0.005 （0.011）

续表

变量	（1）施用有机肥		（2）施用测土配方肥	
	回归系数	边际效应	回归系数	边际效应
商品化率	0.001 （0.151）	0.000 （0.014）	−0.028 （0.146）	−0.003 （0.015）
通信条件	0.026 （0.127）	0.003 （0.012）	0.263** （0.118）	0.026** （0.012）
政府补贴（对数）	0.073*** （0.022）	0.007*** （0.002）	0.026 （0.018）	0.003 （0.002）
合作社服务	0.209 （0.168）	0.020 （0.016）	0.064 （0.141）	0.006 （0.014）
市场距离	0.231** （0.094）	0.022** （0.009）	0.147* （0.088）	0.015* （0.009）
农业保险	0.236* （0.131）	0.022* （0.013）	−0.093 （0.118）	−0.009 （0.012）
区域虚拟变量	控制		控制	
常数项	−3.536*** （0.848）	0.305*** （0.019）	−1.710** （0.832）	−0.042** （0.018）
观测值	1752	1752	1752	1752
伪 R^2	0.647		0.551	

注：括号内为稳健标准误

*、**、***分别表示在 10%、5% 和 1% 的水平上显著

　　回归（2）中生存型农户变量的系数显著为负，边际效应为−0.042。生产型农户变量的系数显著为正，边际效应为 0.266。这说明，与功能型农户相比，生存型经营目标将显著抑制农户测土配方肥施用行为。传统的生存型农户通常缺乏使用新要素的资本积累，从而抑制其采用新型高效肥料实现化肥减量。生产型农户追求产量最大化，增加化肥施用量和提升养料吸收效率均是增产的可行途径，因而选择施用测土配方肥推进化肥减量成为生产型农户的占优策略。

　　2. 内生性问题：基于 METE 模型的估计结果

　　表 3-3 的基准回归结果基本验证了本章的研究假说。进一步地，本章利用 METE 模型进行实证分析，克服由可观测和不可观测因素导致的自选择性偏误问题，以获得更为稳健的结果。表 3-4 汇报了 METE 模型的估计结果。可以发现，回归（4）的选择偏误项 λ_2 显著为负、λ_3 显著为正，回归（5）的选择偏误项 λ_3 显著为负，说明模型存在选择性偏误问题，因而采用 METE 模型具备合理性。据此，本章以表 3-4 的 METE 模型估计结果为准展开分析。

表3-4　内生性问题：METE模型的估计结果

变量	（1） 生存型农户	（2） 生产型农户	（3） 生活型农户	（4） 施用有机肥	（5） 施用测土配方肥
生存型农户				0.603*** （0.035）	−0.016 （0.024）
生产型农户				0.026 （0.034）	0.699*** （0.023）
生活型农户				−0.122*** （0.025）	0.038 （0.025）
性别	0.159 （0.306）	0.559* （0.330）	0.678** （0.279）	−0.049** （0.021）	−0.049** （0.020）
年龄	0.002 （0.009）	0.017* （0.010）	0.003 （0.009）	0.000 （0.001）	0.001** （0.001）
受教育年限	0.054** （0.026）	0.064** （0.028）	−0.010 （0.025）	−0.005** （0.002）	−0.001 （0.002）
健康状况	0.651*** （0.166）	0.343* （0.179）	0.286* （0.158）	−0.027** （0.012）	−0.035*** （0.012）
农业劳动力占比	−1.265*** （0.349）	0.387 （0.359）	−1.682*** （0.335）	−0.035 （0.026）	0.054** （0.026）
住房面积（对数）	0.235 （0.178）	−0.343* （0.190）	−0.203 （0.169）	0.005 （0.014）	−0.024* （0.013）
耕地面积（对数）	−0.994*** （0.105）	0.149 （0.098）	−0.927*** （0.102）	−0.038*** （0.008）	−0.005 （0.008）
地块数	0.000 （0.003）	−0.001 （0.002）	−0.003 （0.005）	0.000 （0.000）	0.000 （0.000）
灌溉条件	−0.117 （0.174）	−0.224 （0.185）	−0.141 （0.166）	−0.003 （0.013）	−0.004 （0.012）
商品化率	−0.922*** （0.278）	−0.648** （0.326）	−0.572** （0.277）	−0.009 （0.020）	−0.015 （0.019）
通信条件	0.239 （0.175）	−0.256 （0.195）	0.640*** （0.166）	0.025* （0.013）	0.026** （0.013）
政府补贴（对数）	−0.124*** （0.027）	0.011 （0.030）	−0.070*** （0.026）	0.010*** （0.002）	0.004* （0.002）
合作社服务	0.417* （0.219）	0.195 （0.228）	0.258 （0.213）	0.027 （0.016）	0.007 （0.016）
市场距离	0.462*** （0.139）	0.601*** （0.153）	0.402*** （0.131）	0.016 （0.011）	0.021** （0.010）

续表

变量	（1） 生存型农户	（2） 生产型农户	（3） 生活型农户	（4） 施用有机肥	（5） 施用测土配方肥
农业保险	0.133 （0.179）	0.243 （0.188）	0.027 （0.171）	0.015 （0.013）	−0.003 （0.013）
区域虚拟变量	控制	控制	控制	控制	控制
λ_1				0.036 （0.033）	0.009 （0.021）
λ_2				−0.055* （0.033）	−0.015 （0.018）
λ_3				0.146*** （0.023）	−0.051** （0.024）
常数项	0.951 （1.258）	−2.356* （1.377）	3.490*** （1.196）	0.061 （0.096）	0.027 （0.093）
观测值	1752	1752	1752	1752	1752

注：括号内为稳健标准误

*、**、***分别表示在 10%、5%和 1%的水平上显著

克服自选择性偏误后的估计结果显示（表 3-4），回归（4）中生存型农户变量的系数显著为正，估计结果与基准模型一致，说明生存型农户更倾向施用有机肥，本章研究假说 3-1 得到验证。回归（5）中生产型农户变量的系数显著为正，与基准模型估计结果一致，说明生产型农户更倾向施用测土配方肥，本章研究假说 3-2 得到验证。

同时，回归（4）的结果显示，生活型农户变量的系数显著为负，说明生活型目标将显著抑制农户施用有机肥。不难理解，生活型农户重视闲暇，偏好以节省劳动力的施肥措施改进来降低肥料损耗，因而施用有机肥等劳动密集型技术不受生活型农户的偏好。

3.3　结果与讨论

大国小农是中国农业的基本格局，分散小农户仍是实现化肥减量的核心主体。在城镇化与工业化进程中，中国农户正处于一个分化和多维转型时期。已有研究普遍从职业分化或土地经营规模分化角度分析农户化肥减量技术采纳行为的差异，相对忽视了农户经营目标分化的行为响应差异。本章从理论层面厘清了农户

经营目标分化的逻辑与分类,以及不同经营目标下农户的化肥减量技术选择行为。实证层面,以有机肥和测土配方肥为例,估计农户经营目标分化对其化肥减量技术采纳的影响。本章的研究结果表明:生存型农户偏好施用有机肥实现化肥减量施用,生产型农户则倾向于通过施用测土配方肥实现化肥减量施用。

本章的理论贡献在于:细致分析了农户经营目标分化的逻辑及其分类,揭示出不同经营目标下农户的化肥减量技术的选择逻辑与决定机理。据此,本章做出了在农户分化、经营目标转换的背景下,农户农业化肥减量技术需求必将呈现多元化、多样化趋势的基本判断。

本章隐含的政策含义是:化肥减量技术推广需要重视农户经营目标分化及其行为特征,提高技术推广的靶向与精准性,满足不同经营目标农户对化肥减量技术的差异性需求。具体而言,有机肥等劳动密集型减量技术推广的首要目标群体应为生存型农户,而测土配方肥等高效新型肥料的目标群体应为生产型农户。

第二篇　减量的规模逻辑

第 4 章 农地经营规模
与农业减量化

4.1 理论逻辑与研究假设

4.1.1 基本事实：农地经营规模与农户行为

尽管国家政策一直着力推进农地的流转与集中，全国农地流转率也从 2005 年的 4.5%上升至 2016 年的 35.1%，但依然没有诱导小农经营格局发生根本性改观。1996 年，中国经营土地规模在 10 亩以下的农户占家庭承包户总数的 76.0%，2018 年的比重则高达 85.2%（农业农村部农村合作经济指导司和农业农村部政策与改革司，2019）。与小规模相伴随的，是土地的细碎化。数据显示，1986 年农户户均经营耕地 9.2 亩，分散为 8.4 块；2008 年下降到 7.4 亩，分散为 5.7 块。农地经营的小规模及其细碎化，可能引发一系列的问题。

第一，农民的自由择业与劳动力非农转移使得农户经营不断呈现出农业的兼业化与副业化。本书课题组 2015 年对全国 9 省区 2704 个样本农户的调查结果表明，农户兼业已经成为普遍现象，纯农户的占比仅为 8.5%，这表明农民已经不以农为业。农户纯收入中来自农业的占比由 1985 年的 75.02%下降到 2013 年的 26.61%，表明农民已不再以农为生（罗必良，2017b）。据此，小规模格局难以激发农户的农业经营热情，导致显著的离农化倾向。

第二，农地的小规模及细碎化必然导致规模不经济。1990~2014 年，中国三种粮食（稻谷、小麦和玉米）按现值计算的亩均产值年均增长 13.6%，但亩均成本增长达 15.5%。其中，物质与服务费用年均增长 12.2%，人工成本年均增长 16.9%，土地成本年均增长 24.6%（叶兴庆，2016）。不仅如此，农地细碎化在劳动力非农转移与经营成本不断攀升的情形下更易引发撂荒。研究表明，农地的细碎化程度每提升 1%，农地撂荒的可能性增加 0.17%（罗必良和洪炜杰，2019）。

第三，非农就业的比较收入优势形成的农户离农，以及农业经营的比较成本劣势所形成的粗放经营，必然导致农业减量化步履艰难。1978～2018 年，全国农用化肥施用折纯量从 884.0 万吨增加至 5653.4 万吨，年均增长率为 4.7%；而单位农作物播种面积的化肥用量从 58.9 千克/公顷增加至 340.8 千克/公顷，年均增长率为 4.5%。与化肥用量的显著增长趋势类似，农药的施用量也从 1991 年的 76.5 万吨增加至 2015 年的 178.3 万吨，年均增长率为 3.6%[①]。

4.1.2 逻辑拓展：农户类型、规模匹配与减量化的分析线索

在微观经济学中，厂商的规模经济是指扩大生产规模引起经济效益增加的现象，是长期平均总成本随产量增加而减少的特征（即图 4-1 中的平均成本曲线从 s_1 移动到 s_2），与之相对应的概念是规模不经济（即图 4-1 中的平均成本曲线从 s_2 移动到 s_3）。图 4-1 中，s_2 为最佳生产规模。

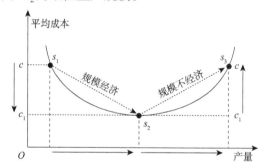

图 4-1　厂商规模经济示意图

与工业中用产量表达生产规模不同，在农户的农业经营中，农业生产规模通常用农地规模或者作物的种植面积来表达，所以，图 4-1 中的横轴所代表的"产量"可以替换为农地规模。但问题的复杂性在于，农户经营的农地存在多种情形，决定着不同的资源配置方式，因而隐含着不同的规模经济性含义，而农户的转型分化，则可能引发包括农地规模在内的一系列生产要素配置的改变，并衍生出截然不同的农业减量化的行为倾向。所以，在物质获取层面，本章用务农收入表征农户通过农业生产获得的物质丰裕度；在精神获取层面，本章用生活满意度表征

---

① 资料来源：中华人民共和国国家统计局官网（http://data.stats.gov.cn/easyquery.htm?cn=C01）。

农户通过农业生产获得的精神满足水平。由此，本章将小农户划分为四种类型，即生存型、生活型、生产型和功能型农户。

农户的农地规模亦具有不同的情形。本章将农地规模细分为三个层面：一是地块规模。地块规模越大，越有利于机械施用技术与装备的采纳，从而通过保证作业的连续性而改善施用效率（纪龙等，2018）。二是经营规模。农户经营的农地规模越大，越有助于农户进行测土配方施肥，并在规模化的肥料采购中进行信息收集与质量甄别（褚彩虹等，2012）。三是连片规模。连片规模越大，越有助于通过生产性服务外包进行专业化、精准化的减量作业（罗必良，2017b）。基于上述，本章试图构建"农户类型—规模形式—减量化行为"的分析框架，并由此阐明农户减量化的规模逻辑。

第一，对于以兼业为主的农户来说，其家庭收入通常由务工收入主导，倾向于通过农地要素市场转出部分或全部耕地，缩小农地经营规模或减少地块数量，转型为追求劳动价值感与生活幸福感的生活型农户（贺雪峰和印子，2015）。这类农户往往选择节省劳动力的作物品种与耕作方式。为了降低劳动强度，生活型农户可能以增加单次施用量的方式来减少施用频数（即俗称的"一炮轰"）。相应地，缓释肥和长效肥等能够减少施肥次数的减量化技术与该类农户的要素禀赋特征具有良好的匹配性。

第二，对于以农业为主的农户而言，因其农业生产能力的不同亦可能出现分化。对于生产能力有限的农户而言，在小规模经营情境下，其可能选择精耕细作以提高土地生产率来满足家庭的消费需求，从而成为追求自给自足的生存型农户（罗必良，2017b）。由于化肥作为外部要素投入会产生购置成本，因而这类农户会依靠劳动力的"无限投入"栽培绿肥或制作农家肥，以替代化肥投入来降低生产成本。由此，通过家庭内部生态圈的构造，以内部有机肥替代外部化肥投入，更为契合生存型农户的要素禀赋条件。对于生产能力突出的农户而言，其可能通过农地转入扩大经营规模以实现与其生产能力的匹配。由此，农户因农业经营目标不同将进一步分化为追求产量最大化的生产型农户和追求产值最大化的功能型农户。其中：①生产型农户受产量目标驱使，可能倾向于以密集的化肥投入来提升土地生产率（张晓恒等，2017）。无论是耗费人工成本的有机肥，还是存在肥效风险的生物肥，均与生产型农户的产量目标导向相冲突。由此，根据土壤肥力状况配制的测土配方肥，一方面可以通过精准施用减少用量并降低成本；另一方面，又可以享受政府补贴以弥补肥料价格上升的潜在损失。因此，生产型农户的减量化往往偏好以化肥养分元素的配比改变来降低用量、提高效率。为了降低测土配方的成本，生存型农户往往倾向于减少地块数而扩大地块面积。②功能型农户偏好于高附加值的产品（如绿色农产品）或服务（休闲、体验与观光）来谋求产值最大化（魏后凯，2017）。这类农户会自发地减少化肥施用量，采用生物炭基肥等基于天然原料生产的肥料，以确保产品或服务契合目标消费群体的亲环境偏好。所以，功能型农户的减量化偏好以低残留、低污染要素替代高残留、高污染要素，以降低肥料的毒性危害。

第三，鉴于农地小规模与细碎化的禀赋约束，交易能力突出的农户可能选择大规模转入土地，实现农地规模经营，从而成为追求利润最大化的新型农业经营主体（蔡颖萍和杜志雄，2016）。考虑到农业劳动工资不断提升的基本趋势，尤其是大规模经营所决定的"农忙"用工约束，以及农业特性所内含的高昂劳动监督成本，这类主体往往倾向于通过购置农机等资本替代劳动的方式来提升劳动生产率。由于农户装备技术的采用与农地规模具有依存性，如大型植保机械或无人机施肥往往存在一定的门槛（通过大规模生产与连续性作业以改善资本利用效率的方式也具有一定门槛），利用迂回投资与迂回交易的方式进行植保的外包服务，既能够通过精准化施用降低损耗，又能够缓解施肥的劳动力约束。此时，农业规模经营表达为服务规模经营，农户可从分工与专业化生产获得规模经济收益（罗必良，2017b）。

可见，生存型农户、生活型农户、生产型农户和功能型农户并不必然被排除在减量化的新工具、新方法的规模门槛之外。若农户能够与周围地块农户种植同类作物品种，则可以突破农地产权交易的困境，实现连片化种植规模的提升。连片规模的扩大能够形成充足的市场容量，吸引服务供应商进入，提供专业化的生产性服务，因此，多个农户种植的一致性行动将能够获取农业减量的规模经济和分工经济。特别地，伴随众多农户的卷入、连片规模的扩大、外包主体的进入以及服务市场竞争格局的形成，迫于成本压力的服务供应商可能自主进行工具与技术革新，从而实现农业减量的市场化。

图 4-2 刻画了不同类型农户在不同经营规模情景下的要素配置及其减量化的基本趋势。

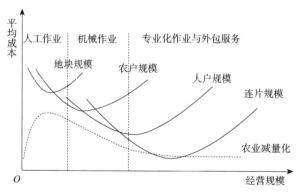

图4-2　不同经营规模情景下的要素配置及其减量化

4.1.3　农地规模与减量化：行为机理及假说

如前所述，农户的农地规模可表达为地块规模、经营规模与连片规模。不同的规模类型，隐含着化学品施用的不同行为机理及减量逻辑。

（1）地块规模引致的施用量差异。地块规模表达为最大地块面积（王建英等，2015）。当农户所拥有的地块规模较小时，意味着单位面积农地的化学投入品施用需要耗费更高的人工成本，因为携带施用物资在不同地块间转场会耗费体力和工时。然而，劳动力非农转移引致的雇工价格提升，以及作物品种不连片引致的机械化作业障碍，造成家庭剩余劳动力有限的农户采用粗放式的施用方式（如不按照化肥说明书规定的计量、次数施用），从而可能增加施用量。反之，当农户所拥有的地块规模较大时，不仅可以节省转场所需的人工成本，为机械化作业提供可能，而且可以通过连续施用提升行为的熟练程度、增强行为惯性，从而通过作业精准度的提升来降低施用量。基于上述理论分析，我们提出如下研究假说。

假说 4-1：农户地块规模越大，化肥减施量越高。

（2）经营规模引致的施用量差异。经营规模表达为农户实际经营总面积（诸培新等，2017）。农户经营规模在一定程度上能够表达农户的农业经营目标。实际经营面积等于确权面积的生存型农户追求自给自足，实际经营面积低于确权面积的生活型农户追求生活价值感，囿于土地或人力等要素限制，二者的农产品商品率相对有限，而实际经营面积高于确权面积的生产型和功能型农户，因土地转入而扩大经营规模，被认为是未来农业发展的中坚力量（贺雪峰和印子，2015）。因此本章重点对生产型和功能型农户做进一步的细致考察。若其务农的目标为追求产量最大化，其可能通过密集施用化学投入品获取产量的提升，造成初期规模扩张的减量效用逐渐被抵消；若其务农的目标是拓展农业食品供给功能、发掘农业多功能价值，则其可能采纳绿色生产模式以减少化学投入品施用。因此，这两类农户在减量化的规模逻辑上具有代表性。基于上述理论分析，我们提出如下研究假说。

假说 4-2a：追求利润最大化的生产型小农，其化肥减施量与经营规模呈倒"U"形变化。

假说 4-2b：追求多元化经营的功能型小农，其化肥减施量随着经营规模的扩大而增加。

（3）连片规模引致的施用量差异。连片规模表达为邻近地块种植的作物品种的一致性（罗必良，2017b）。若农户卷入横向分工，即采纳连片化种植，对内提升家庭不同地块种植品种的集中度，对外同邻近地块的种植品种保持一致，就能够形成生产性服务外包的市场容量。由此，一方面，农户因连片种植而卷入纵向分工，分享服务规模经济性；另一方面，服务规模的扩张则可以通过机械化、自动化提升作业操作的精准程度，降低施用损耗。基于上述理论分析，我们提出如下研究假说。

假说 4-3：种植的连片规模越大，化肥减施量越高。

（4）三种规模的交互作用引致的施用量差异。对扩大农地规模的农户来说，其转入的土地必然也以细碎化的形式存在，故而可能加剧其既定经营规模的细碎化程度。这表明，地块规模小对减量化的消极影响可能随着经营规模的扩张而被放大，从而削弱甚至抵消经营规模扩张潜在的减量绩效。但是，对地块规模小和经营规模小的农户而言，若在分散的地块种植同类作物，则可以获得连片规模扩大带来的减施效应。需要说明的是，农地规模策略，如扩大地块规模和经营规模，具备减量的可能性，但并不具备可行性，因为现阶段无论是对兼业还是非兼业农户而言，农地的生存保障与风险抵御功能仍客观存在。连片规模的扩大则截然不同，其并不触及敏感的人格化财产及产权交易问题，仅需要通过对所种植作物的种类进行相机决策来分享规模经济与分工经济，因而更具现实可行性。基于上述理论分析，我们提出如下研究假说。

假说 4-4a：地块规模的扩大，可能增强经营规模对减施量的促进作用。

假说 4-4b：连片规模的扩大，可能增强地块规模对减施量的促进作用。

假说 4-4c：连片规模的扩大，可能增强经营规模对减施量的促进作用。

（5）纵向分工与规模交互引致的施用量差异。连片规模的扩大会形成充足的市场容量，诱导服务供应商进入，提供专业的喷施服务，生成服务规模经营。服务规模经营对农业减量化的促进作用主要表现在降低交易费用与改善分工效率两个维度。一方面，服务供应商具备更强的肥效信息采集与甄别能力，从而可能克服化学投入品作为经验性产品的品质判断困难，以及可能由市场信息不对称引发的供需双方败德行为阻碍，实现交易费用的降低。另一方面，服务供应商具备更强的融资和研发实力改进减量技术或工具，由此降低减量成本和提升减量效果，继而通过纵向分工的深化反向刺激横向分工，吸引更多的农户卷入社会化服务，实现分工效率的提升（罗必良，2017b）。若农户社会化服务卷入程度越深，表现为采纳农业专业化服务的类型越多，为社会化服务支付的成本越高，则其生产的设施化、专业化、标准化和精准化程度就越强，施用的损耗就越低、吸收效率就越高。基于上述理论分析，我们提出如下研究假说。

假说 4-5：社会化服务卷入程度加深，可能增强三类规模对减施量的促进作用。

4.2　模型、变量与计量结果分析

4.2.1　模型设置

本章以经营规模 35 亩为阈值，区分小农户和新型农业经营主体；然后根据务农收入和生活满意度将经营规模在 35 亩及以下的小农户分为生存型、生活型、生产型和功能型农户。

1. 减量测算模型设定

已有关于农业减量的研究，多数直接以化学品用量为被解释变量（Huang et al., 2015）；部分研究则以化肥利用效率为被解释变量（邹伟和张晓媛，2019）。与之不同，仇焕广等（2014）和孔凡斌等（2018）利用柯布–道格拉斯生产函数（Cobb-Douglas 生产函数，简称 C-D 生产函数），进一步表达了减量化效果。参考后者，本章首先构建 C-D 生产函数测算化肥投入最优量；然后根据农户实际投入量与最优量之间的差值判断其减量程度。其中，C-D 生产函数的设置如下：

$$\ln y_i = \alpha_0 + \beta_1 \ln(\text{Fertilizer}_i) + \beta_2 \ln(\text{Labor}_i) \\ + \beta_3 \ln(\text{Machine}_i) + \beta_4 \ln(\text{Other}_i) + \varepsilon_i \tag{4-1}$$

其中，y_i 表示农户 i 的亩均水稻产量；Fertilizer_i、Labor_i、Machine_i 和 Other_i 分别表示农户 i 的亩均化肥投入、亩均劳动力投入、亩均机械投入和亩均其他投入；α_0 和 β 表示待估参数；ε 表示随机误差项。

基于效用最大化理论，当边际成本等于边际产出时，农户实现收益最大化，即化肥对产量的边际收益等于化肥价格与产出（水稻）价格的比值，其数学表达式为

$$\frac{y}{\text{Fertilizer}} = \frac{P_{\text{Fertilizer}}}{P_y} \tag{4-2}$$

进一步地，基于式（4-1）测算的化肥产出弹性 β_1，化肥对产出的边际收益可表达为

$$\frac{y}{\text{Fertilizer}} = \beta_1 \frac{y}{\text{Fertilizer}} \tag{4-3}$$

根据式（4-2）和式（4-3），农户单位面积化肥经济最优施用量可表达为

$$\text{Fertilizer}_{\text{optimal}} = \frac{\beta_1 \times y}{(P_{\text{Fertilizer}} / P_y)} \qquad (4\text{-}4)$$

2. 减量行为影响因素模型设定

本章主要关注地块规模、经营规模、连片规模和社会化服务卷入对农户化肥减量施用决策的影响，据此构建的实证模型如下：

$$\text{Fertilizer}_{\text{reduce}} = \eta_0 + \gamma_1 X_i + \gamma_i \text{Control}_i + \mu_i \qquad (4\text{-}5)$$

其中，因变量为农户化肥减量施用 $\text{Fertilizer}_{\text{reduce}}$；$X_i$ 表示地块规模、经营规模、连片规模和社会化服务卷入等核心解释变量；Control_i 表示一组控制变量（包括农户个体特征、家庭特征、生产特征和外部环境）；η_0、γ_1 和 γ_i 表示待估参数；μ_i 表示随机扰动项。由于农户化肥减量施用行为是二分类变量，因此，利用二值选择 probit 模型对式（4-5）进行估计。

4.2.2 变量选择

（1）被解释变量。如前所述，本章利用农户化肥最优施用量与实际施用量间的差值表征其化肥减施量。具体地，在计量模型中，本章将实际化肥施用量处于最优量及其水平以下的农户赋值为 1，表示其减量施用化肥；反之赋值为 0，表示其未减量施用化肥。

（2）核心解释变量。①地块规模，用农户实际经营最大地块的面积表征；②经营规模，用农户实际耕种耕地面积表征；③连片规模，用最大地块种植品种与周围地块种植品种是否一致进行表征；④社会化服务卷入，用农户在整地、插秧和收割环节是否采纳农机服务进行加总以考察其纵向卷入程度。

（3）其他控制变量。①农户个体特征，包括性别、年龄、受教育年限、健康状况、兼业状况（诸培新等，2017）；②家庭特征，包括生产型农户、功能型农户、收入水平、农业劳动力占比和家庭住房面积（褚彩虹等，2012）；③生产特征，包括土壤肥力、地块距离、商品化率（仇焕广等，2014）；④外部环境，包括灌溉条件、市场距离、田间交通条件、合作社服务、政府补贴和通信条件（张聪颖等，2018）；⑤区域虚拟变量，包括区域地形、气温、降水、病虫害等自然特征及区域水稻生产技术传统、管理观念等人文因素的影响（杨泳冰等，2016）。变量含义、赋值与描述性统计见表 4-1。

表4-1 变量含义、赋值与描述性统计

变量（单位）	含义与赋值	均值	标准差
投入-产出变量			
产量（斤/亩）	水稻产量	1415.0	505.8
化肥投入（斤/亩）	化肥投入量	132.04	63.50
劳动力投入（人/亩）	劳动力投入量	0.79	4.40
机械投入（元/亩）	机械投入费用	218.90	114.90
其他投入（元/亩）	种子、农药投入量	199.80	186.80
被解释变量			
化肥减量施用	化肥施用是否减量：是=1，否=0	0.29	0.45
核心解释变量			
地块规模（亩）	最大地块的面积	7.19	23.67
经营规模（亩）	实际耕种耕地面积	35.83	138.60
连片规模	相邻地块是否种植水稻：是=1，否=0	0.75	0.43
社会化服务卷入	整地、插秧和收割环节服务外包类型加总，0~3	1.73	0.92
其他控制变量			
性别	经营决策者性别：女=1，男=0	0.10	0.30
年龄（岁）	经营决策者实际年龄	58.25	9.93
受教育年限（年）	经营决策者受教育年限	6.30	3.49
健康状况	决策者是否经医疗机构诊断患有重要疾病：是=1，否=0	0.47	0.50
兼业状况	经营决策者是否兼业：是=1，否=0	0.17	0.37
收入水平（万元）	农户家庭总收入	8.84	54.87
农业劳动力占比	劳动力占家庭人口比重	0.44	0.24
家庭住房面积（米^2）	农户家庭住房实际面积	180.40	91.22
生产型农户	高农业收入且低生活满意度农户：是=1，否=0	0.16	0.37
功能型农户	高农业收入且高生活满意度农户：是=1，否=0	0.27	0.44
商品化率	2017年水稻销售量占水稻总产量的比重	0.88	0.33
土壤肥力	土壤肥力差=1，肥力中等=2，肥力高=3	2.21	0.65
地块距离（米）	最大地块距离农户住房实际距离	724.3	1248.0
田间交通条件	田间道路是否适合机械通行：是=1，否=0	0.89	0.32
灌溉条件	农田灌溉是否便利：是=1，否=0	0.68	0.47
合作社服务	农户是否获得合作社提供的服务：是=1，否=0	0.18	0.38
政府补贴（元/户）	2017年农业生产获得政府补贴数额	1469.0	9897.0
市场距离（分钟）	到距离最近集镇的时间	21.58	12.58
通信条件	是否连接网络宽带：是=1，否=0	0.44	0.50
区域虚拟变量	以县级为单位设置区域虚拟变量		

4.2.3　计量结果及分析

1. 化肥减施量测算

表4-2的 C-D 生产函数估计结果表明，化肥投入对水稻产量具有显著的正向影响，其生产弹性为0.063。这说明，在化肥最优施用量以下，化肥投入增加 10%，水稻产量增加 0.63%。此外，劳动力投入、机械投入和其他投入对水稻产量均具有显著的正向影响。

表4-2　C-D生产函数估计结果

变量	水稻产量	
	系数	标准误
化肥投入（对数）	0.063***	0.015
劳动力投入（对数）	0.085***	0.025
机械投入（对数）	0.066***	0.009
其他投入（对数）	0.024**	0.011
常数项	6.380***	0.084
观测值	1752	
R^2	0.067	

***、**分别表示在 1%、5%的水平上显著

由式（4-3）测算的结果表明，平均化肥最优经济施用量为 86.15 斤/亩，户均过量施用 45.89 斤/亩。实际施用量等于或低于经济最优量的农户为 510 户，占全部样本的 29.11%（表4-3）。

表4-3　水稻生产化肥经济最优施用量测算结果

分类	实际施用量/ （斤/亩）	最优施用量/ （斤/亩）	化肥过量施用量/（斤/亩）	减量施用农户数/户	减量施用农户占比
总体样本	132.04（63.50）	86.15（50.20）	45.89	510	29.11%
生存型农户	107.63（59.82）	82.72（49.08）	24.91	108	29.83%
生活型农户	123.45（62.64）	84.46（54.70）	38.99	94	31.45%
生产型农户	175.00（67.03）	82.11（45.61）	92.89	107	22.84%
功能型农户	113.53（48.87）	91.26（52.99）	21.27	135	38.36%
新型农业经营主体	140.57（70.17）	90.20（57.40）	50.37	66	24.23%

注：括号内数值为标准差

2. 减量施用的影响因素

probit 模型分析结果表明，地块规模、连片规模与社会化服务卷入程度对化

肥减量均存在显著正向影响，系数分别是 8.909、0.824 和 0.175，且在 1%的水平上显著（表 4-4）。可见，伴随地块经营规模扩大、连片规模扩大和社会化服务卷入程度的加深，农户更倾向于减少化肥用量。其中，对生产型农户而言，其经营规模一次项和二次项的系数分别为 1.937 和-0.228，且均在 1%的水平上显著。这表明，生产型农户经营规模与化肥减量呈倒"U"形关系。以经营规模 70 亩为临界值[①]，化肥减量施用随着经营规模的扩大呈先上升后下降的趋势。功能型农户经营规模的一次项系数为 0.818，同样在 1%的水平上显著，但二次项系数未通过显著性检验。这表示，功能型农户减量施用概率随经营规模的扩大显著增加。由此，实证结果与前文推论一致，假说 4-1、假说 4-2a、假说 4-2b 和假说 4-3 均得到验证。

表4-4　不同规模维度与化肥减量施用

变量	（1）总体样本	（2）生产型农户	（3）功能型农户	（4）总体样本	（5）总体样本
地块规模（对数）	8.909*** (0.713)				
经营规模（对数）		1.937*** (0.357)	0.818*** (0.175)		
经营规模平方项（对数）		-0.228*** (0.061)	0.137 (0.440)		
连片规模				0.824*** (0.114)	
社会化服务卷入					0.175*** (0.043)
性别	0.354 (0.295)	1.055** (0.426)	0.340 (0.333)	0.236* (0.134)	0.347*** (0.134)
年龄	-0.011 (0.011)	-0.014 (0.015)	0.009 (0.009)	-0.009* (0.005)	-0.009** (0.004)
受教育年限	0.024 (0.029)	-0.035 (0.044)	0.032 (0.024)	0.026** (0.013)	0.029** (0.013)
健康状况	0.401** (0.182)	0.075 (0.250)	0.002 (0.170)	-0.072 (0.083)	0.020 (0.079)
兼业状况	0.534** (0.226)	0.937*** (0.325)	-0.087 (0.233)	0.033 (0.109)	0.145 (0.107)
家庭收入（对数）	0.028 (0.118)	-0.446 (0.315)	0.125 (0.144)	0.219*** (0.052)	0.242*** (0.058)
农业劳动力占比	0.865** (0.363)	0.827 (0.517)	0.115 (0.323)	0.101 (0.179)	0.091 (0.177)
家庭住房面积（对数）	-0.149 (0.188)	0.697** (0.292)	-0.267 (0.167)	0.010 (0.090)	0.001 (0.088)
生产型农户	-0.042 (0.216)			0.273** (0.115)	0.205* (0.108)
功能型农户	-0.383* (0.219)			0.400*** (0.095)	0.307*** (0.096)
商品化率	0.907*** (0.333)	0.047 (0.490)	0.620* (0.342)	0.463*** (0.144)	0.231 (0.147)
土壤肥力	0.069 (0.143)	0.067 (0.170)	0.207* (0.111)	-0.028 (0.064)	0.026 (0.061)
地块距离（对数）	-0.000*** (0.000)	0.000** (0.000)	-0.000 (0.000)	0.000 (0.000)	0.000 (0.000)
田间交通条件	0.153 (0.250)	-0.033 (0.343)	0.299 (0.285)	0.104 (0.131)	0.094 (0.132)
灌溉条件	-0.488*** (0.189)	0.827*** (0.267)	0.120 (0.183)	0.136 (0.089)	0.123 (0.088)
合作社服务	-0.041 (0.231)	0.808*** (0.288)	-0.049 (0.194)	0.283*** (0.104)	0.242** (0.098)

① $e^{1.937/0.228/2}=70$。

续表

变量	（1）总体样本	（2）生产型农户	（3）功能型农户	（4）总体样本	（5）总体样本
政府补贴	−0.021（0.033）	0.070（0.047）	0.008（0.029）	0.005（0.013）	0.001（0.014）
市场距离	−0.448***（0.150）	−0.203（0.229）	0.170（0.163）	−0.053（0.069）	−0.074（0.073）
通信条件	0.078（0.186）	0.288（0.273）	0.026（0.179）	0.145*（0.085）	0.131（0.082）
常数项	−15.594***（1.960）	−10.634***（2.216）	−5.619***（1.401）	−2.817***（0.667）	−2.029***（0.618）
观测值	1752	300	352	1752	1752
R^2	0.877	0.580	0.421	0.372	0.352

注：括号内为稳健标准误。其他变量的估计结果略

***、**、*分别表示在1%、5%及10%的水平上显著

　　地块规模与经营规模交互项的系数显著为正（表4-5）。其中，地块规模在经营规模和化肥减量施用之间具有显著的调节作用，即地块规模的扩大增强了经营规模扩张对化肥减量施用的积极影响，假说4-4a得到验证。连片规模与地块规模交互项的系数同样显著为正，说明连片种植水平的提高显著增强地块规模扩大对化肥减量施用的正向影响，假说4-4b得到验证。同样地，连片规模与经营规模交互项的系数显著为正。这表明，伴随连片化种植水平的提高，经营规模扩大对化肥减量施用的正向影响得到显著增强。据此，假说4-4c得到验证。

表4-5　化肥减量施用：不同规模维度的交互影响

变量	（1）	（2）	（3）
地块规模	2.468（6.052）	4.991**（2.086）	
经营规模	0.219**（0.096）	·	0.161***（0.057）
连片规模		1.842***（0.518）	0.626***（0.085）
地块规模×经营规模	0.813*（0.424）		
连片规模×地块规模		3.078**（1.329）	
连片规模×经营规模			2.178***（0.078）
常数项	−5.685（10.373）	−9.927***（3.805）	−2.031***（0.518）
观测值	1752	1752	1752
R^2	0.375	0.420	0.387

注：括号内为稳健标准误。控制变量的估计结果略

***、**、*分别表示在1%、5%及10%的水平上显著

　　社会化服务卷入与地块规模、经营规模和连片规模交互项的系数均显著为正（表4-6）。这表明，农户生产环节社会化服务卷入越深，其地块规模、经营规模扩大，以及连片规模提高对化肥减量施用的正向影响越强。社会化服务卷入在地块规模、经营规模、连片规模与化肥减量施用之间具有显著的正向调节效应。据此，模型估计结果与前文理论预期一致，本章假说4-5得到验证。

表4-6　化肥减量施用：社会化服务卷入的交互影响

变量	（1）	（2）	（3）
地块规模	2.494（2.080）		
经营规模		0.265（0.230）	
连片规模			0.330*（0.171）
社会化服务卷入	0.059（0.061）	0.086（0.061）	0.039（0.052）
社会化服务卷入×地块规模	1.158***（0.271）		
社会化服务卷入×经营规模		0.737***（0.235）	
社会化服务卷入×连片规模			3.890***（0.069）
常数项	−5.532（3.610）	−2.905***（0.898）	−1.054*（0.615）
观测值	1752	1752	1752
R^2	0.635	0.305	0.412

注：括号内为稳健标准误。其他变量的估计结果略

***、*分别表示在1%、10%的水平上显著

3. 稳健性检验

考虑到基于C-D生产函数测算农户最优化肥投入量可能忽视不同农户类型的异质性冲击，由此引起测量误差问题。据此，本章借鉴 Huang 等（2015）的处理方法，利用实际化肥投入量替换被解释变量，进一步检验前文估计结果的稳健性。表 4-7 的估计结果显示，地块规模、连片规模与社会化服务卷入对农户化肥施用量均具有显著的负向影响。对于生产型农户而言，其化肥施用量伴随经营规模的扩张呈"先下降后上升"的趋势，而对于功能型农户而言，经营规模的扩张则显著降低其化肥施用量。由此可见，前文的基本结论具备稳健性。

表4-7　不同规模维度与化肥施用量：替换被解释变量

变量	化肥施用量				
	（1）总体样本	（2）生产型农户	（3）功能型农户	（4）总体样本	（5）总体样本
地块规模（对数）	−0.887** （0.408）				
经营规模（对数）		−0.550* （0.288）	−0.183*** （0.033）		
经营规模平方（对数）		0.056* （0.034）	0.045 （0.031）		
连片规模				−0.120*** （0.045）	
社会化服务卷入					−0.038*** （0.010）
常数项	5.351*** （0.598）	3.877*** （0.702）	−0.526 （0.378）	4.490*** （0.304）	0.001 （0.138）
观测值	1752	300	352	1752	1752
R^2	0.103	0.093	0.272	0.106	0.104

注：括号内为稳健标准误。其他变量的估计结果略

***、*分别表示在1%、10%的水平上显著

表 4-8 的估计结果表明，地块规模与经营规模交互项的系数显著为负，说明地块规模的扩张能够显著降低经营规模扩张对化肥施用量的正向影响效应。连片规模与地块规模、连片规模与经营规模交互项的系数同样显著为负，这表明连片种植可以显著增强地块规模对化肥施用量的负向影响，并降低了经营规模扩张对化肥施用量的正向影响。

表4-8　不同规模维度、社会化服务卷入的交互影响：替换被解释变量

变量	化肥施用量		
	（1）	（2）	（3）
不同规模维度的交互影响			
地块规模×经营规模	−0.910***（0.098）		
连片规模×地块规模		−2.272**（0.113）	
连片规模×经营规模			−3.603***（1.210）
常数项	0.032（0.550）	−0.023（0.051）	−0.027（0.124）
观测值	1752	1752	1752
R^2	0.646	0.354	0.628
社会化服务卷入的交互影响			
社会化服务卷入×地块规模	−0.883***（0.063）		
社会化服务卷入×经营规模		−0.552**（0.083）	
社会化服务卷入×连片规模			−3.874***（0.243）
常数项	0.024（0.055）	−0.113（0.100）	−0.075（0.050）
观测值	1752	1752	1752
R^2	0.220	0.626	0.214

注：括号内为稳健标准误。其他变量的估计结果略
***、**分别表示在 1%、5%的水平上显著

不可观测因素可能会同时影响农户不同维度规模经营与化肥施用决策，即模型潜在的内生性问题将导致前文估计有偏。据此，本章利用控制方程（control function，CF）方法缓解上述问题。由表 4-9 与表 4-10 的估计结果可知，CF 估计结果与前文估计结果具有一致性，由此，本章的基本结论稳健。

表4-9　不同规模维度与化肥减量施用：CF估计法

变量	化肥减量施用				
	（1）总体样本	（2）生产型农户	（3）功能型农户	（4）总体样本	（5）总体样本
地块规模（对数）	16.470***（1.472）				
经营规模（对数）		3.439***（0.716）	1.505***（0.337）		

续表

变量	化肥减量施用				
	（1）总体样本	（2）生产型农户	（3）功能型农户	（4）总体样本	（5）总体样本
经营规模平方（对数）	−0.671*** (0.144)	−0.253 (0.801)			
连片规模				1.472*** (0.212)	
社会化服务卷入					0.323*** (0.078)
常数项	−29.236*** (3.889)	−18.226*** (4.207)	−10.170*** (2.587)	−4.618*** (1.194)	−3.405*** (1.121)
观测值	1752	300	352	1752	1752
R^2	0.849	0.353	0.254	0.157	0.118

注：括号内为稳健标准误。其他变量的估计结果略

***表示在1%的水平上显著

表4-10　不同规模维度、社会化服务卷入的交互影响：CF估计法

变量	化肥减量施用		
	（1）	（2）	（3）
不同规模维度的交互影响			
地块规模×经营规模	0.066*** (0.008)		
连片规模×地块规模		0.050* (0.027)	
连片规模×经营规模			0.080*** (0.022)
常数项	0.158 (0.159)	−0.437*** (0.108)	−0.328** (0.154)
观测值	1752	1752	1752
R^2	0.168	0.254	0.621
社会化服务卷入的交互影响			
社会化服务卷入×地块规模	0.022** (0.010)		
社会化服务卷入×经营规模		0.068*** (0.013)	
社会化服务卷入×连片规模			0.194*** (0.023)
常数项	−0.042 (0.149)	0.006 (0.144)	−0.042 (0.139)
观测值	1752	1752	1752
R^2	0.202	0.153	0.193

注：括号内为稳健标准误。其他变量的估计结果略

***、**、*分别表示在1%、5%及10%的水平上显著

另外，考虑到不同地区的耕地资源与人口密度存在较大差异，本章分别增加以25亩及以下和45亩及以下作为小农户划分标准的稳健性检验。表4-11的估计结果显示，无论是以25亩及以下，还是以45亩及以下作为小农户划分标准，模型估计结果均支持前文的结论。

表4-11 农户类型与化肥减量施用：不同划分标准的估计结果

变量	25 亩划分标准		45 亩划分标准	
	（1）生产型农户	（2）功能型农户	（3）生产型农户	（4）功能型农户
经营规模（对数）	2.205*** （0.873）	0.833** （0.337）	1.748*** （0.356）	0.929*** （0.198）
经营规模平方项（对数）	−8.940** （2.720）	−0.225 （0.363）	−0.877** （0.359）	0.129 （0.196）
常数项	−6.552** （2.851）	−9.590*** （1.816）	−8.370*** （2.247）	−6.278*** （1.585）
观测值	120	290	324	375
R^2	0.331	0.211	0.396	0.267

注：括号内为稳健标准误。其他变量的估计结果略

***、**分别表示在 1%及 5%的水平上显著

4.3 结果与讨论

本章将农户分为不同类型，将农地规模分解为地块规模、经营规模与连片规模，并据此揭示减量的内在逻辑及其实证证据。本章主要的研究结论是：①农户所拥有的地块规模越大，化肥减施量越明显。②追求利润最大化的生产型小农，其化肥减施量与经营规模呈倒"U"形变化；追求多元化经营的功能型小农，其化肥减施量随经营规模的扩大而增加。③种植的连片规模越大，化肥减施量越高。④地块规模的扩大，能够增强经营规模扩大对减施的促进作用；连片规模的扩大，能够增强地块规模扩大及经营规模扩大对减施的促进作用。⑤农户的服务外包或社会化服务卷入程度加深，能够增强地块规模、经营规模和连片规模扩大对减施的促进作用。

本章主要的理论贡献是：①不同类型的农户，因经营目标、要素投入组合等的不同，以及经营规模形式的不同，有着不同的农业化肥减量化逻辑；②将农地规模区分为地块规模、经营规模与连片规模，一方面，揭示出了三类规模实现减量的内在机理；另一方面，揭示出了三类规模内部的交互性及纵向分工卷入同三类规模的交互性，由此加深了对农地规模内涵的理解，并拓展了农业分工理论及其运用。

本章隐含的政策含义是：①通过土地整理扩大农户的地块规模，有助于农业化肥的减量化；②在农地流转过程中，鼓励农户土地的连片流转或连片经营，能够改善农业化肥的减量效果；③鼓励农户卷入横向分工推进农业的区域专业化，能够突破小规模、分散化与细碎化的小农经营对化肥减量化的制约，从而改善减量绩效；④发育农业生产性社会化服务市场，鼓励农户通过服务外包卷入农业的纵向分工，通过服务规模经营方式进一步实现农业化肥减量及其市场化。

第5章 农地交易方式与农业减量化

5.1 理论逻辑与研究假设

长期以来，以美国为代表的规模化农业发展模式因其显著的规模经济性而备受推崇。规模经济指经济效益随生产规模扩大而增加的现象，其特征是长期平均总成本随产量增加而减少。在经典厂商理论中，生产规模的表征主要为产量，而在农业种植领域，生产规模多表达为土地规模（许庆等，2011）。土地规模的扩大能够实现经济效益的增加，这主要得益于内部规模经济性，如达到机械设备的经营规模门槛或者提高灌溉工程的利用效率，以及外部规模经济性，如通过集中化或者大批量采购生产（服务）要素获得议价能力。

然而，与美国人少地多的要素禀赋条件截然相反，中国农业发展面临的基本格局是人多地少。同时，中国农村的土地为集体所有，农户凭借集体成员身份获得土地的使用权，并按照"远近搭配、肥瘦均匀"的原则承包土地以确保公平性（罗必良，2019）。由此，小规模与细碎化经营成为中国农村土地制度安排的两个显著特征。于是，通过明晰土地产权，促进土地交易市场发育，实现土地经营权的流转集中，被认为是获得农业规模经济性的重要方式（罗必良，2019）。

理想的情景是，在要素市场开放的条件下，具备非农就业能力的农户将劳动力配置于务工活动，将土地经营权转出，实现家庭收入最大化；具备农业生产优势的农户转入土地，扩大经营规模。然而，现实的情景却是，农户"离农不弃农""离乡不离土"的现象普遍存在。虽然我国的农地流转率①从 2005 年的 4.5%上升至 2017 年的 37%，但 2017 年经营规模在 10 亩以下的农户仍占农户总数的 85.2%，

---

① 农地流转率为农地流转面积占家庭承包经营土地面积的比重。

并且自 2014 年起，全国家庭承包土地流转面积增速逐年回落（农业部农村经济体制与经营管理司和农业部农村合作经济经营管理总站，2018）。所以，既有的土地流转并未从根本上改变中国分散化与细碎化的家庭经营格局（罗必良，2019）。

辨析土地转入与土地规模间的关系，可以归纳出两类主要情景：其一，土地分散转入，经营规模扩张，地块规模无增加，甚至可能缩减；其二，土地连片转入，经营规模与地块规模同步扩张（其中，若土地以同等规模置换方式转入，以实现邻近地块整合，则经营规模不变，地块规模扩张）。两类情景可能造成经营绩效的显著差距（郜亮亮，2020），也可能造成化肥减量潜力的明显不同。如图 5-1（a）所示，土地分散转入和连片转入情景下的总生产成本曲线分别为 S_1 和 S_2，对应到图 5-1（b）中，土地分散转入和连片转入情景下的生产活动的边际生产成本曲线分别为 MC_1 和 MC_2，平均生产成本曲线分别为 AC_1 和 AC_2。

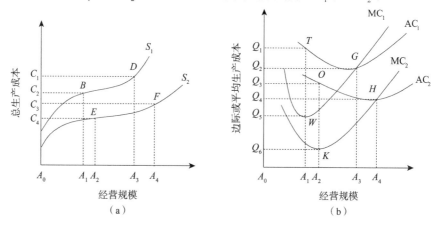

图 5-1 土地转入情景及其规模经济性差异

在土地分散转入情景中：①当经营规模从 A_0 增加至 A_1 时，S_1 呈上升趋势，但是上升的速度递减。原因在于，在该经营规模区间内边际生产成本 MC_1 呈下降趋势，A_1 所对应的点 W 为边际生产成本最低点。②当经营规模从 A_1 增加至 A_3 时，由于 MC_1 呈上升趋势，S_1 上升的速度递增。但在经营规模到达 A_3 前，$MC_1<AC_1$，平均生产成本处于下降阶段，生产活动仍处于规模经济区间。③当经营规模为 A_3 时，平均成本 AC_1 降到最低点 G，此时有 $MC_1=AC_1$，A_3 为最优经营规模。④当经营规模大于 A_3 时，$MC_1>AC_1$，生产活动处于规模不经济区间。同理，在土地连片转入情景中，边际生产成本 MC_2 的最低点为 K，对应的经营规模为 A_2；在 H 点有 $MC_2=AC_2$，对应的最优经营规模为 A_4。

在土地分散转入情景中，经营规模扩张伴随着土地细碎程度的加深，地块之间的转换成本（包括劳动力转场、生产资料运输、雇佣工人的劳动监督等成本）

随之增加。因而在同等经营规模水平下，土地分散转入情景中的总生产成本要高于连片转入情景中的总生产成本，即 $S_1 > S_2$。当经营规模达到一定水平时，转入一块与原有经营地块不相连的土地所带来的边际生产成本将显著增加（郭阳等，2019），这将加速生产活动跳过规模经济区间。因而相较于土地连片转入情景，土地分散转入情景中总生产成本上升速度递增的经营规模拐点将提前，即 $A_1 < A_2$，最优经营规模也将更小，即 $A_3 < A_4$。在两种情景中的最优经营规模水平上，土地分散转入情景中的平均（边际）生产成本更高，即 $Q_2 > Q_4$。

可以发现，在土地分散转入情景中，由于经营规模的扩张，无法实现地块规模同步扩张（或者说土地细碎程度的降低），经营规模的进一步扩大难以有效改善规模经济性，而地块规模的局限也会形成对化肥减量的阻碍，具体表现如下。

第一，化肥减量的机械化阻碍。机械作业需要在一定的空间范围内进行往复循环与转向运动，地块规模狭小将降低机械作业的可能性，而机械在不同地块之间转移也将增加生产作业成本，加大了机械—劳动替代的难度。地块规模局限造成的机械化阻碍会进一步成为化肥减量的制约，因为机械化一方面可以避免人工施肥的不均匀和不规范问题，从而有效提升化肥的施用效率；另一方面，可以提升化肥用量的可追溯性，从而显著增加产品"绿色"宣称的信度（苏效坡等，2015）。

第二，化肥减量的专业化阻碍。由于地块的分散性，农户可能更倾向于种植多种作物（纪月清等，2017）。地块分散再加上作物品种多样，使得农户对农业专业化服务的需求有限，难以吸引服务供应商进入市场，继而会阻滞农业分工深化。然而，农业施肥服务组织的培育正是实现化肥减量的关键所在，其减量优势在于以下几个方面：一是规模化的农业施肥服务组织相较于小农户，不仅在化肥要素市场上具有更高的质量甄别能力和价格谈判能力，而且组织的农技人员可以为农户选择恰当的化学肥料和制订科学的施肥计划[①]；二是组织化的农业施肥服务主体的化肥减量信息受企业信用背书，能够避免"漂绿"等败德行为的产生；三是机械化的农业施肥服务可以采取大规模作业，农户将获得化肥要素使用的服务规模经济性。

在土地连片转入情景中，首先，地块规模的扩张有利于机械作业及其劳动替代，能改善内部规模经济性。一方面，进行土地整合可以破除田埂阻隔，增加经营面积。一项针对中国家庭农场的分析表明，2018 年开展土地平埂整理的家庭农场中，有约 44.01% 的农场的经营面积平均增加约 7%（郜亮亮，2020）。另一方面，地块小并大、短并长、曲变直，更容易满足机械作业对地块规模化、标准化和规

---

① 农资市场上的化肥种类繁多，农户由于获取农资质量的信息成本较高，普遍采取过量施用化肥的策略规避风险（蔡荣等，2019）。而农业施肥服务组织凭借其在农资质量信息获取方面所具有的优势，可以有效降低农户的交易风险，促进化肥减量施用。

整化的要求（胡新艳等，2018）。

其次，地块规模的扩张能够促使农户将多地块、多样化的作物种植模式转变为单品种、专业化的种植模式（胡新艳等，2018）。一方面，专业化生产有利于节约工作转换时间、提高生产技能（斯密，1997），也有利于增加农户对化肥减量生产知识的积累。另一方面，连片专业化生产有助于扩大农业分工市场容量，区域内多个农户开展同种作物的连片化经营将有效增加农业社会化服务交易密度，从而诱导农业社会化服务市场的发育与发展（罗必良，2017b）。如前所述，服务组织不仅具有更高的质量甄别能力和要素价格谈判优势，而且可以通过使用无人机、施肥机等精准化作业工具实现化学品减量（张露和罗必良，2020a）。

综上，本章提出如下待检验的研究假说。

假说 5-1：若土地转入呈分散化特征，即经营规模扩张而地块规模无改进，则土地转入带来的化肥减量效应可能受限。

假说 5-2：若土地转入呈连片化特征，即经营规模与地块规模同步扩张，则可能显著降低化肥施用量。

5.2　模型、变量与计量结果分析

5.2.1　数据来源

中国是水稻生产大国，然而水稻种植中的化肥过量投入，已经并仍在继续加剧土壤退化、温室气体排放与地下水体污染（Wang et al.，2018）。据此，本章聚焦水稻生产过程中的化肥施用展开研究。

湖北省是中国重要的水稻产区，其 2017 年的稻谷播种面积和产量分别占全国的 7.7%和 9.08%[①]，因此，本章选择湖北省水稻主产区开展农户调查。调查开展的年份为 2018 年。为了更好地了解受访农户农业生产的真实情况，受访对象均为 2017 年从事过农业生产的农户，收集的是反映他们 2017 年农业生产情况的数据。

该调查采用多阶段抽样方法：第一阶段，抽样范围界定为湖北省三大稻区，即鄂中丘陵、鄂北岗地单季籼稻板块，江汉平原、鄂东单双季籼稻板块和鄂东北粳稻板块；第二阶段，根据板块规模确定了 9 个样本县（市、区），在每个样本县（市、区），依据水稻播种面积大小选取 2～3 个乡镇（街道、管理区），共计 20

---

① 资料来源：《中国统计年鉴 2017》。

个样本乡镇；第三阶段，在每个样本乡镇（街道、管理区）随机抽取 2 个行政村，共计 40 个样本村；第四阶段，在每个样本村随机抽取 40～50 个农户家庭，并选择农户家庭中的农业生产决策者开展问卷调查。

该调查的主要内容包括两个层面：第一，农户层面的内容，涵盖农户家庭成员基本信息和农业经营等情况；第二，地块层面的内容，考虑到农户经营多个地块，农户凭借记忆可能无法准确地描述地块间投入产出的差异，本章仅调查农户最大地块的基本特征与投入产出信息。该调查共发放问卷 1800 份，剔除遗漏关键信息（如最大地块上的化肥施用量）的问卷后，共获得满足本章研究要求的有效样本 1314 份。

5.2.2　模型设置

本章重点关注土地转入、经营规模、土地细碎程度和地块规模对化肥施用量的影响，以及在不同的经营规模、土地细碎程度和地块规模水平下，土地转入对化肥施用量的影响差异。因此，本章分别构建了未包含及包含土地转入与经营规模、土地细碎程度和地块规模的交互项的模型进行实证检验。未包含交互项的模型表达式如下：

$$\ln y_i = \beta_0 + \beta_1 \text{Trans\_in}_i + \beta_2 \text{Scale}_i + \beta_3 \text{Plots}_i + \beta_4 \text{Pscale}_i$$
$$+ \sum_{k=1} \beta_{5k} C_i + D_i + \mu_i \quad\quad (5\text{-}1)$$

其中，y_i 表示第 i 个农户的水稻亩均化肥施用量（公斤/亩）。考虑到以实际化肥施用量作为被解释变量可能存在测量误差问题，本章利用农户水稻生产的亩均化肥施用量的折纯量测度化肥施用量[①]。进一步地，水稻亩均化肥施用量的方差可能会随着核心解释变量（如水稻经营规模）的增加而增大，因此，本章对水稻亩均化肥施用量进行了对数化处理，以削弱模型潜在的异方差问题（Wooldridge，2015）。

5.2.3　变量选择

Trans_in$_i$ 为二分类变量，表示第 i 个农户的土地转入行为，如果农户转入了土地，变量取值为 1，否则，变量取值为 0；Scale$_i$ 表示第 i 个农户的经营规模（用水稻总经营规模反映）；Plots$_i$ 表示第 i 个农户的土地细碎程度（用水稻地块数反映），

---

① 除非特别说明变量和指标的含义，下文中提到的化肥施用量均指折纯量。

Pscale$_i$ 表示第 i 个农户的地块规模（用水稻总经营规模除以水稻地块数求得）。

C_i 表示控制变量，包括第 i 个农户的农业生产决策者的个体特征（性别、年龄、受教育年限、健康状况、是否为合作社成员），农户 i 的家庭特征（农业劳动力数量），农户 i 的农业生产特征（最大地块的土壤肥力、土壤质地、灌溉条件、田间交通与地块离家距离、稻作类型与商品化率），农户 i 所处的外部环境（政府补贴、市场距离、技术培训与信息服务）。D_i 表示农户 i 所在区域的虚拟变量，用以控制气候条件与病虫害等区域固定效应；μ_i 表示随机扰动项；β_0 表示截距项；β_1、β_2、β_3、β_4 和 β_{5k} 表示待估参数。

包含交互项的模型表达式如下：

$$\ln y_i = \beta_0 + \beta_1 \text{Trans\_in}_i + \beta_2 \text{Scale}_i + \beta_3 \text{Trans\_in}_i \times \text{Scale}_i + \beta_4 \text{Plots}_i \\ + \sum_{k=1} \beta_{5k} C_i + D_i + \mu_i \tag{5-2}$$

$$\ln y_i = \beta_0 + \beta_1 \text{Trans\_in}_i + \beta_2 \text{Plots}_i + \beta_3 \text{Trans\_in}_i \times \text{Plots}_i + \beta_4 \text{Scale}_i \\ + \sum_{k=1} \beta_{5k} C_i + D_i + \mu_i \tag{5-3}$$

$$\ln y_i = \beta_0 + \beta_1 \text{Trans\_in}_i + \beta_2 \text{Pscale}_i + \beta_3 \text{Trans\_in}_i \times \text{Pscale}_i + \beta_4 \text{Scale}_i \\ + \sum_{k=1} \beta_{5k} C_i + D_i + \mu_i \tag{5-4}$$

式（5-2）中，$\text{Trans\_in}_i \times \text{Scale}_i$ 表示土地转入与经营规模的交互项；式（5-3）中，$\text{Trans\_in}_i \times \text{Plots}_i$ 表示土地转入与土地细碎程度的交互项；式（5-4）中，$\text{Trans\_in}_i \times \text{Pscale}_i$ 表示土地转入与地块规模的交互项；其余变量和参数的定义与式（5-1）中一致。为了克服交互项可能引致的多重共线性问题，本章对交互项进行了中心化处理。

需要指出的是，内生性问题是农户行为决策及其影响研究的重要挑战（Khonje et al., 2018）。可能出现的问题包括：其一，自选择性偏误，农户的土地转入决策不仅受到可观测因素（如决策者性别、年龄、受教育年限等）的影响，还可能受到不可观测因素（如经营能力等）的影响。例如，经营能力越高的农户越有可能转入土地，也越有可能科学、规范地施肥。这可能造成在采用 OLS 估计时，会高估土地转入对农户化肥减量施用的影响。其二，联立性偏误，即逆向因果，这可以看成是一种特殊的遗漏变量问题。农户可能因为掌握了化肥减量化生产技术，使得化肥投入成本显著下降，因而更倾向于通过土地转入扩大经营规模，进而增加生产收益。

为核心解释变量寻找恰当的工具变量（instrumental variable，IV），是缓解上述内生性问题行之有效的方法（Wooldridge，2015）。村级土地流转率会通过土地流转市场的发育状况影响农户的土地转入和转出行为；地形则因其对土地的天然分割，不仅影响土地细碎程度，而且影响可用的土地经营规模，继而影响农户的化肥施用行为。据此，本章选择除农户 i 之外的村级土地流转率（有土地转入和转出行为的样本农户数占村庄总样本农户数的百分比）作为该农户土地转入行为的工具变量；选择农户经营的水稻地块是否以平原地块为主作为其经营规模、土地细碎程度和地块规模的工具变量。后文中笔者将对工具变量的有效性展开进一步的检验。

变量的含义及其描述性统计见表 5-1。如表 5-1 所示，平均而言，样本农户用于水稻生产的化肥施用量为 22.49 公斤/亩。根据《全国农产品成本收益资料汇编 2018》的数据，2017 年湖北省早籼稻、中籼稻、晚籼稻和粳稻的化肥施用量分别为 20.11 公斤/亩、22.26 公斤/亩、22.13 公斤/亩和 25.92 公斤/亩。可以看出，本章的样本数据与宏观统计数据相近，说明样本数据具有代表性。转入土地的样本农户有 397 户，约占样本总体的 30.21%。独立分布 t 检验的结果表明，未转入土地样本组中农户化肥施用量的折纯量（23.63 公斤/亩）显著高于转入土地组农户化肥施用量的折纯量（19.86 公斤/亩）；转入土地组的农户在经营规模、土地细碎程度和地块规模上均显著大于或高于未转入土地组的农户。

表5-1　变量含义、描述性统计结果

变量名称	变量含义（单位）与赋值	变量均值及标准差			均值差异
		总体 （n=1 314）	未转入土地 （n=917）	转入土地 （n=397）	
化肥施用量	2017 年农户水稻亩均化肥施用量的折纯量（公斤/亩）	22.49 （9.56）	23.63 （8.35）	19.86 （11.50）	3.77***
经营规模	2017 年农户水稻经营总规模（亩）	44.26 （158.80）	18.60 （44.58）	103.50 （271.90）	−84.90***
土地细碎程度	2017 年农户经营的水稻地块数量（块）	5.78 （16.98）	3.19 （4.22）	11.76 （29.38）	−8.57***
地块规模	2017 年农户水稻经营总规模除以水稻地块数量（亩/块）	10.51 （21.93）	7.80 （10.58）	16.77 （35.77）	−8.97***
性别	农户中农业生产决策者的性别：男=1，女=0	0.91 （0.29）	0.89 （0.31）	0.94 （0.23）	−0.05***
年龄	2017 年农户中农业生产决策者的实际年龄（岁）	57.79 （9.71）	58.88 （9.49）	55.29 （9.77）	3.59***
受教育年限	农户的农业生产决策者接受正规教育的年限（年）	6.45 （3.44）	6.16 （3.37）	7.12 （3.50）	−0.96***
健康状况	截至 2017 年，农户的农业生产决策者是否患过疾病？是=1，否=0	0.46 （0.50）	0.51 （0.50）	0.35 （0.48）	0.16***
合作社成员	农户的农业生产决策者是否为合作社社员？是=1，否=0	0.19 （0.39）	0.17 （0.38）	0.24 （0.43）	−0.07***

续表

变量名称	变量含义（单位）与赋值	变量均值及标准差			均值差异
		总体 （n=1 314）	未转入土地 （n=917）	转入土地 （n=397）	
农业劳动力数量	2017 年农户家庭农业劳动力数量 （人）	2.01 （0.86）	1.99 （0.84）	2.06 （0.90）	−0.07
土壤肥力					
土壤肥力较差	农户的农业生产决策者对最大地块的 土壤肥力的评价为较差=1，其他=0	0.17 （0.37）	0.17 （0.35）	0.21 （0.41）	−0.04***
土壤肥力中等	农户的农业生产决策者对最大地块 的土壤肥力的评价为中等=1， 其他=0	0.51 （0.50）	0.53 （0.50）	0.48 （0.50）	0.05
土壤肥力较好	农户的农业生产决策者对最大地块 的土壤肥力的评价为较好=1， 其他=0	0.32 （0.47）	0.33 （0.47）	0.31 （0.46）	0.02
土壤质地					
砂土	2017 年农户最大地块的土壤质地为 砂土=1，其他=0	0.27 （0.44）	0.27 （0.45）	0.25 （0.43）	0.02
壤土	2017 年农户最大地块的土壤质地为 壤土=1，其他=0	0.21 （0.41）	0.18 （0.39）	0.27 （0.44）	−0.09***
黏土	2017 年农户最大地块的土壤质地为 黏土=1，其他=0	0.53 （0.50）	0.55 （0.49）	0.48 （0.50）	0.07**
灌溉条件	最大地块的田间灌溉是否方便？ 是=1，否=0	0.64 （0.48）	0.67 （0.47）	0.56 （0.50）	0.11***
田间交通	最大地块的田间农机通行是否方 便？是=1，否=0	0.89 （0.31）	0.90 （0.30）	0.87 （0.34）	0.03*
地块离家距离	2017 年农户经营的最大地块到他们 住宅的距离（米）	779.50 （1 388.00）	655.50 （665.60）	1 066.00 （2 291.00）	−410.50***
稻作类型					
早稻	2017 年农户是否种植早稻？是=1， 否=0	0.03 （0.16）	0.03 （0.16）	0.03 （0.16）	0.00
中稻	2017 年农户是否种植中稻？是=1， 否=0	0.45 （0.50）	0.42 （0.49）	0.50 （0.50）	−0.08***
晚稻	2017 年农户是否种植晚稻？是=1， 否=0	0.02 （0.15）	0.02 （0.13）	0.04 （0.20）	−0.02***
再生稻	2017 年农户是否种植再生稻？ 是=1，否=0	0.50 （0.50）	0.53 （0.50）	0.43 （0.50）	0.10***

续表

变量名称	变量含义（单位）与赋值	变量均值及标准差			均值差异
		总体 （*n*=1 314）	未转入土地 （*n*=917）	转入土地 （*n*=397）	
商品化率	2017 年农户的稻谷出售量占稻谷总产量的百分比	83.00 （33.00）	83.00 （32.00）	80.00 （35.00）	3.00
政府补贴	2017 年农户获得农业支持保护补贴的额度（元）	1 691.00 （11 391.00）	975.10 （1 566.00）	3 345.00 （20 510.00）	-2 369.90***
市场距离	农户到达最近的镇级农贸市场所花费的时间（分钟）	22.24 （20.94）	23.64 （24.08）	19.01 （9.88）	4.63***
技术培训	截至 2017 年农业生产决策者是否接受过水稻生产技术培训？是=1，否=0	0.46 （0.50）	0.40 （0.49）	0.62 （0.49）	-0.22***
信息服务	2017 年农户家庭是否连接宽带？是=1，否=0	0.44 （0.50）	0.41 （0.49）	0.52 （0.50）	-0.11***
村级土地流转率	除农户自身外，2017 年村庄中土地转入和转出的样本农户数占村庄总样本农户数的百分比	39.60 （0.07）	39.90 （0.07）	39.00 （0.07）	0.90**
平原地块	2017 年农户经营的水稻地块是否以平原地块为主？是=1，否=0	0.68 （0.47）	0.68 （0.47）	0.69 （0.46）	-0.01
区域虚拟变量	以县为单位设置区域虚拟变量				

注：括号内为标准差。健康状况中的疾病具体包括呼吸道疾病（如慢性支气管炎）、高血压、血脂异常（高或低血脂）、糖尿病、癌症、心脏病、消化系统疾病与关节炎（风湿病）

***、**和*分别表示未转入土地组的变量均值减去转入土地组的变量均值在 1%、5%和 10%的统计水平上具有显著差异

5.2.4　计量结果与分析

1. 模型估计结果

表 5-2 汇报了未包含交互项模型的估计结果。回归 1 和回归 2 分别为未控制和控制水稻经营规模、土地细碎程度的结果；回归 3 和回归 4 引入水稻地块规模，并分别控制了水稻经营规模和土地细碎程度。回归结果显示，在控制水稻经营规模、土地细碎程度和水稻地块规模前后，土地转入对农户的水稻亩均化肥施用量均有显著的负向影响。这表明，土地转入有利于提高农户的化肥要素利用效率，促进水稻化肥减量施用。

表5-2 农户的水稻亩均化肥施用量影响因素的模型估计结果（未引入交互项）

变量	被解释变量：化肥施用量（取对数）			
	回归 1	回归 2	回归 3	回归 4
土地转入	−0.273***	−0.295***	−0.259***	−0.284***
	（0.029）	（0.028）	（0.030）	（0.029）
经营规模		−0.001***	0.001***	
		（0.000）	（0.000）	
土地细碎程度		0.006***		0.006***
		（0.002）		（0.001）
地块规模			−0.007**	−0.003***
			（0.003）	（0.001）
性别	0.001	−0.001	0.006	0.001
	（0.039）	（0.037）	（0.038）	（0.037）
年龄	−0.002	−0.001	−0.002	−0.001
	（0.001）	（0.001）	（0.001）	（0.001）
受教育年限	0.001	−0.000	0.001	0.000
	（0.003）	（0.003）	（0.003）	（0.003）
健康状况	−0.022	−0.018	−0.015	−0.015
	（0.022）	（0.021）	（0.022）	（0.021）
合作社成员	−0.151**	−0.181***	−0.168***	−0.185**
	（0.051）	（0.050）	（0.051）	（0.050）
农业劳动力数量	−0.006	−0.000	−0.006	−0.001
	（0.012）	（0.011）	（0.012）	（0.011）
土壤肥力(以较差为对照组)				
土壤肥力中等	0.025	0.043	0.023	0.040
	（0.033）	（0.031）	（0.032）	（0.031）
土壤肥力较好	0.008	0.013	0.003	0.010
	（0.036）	（0.034）	（0.035）	（0.033）
土壤质地(以砂土为对照组)				
壤土	0.013	0.013	0.007	0.010
	（0.033）	（0.031）	（0.033）	（0.031）
黏土	−0.009	−0.010	−0.004	−0.008
	（0.027）	（0.026）	（0.026）	（0.025）
灌溉条件	0.001	0.003	0.003	0.004
	（0.024）	（0.022）	（0.024）	（0.022）
田间交通	−0.117**	−0.114***	−0.105***	−0.109**
	（0.037）	（0.034）	（0.036）	（0.034）
地块离家距离	0.180***	0.138***	0.164***	0.136***
	（0.049）	（0.047）	（0.049）	（0.047）

续表

变量	被解释变量：化肥施用量（取对数）			
	回归 1	回归 2	回归 3	回归 4
稻作类型（以早稻为对照组）				
中稻	0.062	0.039	0.052	0.038
	（0.067）	（0.066）	（0.067）	（0.066）
晚稻	0.023	−0.005	0.003	−0.011
	（0.095）	（0.088）	（0.093）	（0.088）
再生稻	0.008	0.000	0.007	0.002
	（0.068）	（0.067）	（0.068）	（0.067）
商品化率	0.000	−0.000	0.000	−0.000
	（0.000）	（0.000）	（0.000）	（0.000）
政府补贴	−0.000**	0.000	−0.000**	0.000
	（0.000）	（0.000）	（0.000）	（0.000）
市场距离	0.001	0.001	0.001	0.001
	（0.001）	（0.001）	（0.001）	（0.001）
技术培训	0.033	0.017	0.040*	0.023
	（0.023）	（0.022）	（0.023）	（0.022）
信息服务	−0.025	−0.035	−0.018	−0.030
	（0.023）	（0.022）	（0.023）	（0.022）
区域虚拟变量	已控制	已控制	已控制	已控制
常数项	3.298***	3.262***	3.285***	3.258***
	（0.125）	（0.121）	（0.122）	（0.120）
观测值	1314	1314	1314	1314
R^2	0.156	0.248	0.194	0.257

注：括号内为稳健标准误

***、**、*分别表示在 1%、5%、10%的水平上显著

　　回归 2 控制了土地细碎程度后，农户的水稻经营规模对其化肥施用量具有显著的负向影响，而回归 3 控制了水稻地块规模后，农户的水稻经营规模对其亩均化肥施用量具有显著的正向影响。由此可以发现，经营规模的扩张并不必然引致化肥的减量施用，其减量效应的实现依赖于地块规模的变动。当土地细碎程度一定时，经营规模越大，意味着地块规模越大，农户越可能减少化肥施用量。

　　回归 3 控制了水稻经营规模后，水稻地块规模对农户水稻亩均化肥施用量具有显著的负向影响，表明水稻地块规模越大，农户的水稻亩均化肥施用量越少。在经营规模一定时，地块规模越大，意味着土地细碎程度越低，连片化经营的程度越高，地块层面具有的规模经济性将显著促进农户减量施用化肥。回归 2 和回归 4 表明，土地细碎程度对水稻亩均化肥施用量具有显著的正向影响，同样佐证了这一结论。

　　表 5-3 汇报了包含交互项模型的估计结果。估计结果显示，土地转入与经营

规模的交互项不显著（回归 5）；土地转入与土地细碎程度的交互项显著，且系数为正（回归 6），说明土地细碎程度越高，有转入土地行为的农户的水稻亩均化肥施用量越高；土地转入与地块规模的交互项显著，且系数为负（回归 7），表明水稻地块规模越大，转入土地农户的水稻亩均化肥施用量越低。

表5-3　农户的水稻亩均化肥施用量影响因素的模型估计结果（引入交互项）

变量	被解释变量：化肥施用量（取对数）		
	回归 5	回归 6	回归 7
土地转入	-0.293^{***} （0.027）	-0.290^{***} （0.027）	-0.277^{***} （0.029）
经营规模	-0.000 （0.000）	-0.000^{***} （0.000）	0.001^{**} （0.000）
土地细碎程度	0.006^{***} （0.002）	0.003^{***} （0.001）	
地块规模			-0.002 （0.003）
土地转入×经营规模	0.000 （0.000）		
土地转入×土地细碎程度		0.006^{***} （0.002）	
土地转入×地块规模			-0.008^{***} （0.003）
控制变量	已控制	已控制	已控制
区域虚拟变量	已控制	已控制	已控制
常数项	3.261^{***} （0.121）	3.307^{***} （0.119）	3.286^{***} （0.122）
观测值	1314	1314	1314
R^2	0.248	0.260	0.198

注：括号内为稳健标准误

***、**分别表示在 1%、5%的水平上显著

图 5-2（a）显示，尽管未转入土地组和转入土地组的农户的亩均化肥施用量随着水稻经营规模的增加均呈下降趋势，但在水稻经营规模的高位分布区，两组农户的水稻亩均化肥施用量差距逐渐缩小。图 5-2（b）表明，两组农户的水稻亩均化肥施用量随着土地细碎程度的加深而增加，但转入土地组的农户的增加幅度更为明显。图 5-2（c）显示，随着水稻地块规模的增加，两组农户的水稻亩均化肥施用量均呈下降态势，但是转入土地组农户的下降幅度更大。可见，土地转入带来的经营规模增加并不必然促进化肥减量。若地块转入呈分散化态势，土地细碎程度的加深反而导致化肥施用量激增；若转入的地块趋于连片化，土地转入将实现经营规模、地块规模的同步增加，那么地块层面的规模经济性将有助于实现化肥减量施用。据此，研究假说 5-1 和假说 5-2 得到验证。

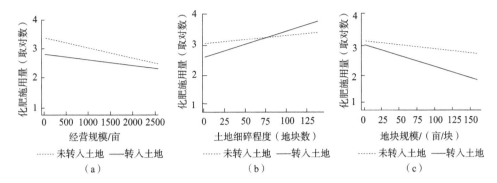

图 5-2　土地转入与经营规模、土地细碎程度、地块规模的交互项对水稻亩均化肥施用量的影响

2. 工具变量估计结果

表 5-4 报告了工具变量的估计结果。第一阶段的估计结果显示，村级土地流转率对农户的土地转入行为具有显著的负向影响。这表明，样本区域的土地流转集中于规模户。若一个规模户需要从多个农户手中转入土地，村级土地转出户的比例将高于土地转入户的比例。村级土地流转率越高，总体上农户转入土地的可能性反而越小。农户经营的水稻地块以平原为主，对水稻经营规模和地块规模具有显著的正向影响，对土地细碎程度具有显著的负向影响。地形因素对水稻经营规模、土地细碎程度的天然影响使得土地流转连片化策略的实施具有区域性，即在平原地区更具可行性。第一阶段回归的 F 检验值均大于 10 这一经验值，因此拒绝存在弱工具变量的原假设。Hausman 检验拒绝了土地转入、经营规模为外生变量的原假设，表明采用工具变量估计法具有合理性。

表5-4　工具变量估计结果

变量	回归 8	回归 9	回归 10	回归 11	回归 12	回归 13	回归 14
第一阶段	土地转入	经营规模	土地细碎程度	地块规模	土地转入×经营规模	土地转入×土地细碎程度	土地转入×地块规模
村级土地流转率	-0.363^{**}（0.164）						
平原地块		30.140^{***}（8.206）	-9.062^{***}（1.384）	2.759^{***}（0.849）			
村级土地流转率×平原地块					57.082^{***}（13.090）	5.517^{***}（1.305）	2.566^{*}（1.408）
F 值	13.220	37.220	11.520	42.130	33.520	90.630	33.240
第二阶段				被解释变量：化肥施用量（取对数）			
土地转入	-0.294^{***}（0.024）	-0.295^{***}（0.024）	-0.300^{***}（0.025）	-0.210^{***}（0.040）	-0.293^{***}（0.024）	-0.290^{***}（0.024）	-0.277^{***}（0.025）

续表

变量	回归 8	回归 9	回归 10	回归 11	回归 12	回归 13	回归 14
第二阶段				被解释变量：化肥施用量（取对数）			
经营规模	-0.002***	-0.001***	-0.003***	0.002**	0.000	-0.001**	0.001***
	（0.000）	（0.000）	（0.000）	（0.001）	（0.000）	（0.000）	（0.000）
土地细碎程度	0.006***	0.006***	0.008***		0.006***	0.003***	
	（0.001）	（0.001）	（0.003）		（0.001）	（0.001）	
地块规模				-0.027**			-0.002
				（0.011）			（0.002）
土地转入×经营规模					0.000		
					（0.001）		
土地转入×土地细碎程度						0.006***	
						（0.001）	
土地转入×地块规模							-0.008***
							（0.003）
控制变量	已控制	已控制	已控制	已控制	已控制	已控制	已控制
区域虚拟变量	已控制	已控制	已控制	已控制	已控制	已控制	已控制
常数项	3.256***	3.231***	3.250***	3.242***	3.248***	3.199***	3.216***
	（0.203）	（0.158）	（0.119）	（0.147）	（0.121）	（0.119）	（0.204）
Hausman 检验	155.850***	103.230***	5.160	14.540***	83.080***	5.470	93.280***
观测值	1314	1314	1314	1314	1314	1314	1314
R^2	0.248	0.242	0.240	0.245	0.221	0.197	0.198

注：括号内为稳健标准误

***、**、*分别表示在 1%、5%、10%的水平上显著

第二阶段的估计结果显示，土地转入、经营规模、土地细碎程度与地块规模，以及核心解释变量之间的交互项对水稻亩均化肥施用量的影响在方向上和显著性水平上与基准回归相似。这表明，在克服模型潜在的内生性问题后，前文的结论仍成立。

3. 进一步讨论：工具变量的有效性检验

工具变量法第一阶段的估计表明，工具变量与内生解释变量高度相关，满足工具变量的相关性假设（Wooldridge，2015）。我们在考虑工具变量排他性假设时发现，村级土地流转率除了通过土地转入影响农户的水稻亩均化肥施用量外，还可能通过其他未观测到的因素影响其水稻亩均化肥施用量。例如，丘陵与山地土壤的基础肥力较低，加之地形坡度较大，容易导致肥料流失，对此，农户可能倾向于增加水稻化肥施用量。若存在上述问题，那么利用工具变量法仍无法获得一致的估计。于是，本章进一步参考 Nunn 和 Wantchekon（2011）、Angris 和 Krueger

（1994）及 van Kippersluis 和 Rietveld（2018）等的做法，通过工具变量有效性的证伪检验（falsification test）与放松工具变量的排他性假设，检验工具变量估计结果的稳健性。

首先是证伪检验。工具变量排他性假设要求工具变量仅通过内生解释变量影响被解释变量（van Kippersluis and Rietveld，2018）。这意味着在工具变量未对内生解释变量产生显著影响的子样本中，工具变量对被解释变量的影响同样不显著（van Kippersluis and Rietveld，2018）。根据上述逻辑，在未转入土地农户组中，以及在水稻经营规模和地块规模的低位分布、土地细碎程度的高位分布上，工具变量不会对农户的水稻亩均化肥施用量产生显著影响，这是因为村级土地流转率并未对这部分样本农户的土地转入行为产生显著影响，同时，农户经营的水稻地块虽然以平原地块为主，但也未能实现水稻经营规模和水稻地块规模的显著增加，以及水稻土地细碎程度的显著下降。

表 5-5 分别报告了未转入土地农户组中，以及经营规模与地块规模在后 5%和10%水平、土地细碎程度在前 5%和10%水平的子样本组中[①]，工具变量对农户水稻亩均化肥施用量的影响结果。结果显示，村级土地流转率对于未转入土地农户的水稻亩均化肥施用量具有负向影响，但未通过显著性检验。这说明，对于未转入土地的农户而言，村庄土地流转率并不会显著降低他们的水稻亩均化肥施用量。对于水稻经营规模和地块规模处于低位，以及土地细碎程度处于高位分布的农户而言，经营的水稻地块以平原地块为主对他们的水稻亩均化肥施用量的影响均不显著。实证检验结果与前文的逻辑分析一致，说明工具变量具备有效性（Nunn and Wantchekon，2011）。

表5-5 工具变量有效性证伪检验结果

变量	被解释变量：化肥施用量（取对数）						
	回归 15 未转入土地农户组	回归 16 经营规模后 5%组	回归 17 经营规模后 10%组	回归 18 地块规模后 5%组	回归 19 地块规模后 10%组	回归 20 土地细碎程度前 5%组	回归 21 土地细碎程度前 10%组
村级土地流转率	−0.207 （0.142）						
平原地块		0.000 （0.125）	−0.021 （0.083）	−0.049 （0.132）	0.034 （0.068）	−0.010 （0.053）	−0.071 （0.048）
控制变量	已控制	已控制	已控制	已控制	已控制	已控制	已控制
区域虚拟变量	已控制	已控制	已控制	已控制	已控制	已控制	已控制

① 本章将经营规模、地块规模和土地细碎程度按从大到小（从高到低）的次序排序，继而筛选出经营规模与地块规模在后 5%和后 10%，以及土地细碎程度在前 5%和前 10%的子样本。

续表

变量	被解释变量：化肥施用量（取对数）						
	回归 15 未转入土地农户组	回归 16 经营规模后 5%组	回归 17 经营规模后 10%组	回归 18 地块规模后 5%组	回归 19 地块规模后 10%组	回归 20 土地细碎程度前 5%组	回归 21 土地细碎程度前 10%组
常数项	3.195***	3.122***	3.078***	2.730***	2.756***	3.336***	3.257***
	（0.164）	（0.740）	（0.451）	（0.687）	（0.352）	（0.355）	（0.312）
观测值	917	64	142	64	140	87	137
R^2	0.160	0.779	0.469	0.559	0.487	0.776	0.675

注：括号内为稳健标准误

***表示在 1%的水平上显著

其次是放松工具变量的排他性假设。主要的估计思路为：利用工具变量有效性证伪检验获取村级土地流转率、平原地块对农户水稻亩均化肥施用量的直接影响系数，进而将得到的影响系数纳入工具变量的第二阶段进行参数估计[①]。表 5-6 报告了放松工具变量的排他性假设后的估计结果（由于第一阶段的估计结果与表 5-4 中第一阶段的估计结果相同，所以不再重复报告，只报告了第二阶段的估计结果）。回归 22～回归 28 与回归 8～回归 14 分别对应。

表5-6　放松工具变量排他性假设的估计结果

变量	被解释变量：化肥施用量（取对数）					
	回归 22	回归 23	回归 24	回归 25	回归 26	回归 27	回归 28
土地转入	−0.214***	−0.241***	−0.296***	−0.178***	−0.212	−0.143***	−0.685***
	（0.049）	（0.041）	（0.027）	（0.044）	（0.159）	（0.028）	（0.126）
经营规模	−0.000***	−0.001***	−0.000**	0.002***	−0.003	0.000	0.001***
	（0.000）	（0.000）	（0.000）	（0.001）	（0.005）	（0.000）	（0.000）
土地细碎程度	0.006***	0.008***	0.008***		0.007***	−0.105***	
	（0.001）	（0.001）	（0.003）		（0.002）	（0.006）	
地块规模				−0.035***			0.115***
				（0.012）			（0.033）
土地转入×经营规模					0.004		
					（0.008）		
土地转入×土地细碎程度						0.202***	
						（0.012）	
土地转入×地块规模							−0.184***
							（0.050）

---

① 限于篇幅，本章未对放松工具变量的排他性假设的估计方法展开说明，相关说明参见 van Kippersluis 和 Rietveld（2018）。

变量	被解释变量：化肥施用量（取对数）						
	回归 22	回归 23	回归 24	回归 25	回归 26	回归 27	回归 28
控制变量	已控制	已控制	已控制	已控制	已控制	已控制	已控制
区域虚拟变量	已控制	已控制	已控制	已控制	已控制	已控制	已控制
常数项	3.072***	3.072***	3.080***	2.878***	3.027***	4.721***	3.226***
	（0.142）	（0.143）	（0.142）	（0.171）	（0.1765）	（0.174）	（0.194）
观测值	1314	1314	1314	1314	1314	1314	1314

注：括号内为稳健标准误

***、**分别表示在 1%、5%的水平上显著

结果显示，土地转入、经营规模、土地细碎程度和地块规模，以及核心变量之间的交互项对农户水稻亩均化肥施用量的影响与前文传统工具变量法的估计结果基本一致。由此可见，前文工具变量法的估计结果具有良好的可信度。

4. 稳健性检验：基于地块层面的探析

农户的最大地块可以划分为自有地块（即家庭承包地块）、转入地块与合并地块（由自有地块与转入地块合并而成）。若地块规模经济存在，且土地细碎程度下降对农户水稻化肥减量施用具有显著的促进作用，那么农户在合并地块上的水稻亩均化肥施用量将显著减少（与自有地块比较）。但是，农户是否转入地块或合并地块具有自选择性，并不是随机分配的，加之稳健性检验仅考察农户最大地块的化肥施用情况，因而可能存在样本选择性偏误问题。本章借鉴 Khonje 等（2018）的实证思路，利用 METE 模型克服潜在的选择性偏误问题。

表 5-7 报告了基于最大地块样本数据的模型估计结果。回归 29 为未克服选择性偏误的 OLS 估计结果，结果显示转入地块和合并地块对水稻亩均化肥施用量均有显著的负向影响。回归 30 的 METE 模型估计结果显示，选择偏误项 λ_1、λ_2 均显著为负。这表明，转入地块和合并地块与农户水稻亩均化肥施用量之间存在正向偏误，即 OLS 估计倾向于高估转入地块和合并地块对水稻亩均化肥减量施用的影响。因此，有必要采用 METE 模型进行估计，以克服潜在的选择性偏误问题。考虑了选择性偏误后的回归 30 的估计结果显示，转入地块对水稻亩均化肥施用量的影响仍然为负，但未通过显著性检验；与自有地块相比，合并地块上的水稻亩均化肥施用量显著减少，降幅达 13.40%。地块层面的分析同样表明，当土地转入实现了水稻地块规模的增加与土地细碎程度的下降时，将有效促进农户在水稻生产中减少化肥施用量，据此可以判断，前文的基本结论具有稳健性。

表5-7　最大地块为转入地块和合并地块对水稻亩均化肥施用量影响的估计结果

变量	被解释变量：化肥施用量（取对数）（最大地块）	
	回归29	回归30
最大地块类型（以自有地块为对照组）		
转入地块	-0.065^{**}	-0.021
	（0.027）	（0.017）
合并地块	-0.380^{***}	-0.134^{***}
	（0.052）	（0.016）
经营规模	已控制	已控制
土地细碎程度	已控制	已控制
控制变量	已控制	已控制
区域虚拟变量	已控制	已控制
常数项	3.216^{***}	-3.152^{***}
	（0.116）	（0.055）
观测值	1314	1314
选择偏误项		$\lambda_1 = -0.084^{***}$
		（0.016）
		$\lambda_2 = -0.024^{**}$
		（0.011）
R^2	0.211	

注：括号内为稳健标准误

***、**分别表示在1%、5%的水平上显著

5.3　结果与讨论

　　土地转入包括连片转入与分散转入两种情景，土地规模包括经营规模与地块规模两个层面，不同土地转入情景所表达的规模经营内涵和化肥减量潜力存在差异。若土地转入呈分散化特征，则可能阻碍机械对劳动的替代和专业化服务市场的发育，不利于农业化肥减量施用。若土地转入呈连片化特征，则可能克服上述问题，获得地块层面规模经济性的减量效益。在理论分析的基础上，本章利用湖北省水稻主产区1314户稻农的样本数据进行了实证检验。

　　本章的研究结果表明，若土地转入呈分散化特征，经营规模扩张但地块规模并无改进，规模经营的化肥减量作用将受限；若土地转入呈连片化特征，经营规模与地块规模的同步扩张会带来地块层面的规模经济，能够显著降低农户的化肥

施用量。克服计量模型潜在的内生性问题，以及基于地块层面的稳健性检验同样支持上述结论。

　　本章的理论意义在于：揭示出土地转入及土地规模经营的化肥减量效应具有情景依赖性特征。在分散化与连片化土地转入两种情景下，土地经营规模和地块规模呈不同变动趋势，从而隐含着化肥减量绩效的差异性。本章可以深化人们对土地流转和土地规模内涵的理解，并拓展化肥减量施用的土地规模经营理论。

　　本章的实践意义在于：发现通过土地流转改善规模经济性继而实现化肥减量施用，需要重视地块层面的规模经济；可行的策略为因地制宜，转变以往分散化的土地流转形式，鼓励地块整合与连片化流转。第一，对于规模户而言，考虑到其在要素交易市场具有更高的谈判能力，建议开展以村组为单位的整组甚至整村流转，避免与分散农户交易可能产生的土地细碎化问题及其对化肥减量的阻碍。第二，对于小农户而言，建议积极引导他们开展土地置换与整合，促进其参与标准化、规整化的高品质良田建设，以改善地块层面的规模经济性，并实现化肥减量施用。

第三篇　减量的分工逻辑

第6章 分工与农业减量化

6.1 理论逻辑与研究假设

6.1.1 农业分工与化肥减量化的关系假说

古典经济学认为，规模经济内生于分工经济（Young，1928）。农业家庭经营卷入分工经济，规模经营可以表达服务规模经营，这与农地规模经营并行不悖（张露和罗必良，2018）。考察分工经济对农业生产影响的研究指出，参与农业分工是小农户有机衔接现代农业的重要路径（张露和罗必良，2018），因为农业分工不仅有助于提高粮食作物播种面积和产量（张露和罗必良，2018；方师乐等，2017），而且对农业生产效率与成本改进同样具有积极影响（梁志会等，2019；胡祎和张正河，2018）。甚至有研究指出，农业分工，尤其是农业社会化服务的发展，将有助于土地要素的优化配置，推动农地规模经营（杨子等，2019）；也将有助于家庭代际分工发展，实现劳动力资本的配置效率改进（仇童伟和罗必良，2018）。可见，农业分工对农业生产要素配置产生重要影响。然而，鲜有研究聚焦农业分工对化肥要素投入的影响，并探究其作用机理。

分工所表达的规模报酬递增来源于农户专业化程度加深，同时要求不同个体或产业间形成交换关系，利用产业间的互补与合作延长迂回生产链条，以改善最终产品的生产效率。可见，专业化水平（横向分工）和生产迂回度（纵向分工）是分工的核心维度（Young，1928；张露和罗必良，2018）。其中，农业横向分工指农户通过减少生产经营项目种类数或扩大部分种养品种规模所形成的农业专业化生产，农业纵向分工则表达为主要生产环节的服务外包（罗必良，2017b；张露和罗必良，2018）。专业化生产有利于获得减量知识积累与减量技术创新，而购买服务的迂回方式同样可能将新要素（如生物质肥料）与新技术（如测土配方肥）引入生产。

据此，我们提出本章的核心假说：农业横向分工与纵向分工深化对农户化肥减量化施用具有显著的积极影响。

6.1.2 农业分工驱动化肥减量化的关联性推论

人力资本对农户化肥减量化施用具有重要推动作用（Pan et al.，2017；Huang et al.，2015），而横向专业化则被认为是人力资本积累的重要途径（Sherwin，1983；Becker and Murphy，1992）。这一方面表现为内部的人力资本积累效应，即专业化有利于节约工作转换时间，促进知识和技能的积累，并为专用工具的创造提供可能，成为经济增长的源泉（斯密，1997）。具体表现为专业化水平的高低决定了知识的积累速度、个体的技术获取能力，以及规模报酬递增（汪斌和董赟，2005）。正是由于专用性人力资本具有规模报酬递增趋势，专业化导致具有相同禀赋的个体同样有动力对专用性技能进行投资（Sherwin，1983）。舒尔茨（2001）就曾指出，农业专业化有利于农户专用性人力资本积累。另一方面，表现为外部的人力资本溢出效应，即诸如知识、技术和能力等所表达的人力资本具有外溢效应（Arrow，1962；Romer，1986）。生产者之间的技术与创新扩散、模仿与创造（学习效应）（Duranton and Puga，2004），使得任何技能水平的主体在人力资本丰富的环境中都更具生产力（Lucas，1988）。

据此，本章提出推论1：农业横向分工通过人力资本积累促进农业化肥减量施用。

分工为专用工具的发明创造了有利条件，由此成为改进生产效率的关键（斯密，1997）。实际上，"专用工具"的创造属于迂回生产范畴，是资本能够提高劳动生产率的内在原因（庞巴维克，1964）。因此，延长生产迂回度成为获取分工经济效益的又一途径（Young，1928；杨小凯和黄有光，1999）。生产性服务外包作为迂回生产的重要形式（格鲁伯和沃克，1993），具有典型的纵向分工性质（Sherwin，1983）。生产性服务多为资本和知识密集型服务，本质上充当了人力资本和知识资本的传送器，将这两种能极大提高最终增加值的资本导入生产过程当中（Greenfield，1966）。甚至有观点指出，生产性服务主体相当于一个专家的集合体，接受服务主体的服务等同于将新技术、知识引入生产中（顾乃华等，2006）。在农业领域，生产性服务能够有效解决分散农户在要素市场中面临的交易风险，减少其信息搜寻成本；而农业技术受体由农户转变为专业服务主体，在降低技术推广门槛的同时，有助于农业技术的自主创新（罗必良，2016）。

据此，本章提出推论2：农业纵向分工通过迂回技术引进促进农户化肥减量施用。

分工深化受制于市场容量（Young，1928；斯密，1997），而市场容量具有横向交易密度和纵向交易频率两个维度的含义（张露和罗必良，2018）。囿于作物生产特性，交易频率不易改变，因而提高交易密度，即发展横向专业化，开展连片化生产，成为扩大市场容量以深化分工的关键（张露和罗必良，2018）。具体来说，地理空间内横向分工趋同性越高，表现为农业生产集中度与连片化程度越高，则服务市场容量越大；具备充足的市场容量才可能诱导服务主体进入，并提供不同环节的服务，继而达成减量的规模经济性（张露和罗必良，2018；斯密，1997）。与此同时，同一行业在地理空间上的集聚则有利于信息、技能和新技术等在厂商之间的传播和扩散，换言之，知识溢出主要发生在同一行业的厂商之间（Marshall，1920）。一项针对美国的研究发现，相比于多样化，专业化集聚的知识溢出更为显著（Henderson，2003）。

据此，本章提出推论 3：在专业化生产水平较低的区域，横向分工的人力资本外溢效应、纵向分工的迂回技术引进效应将会受限，导致专业化与分工的化肥减施效应趋减。

基于上述理论分析，本章的理论分析框架如图 6-1 所示。

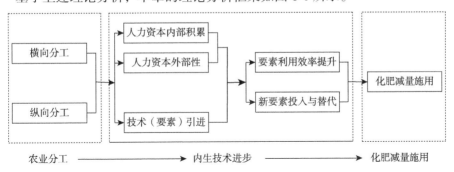

图 6-1　农业分工对化肥减量施用的作用机理

6.2　模型、变量与计量结果分析

6.2.1　数据来源

本章的数据来源于本书课题组 2017 年 6～8 月在江汉平原水稻主产区的农户问卷调查。具体地，在水稻主产区内选取 9 个地级市中的 9 个县（市、区）展开抽样调查。每个样本县（市、区）随机抽取 2～3 个乡镇（街道、管理区），然后在每个样本乡镇（街道、管理区）随机抽取 2～3 个行政村，最后在每个样本行政村随机选择 20 位农户进行问卷调查。为了解受访农户农业生产的真实情况，受访对象均为 2016 年从事过农业生产的农户，数据反映 2016 年他们的农业生产情况。该调查一共发放问卷 1000 份，剔除空白、漏答关键信息的问卷后，共计获得有效问卷 983 份。

6.2.2　模型设置

为考察农户参与农业横向分工、纵向分工对化肥投入量的影响，本章构建如下基准模型：

$$\text{Fertilizer}_i = \alpha + \beta_1 \text{HHI}_i + \beta_2 \text{VD}_i + \theta \text{Controls}_i + \varepsilon_i \qquad （6\text{-}1）$$

其中，下标 i 表示第 i 个农户；Fertilizer 为本章的核心被解释变量，表示农户化肥投入量（千克/亩）；HHI、VD 分别表示横向分工、纵向分工；Controls 表示一组控制变量；α 表示截距项；β_1、β_2 和 θ 分别表示待估计系数；ε_i 表示随机误差项。

6.2.3　变量选择

（1）被解释变量。本章选取农户生产实际化肥投入量（千克/亩）作为被解释变量。考虑到不同作物品种的化肥施用量存在显著差异，本章仅考察农户水稻种植过程中的化肥投入。

（2）核心解释变量。①横向分工。农户参与横向分工表征为作物种植的专业化程度，本章运用赫芬达尔-赫希曼指数（Herfindahl-Hirschman index，HHI）进行度量（Bradshaw，2004），其数学表达式如下：

$$\text{HHI} = \sum_{j=1}^{n} \left(\frac{S_{ij}}{X_i} \right)^2 \qquad （6\text{-}2）$$

其中，S_{ij} 表示农户 i 第 j 种作物的种植面积；X_i 表示农户 i 的稻田总种植面积。HHI 介于 0～1，其数值越高，说明农户种植品种专业化程度越高，当 HHI 等于 1 时，表明农户仅种植一种作物。②纵向分工。农业生产中纵向分工通常被用以表达农户将生产环节（如整地、插秧、收割和植保等）部分或全部外包（张露和罗必良，2018）。据此，本章用农户是否将关键生产环节外包表征其纵向分工状况。

（3）其他控制变量。为避免遗漏变量进而导致模型估计偏误，本章首先控制了农户经营决策者个体特征，如性别、年龄、受教育年限、健康状况和风险偏好等，将上述变量作为农户人力资本的代理变量。其次，兼业状况、农业劳动力数量和家庭总收入等家庭特征被纳入实证模型中，这些变量集中反映了农户家庭的财富水平与劳动力资源禀赋。在生产特征中，考虑到农户生产条件差异可能造成的冲击，本章控制了耕地总面积、土壤肥力、农业保险和商品化率等变量。进一步地，考虑到农业生产投入要素之间存在替代性或互补性，模型中控制了劳动力和化肥两类投入要素的价格。此外，区域间不可观测因素（如气候和病虫害等）同样可能对化肥投入产生影响，因此，本章引入区域虚拟变量进而控制区域固定效应。变量定义、赋值及描述性统计见表6-1。

表6-1 变量定义、赋值及描述性统计

变量	变量定义（单位）及赋值	均值	标准差
化肥投入	水稻生产实际化肥投入量（千克/亩）	65.167	48.575
横向分工	HHI，0～1	0.694	0.336
纵向分工	是否将水稻生产环节外包，是=1，否=0	0.959	0.198
性别	农业经营决策者性别，男=1，女=0	0.814	0.389
年龄	2016 年农业经营决策者实际年龄（岁）	58.276	9.451
受教育年限	农业经营决策者实际受教育年限（年）	6.658	3.916
健康状况	农业经营决策者是否残疾或者有慢性疾病，是=1，否=0	0.192	0.394
兼业状况	农业经营决策者是否兼业，是=1，否=0	0.448	0.498
风险偏好	利用多重价格列表进行刻度，数值介于1～10，数值越大，表明农户越倾向于规避风险	6.599	2.509
农业劳动力数量	农户家庭农业劳动力数量（人）	2.006	0.793
家庭总收入	2016 年农户家庭总收入（万元）	7.827	38.629
耕地总面积	2016 年经营耕地总面积（亩）	11.627	9.880
土壤肥力	农户对田块土壤质量自我评价：差=1，一般=2，好=3	2.083	0.644
农业保险	2016 年是否购买水稻保险，是=1，否=0	0.476	0.500
商品化率	水稻出售量与总产量的比值	0.735	0.474
化肥价格	当地化肥市场价格（元/千克）	1.382	0.312
劳动力价格	当地农业劳动力价格（元/天）	178.137	38.629

6.2.4 计量结果与分析

1. 农户分工对化肥施用量的影响

表 6-2 报告了基准模型（6-2）的回归结果。其中，模型（1）、模型（3）、模型（5）为未控制区域虚拟变量的 OLS 估计结果，模型（2）、模型（4）、模型（6）则在此基础上控制了区域虚拟变量。结果显示，在控制区域固定效应前后，模型

估计结果在影响方向和显著性水平上未发生显著变化，这从侧面验证了模型估计结果的稳健性。模型（6）在拟合优度上较其他模型均有所提升，据此，本章针对模型（6）的估计结果展开分析。可以发现，农业横向分工、纵向分工的系数分别为−0.093、−0.172，且分别在5%、1%的水平上显著。在纳入横向分工后，纵向分工的负向影响增强。恰如前文所述，横向分工促进纵向分工深化，提高了农业生产迂回度，因而在纳入横向分工后，纵向分工的影响效应增强。这说明，农户参与横向分工，提高作物专业化种植水平，或卷入纵向分工，提高农业生产的迂回度，均有利于实现化肥减量施用。据此，本章的核心假说得到了验证。

表6-2　农业分工与农户化肥投入量模型估计结果

变量	（1）	（2）	（3）	（4）	（5）	（6）
横向分工	−0.138***	−0.090**			−0.144***	−0.093**
	（0.034）	（0.041）			（0.034）	（0.041）
纵向分工			−0.154***	−0.169***	−0.168***	−0.172***
			（0.048）	（0.046）	（0.048）	（0.046）
性别	−0.022	−0.022	−0.037	−0.021	−0.020	−0.019
	（0.031）	（0.030）	（0.030）	（0.030）	（0.030）	（0.030）
年龄	0.000	−0.001	0.001	−0.001	0.000	−0.001
	（0.001）	（0.001）	（0.001）	（0.001）	（0.001）	（0.001）
受教育年限	−0.002	−0.002	−0.003	−0.003	−0.002	−0.002
	（0.003）	（0.003）	（0.003）	（0.003）	（0.003）	（0.003）
风险偏好	−0.008*	−0.009**	−0.009*	−0.008*	−0.008*	−0.009**
	（0.005）	（0.004）	（0.005）	（0.004）	（0.005）	（0.004）
兼业状况	0.008	0.017	0.009	0.015	0.006	0.015
	（0.026）	（0.024）	（0.026）	（0.024）	（0.025）	（0.024）
农业劳动力数量	−0.004	−0.007	−0.007	−0.009	−0.005	−0.009
	（0.015）	（0.014）	（0.015）	（0.014）	（0.015）	（0.014）
家庭总收入（对数）	−0.003	−0.014	−0.005	−0.016	−0.003	−0.015
	（0.017）	（0.016）	（0.017）	（0.016）	（0.017）	（0.016）
耕地面积（对数）	−0.001	−0.002	−0.001	−0.002	−0.001	−0.002
	（0.004）	（0.004）	（0.004）	（0.004）	（0.004）	（0.004）
土壤肥力	−0.025	−0.029*	−0.025	−0.029*	−0.029	−0.033*
	（0.018）	（0.017）	（0.018）	（0.017）	（0.018）	（0.017）
农业保险	0.031	0.082***	0.018	0.078***	0.029	0.080***
	（0.023）	（0.025）	（0.023）	（0.025）	（0.023）	（0.024）
商品化率	−0.143***	−0.105***	−0.144***	−0.103***	−0.143***	−0.105***
	（0.037）	（0.035）	（0.037）	（0.035）	（0.037）	（0.035）
化肥价格	−0.074*	−0.178***	−0.050	−0.175***	−0.071*	−0.179***
	（0.041）	（0.047）	（0.041）	（0.047）	（0.041）	（0.047）

续表

变量	（1）	（2）	（3）	（4）	（5）	（6）
劳动力价格（对数）	0.082** （0.042）	0.131*** （0.048）	0.109*** （0.042）	0.128*** （0.048）	0.085** （0.041）	0.136*** （0.048）
常数项	4.826*** （0.255）	4.775*** （0.275）	4.701*** （0.258）	4.858*** （0.278）	4.978*** （0.261）	4.916*** （0.277）
区域虚拟变量	未控制	控制	未控制	控制	未控制	控制
N	983	983	983	983	983	983
R^2	0.062	0.164	0.054	0.168	0.070	0.172

注：括号内为稳健标准误

***、**和*分别表示在 1%、5%和 10%的水平上显著

　　考虑到 OLS 属于均值回归，若被解释变量的分布存在偏斜或者存在异常值，则将导致模型估计结果有偏，而分位数回归不仅能够缓解上述问题，而且能够将解释变量对被解释变量的影响在后者的整个分布上都显示出来（Koenker and Bassett，1978）。表 6-3 的估计结果显示，随着分位数的增加，纵向分工对农户化肥投入量的负向影响先增强后减弱，在 0.75 分位数上纵向分工的系数不显著。而横向分工的负向影响随分位数的增加而增大，但是在 0.1 分位数上其影响系数未通过显著性检验。这说明，当农户化肥投入量处于低位分布时，纵向分工对化肥减量化施用的影响作用更强；当农户化肥投入量处于高位分布时，横向分工对化肥减量化施用发挥更大的作用。上述分析仅是基于部分分位点上的结果，本章进一步描述了横向分工和纵向分工对农户全部化肥投入分位点上的边际影响变化情况，见图 6-2。结果表明，全分位点上的回归结果与上文的主要结论保持一致。

表6-3　分位数回归结果

变量	（1） 0.1 分位数	（2） 0.5 分位数	（3） 0.75 分位数
横向分工	−0.0611 （0.0441）	−0.0842* （0.0504）	−0.152** （0.0604）
纵向分工	−0.146** （0.0625）	−0.199*** （0.0526）	−0.0820 （0.101）
其他控制变量	控制	控制	控制
常数项	4.595*** （0.341）	4.595*** （0.327）	5.977*** （0.551）
N	983	983	983

注：括号内为稳健标准误

***、**和*分别表示在 1%、5%和 10%的水平上显著

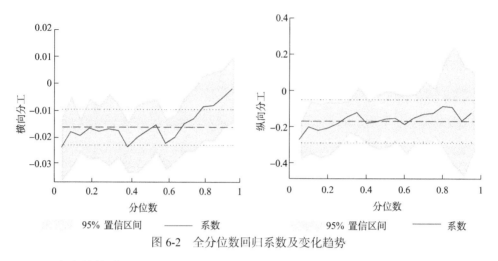

图 6-2　全分位数回归系数及变化趋势

2. 内生性检验

解释变量与被解释变量间的双向交互，或者测量误差、遗漏变量等问题，都可能造成模型的内生性，导致估计有偏。工具变量法是解决内生性问题的有效方法（Wooldridge，2015）。所寻找的工具变量需与内生变量（横向分工、纵向分工）高度相关，但又不直接影响被解释变量（化肥投入）。本章选择的第一个工具变量是耕地细碎化程度，用地块个数加以表征。土地分散化、细碎化导致农户经营多块互不相连的地块，这对横向分工的影响表现在地块与其他农户的地块紧靠，可能导致农户种植决策受到相邻地块作物品种的影响；同时，土地细碎化也可能使农户更倾向于采取多样化种植以应对自然风险、市场风险（纪月清等，2017）。然而，耕地细碎化是自然地理条件和制度安排的产物，前者指山地与丘陵等地形的自然分割，后者指为确保公平性，中国农村承包地分配遵循"远近搭配、肥瘦均匀"的原则，形成了土地细碎化的经营特征。因而，在本章的研究情景下，耕地细碎化可以视为外生变量。据此，本章将其作为农户横向分工的工具变量。类似地，本章将地形作为纵向分工的工具变量，理由在于：地形会显著影响农业社会化服务市场的发展，是造成中国农业社会化服务（尤其是机械服务）发展呈现出区域性特征的主要原因（郑旭媛和徐志刚，2017）；但是地形不会直接影响农户化肥投入，其通过农业社会化服务的可获得性、价格等间接影响农户化肥投入。

表 6-4 报告了工具变量法的估计结果。首先，DWH（Durbin-Wu-Hausman）检验的结果分别通过了 1%、5% 的显著性水平检验，拒绝了横向分工、纵向分工为外生变量的假设；其次，弱工具变量检验均通过了显著性检验，表明所选取的工具变量是有效的。回归（1）和回归（3）的 IV 估计结果显示，农业横向分工、纵向分工显著降低农户化肥投入量，与基准回归模型一致。进一步地，利用对弱工具变量更不敏感的有限信息最大似然（limited information maximum likelihood，

LIML）法进行估计。回归（2）和回归（4）的结果显示，相较于 IV 估计，LIML 的系数估计值和显著性水平具有一致性，印证了不存在弱工具变量。

表6-4 内生性检验

变量	（1）IV	（2）LIML	（3）IV	（4）LIML
横向分工	−0.795*** (0.292)	−0.795*** (0.292)		
纵向分工			−5.203* (2.890)	−5.203* (2.890)
其他控制变量	控制	控制	控制	控制
常数项	8.926*** (2.620)	8.926*** (2.620)	6.033*** (0.594)	6.033*** (0.594)
DWH 检验		5.670**		58.467***
弱工具变量检验		8.69***		43.63***
N	983	983	983	983

注：括号内为稳健标准误

***、**和*分别表示在 1%、5%和 10%的水平上显著

3. 稳健性检验

（1）关键变量的测量问题。本章采用替代核心解释变量的方法进行稳健性检验。具体地，利用农户亩均外包服务费用作为纵向分工的替代变量。因为亩均外包服务费用不仅反映农户是否参与纵向分工，而且在一定程度上反映其参与分工的程度。表 6-5 回归（1）的估计结果显示，农户亩均外包服务费用对化肥投入具有显著的负向影响，与前文的基本结论一致。同时，进一步表明农户参与纵向分工的程度越深，其化肥施用量越少。

表6-5 稳健性检验：基于核心变量的替换

变量	（1）	（2）	（3）	（4）化肥投入（折纯量）	（5）测土配方肥
	化肥投入量				
亩均外包服务费用	−0.032*** (0.010)				
自购机械		0.0001 (0.024)			
作物种类集中度			−0.117*** (0.041)		
横向分工				−0.074** (0.033)	1.808*** (0.533)

续表

变量	（1）	（2）	（3）	（4）	（5）
	化肥投入量			化肥投入 （折纯量）	测土配方肥
纵向分工				−0.244***	0.584**
				（0.065）	（0.244）
其他控制变量	控制	控制	控制	控制	控制
常数项	4.837***	4.722***	4.801***	5.176***	−4.672***
	（0.278）	（0.276）	（0.272）	（0.276）	（1.241）
N	983	983	983	983	983
R^2	0.167	0.159	0.166	0.099	

注：括号内为稳健标准误

***和**分别表示在1%和5%的水平上显著

考虑到样本中多数农户以购买机械服务的形式参与纵向分工，那这是否意味着农业生产环节开展机械作业就能够实现化肥减量施用？如果是，那么本章可能高估了农业分工效应。据此，本章利用农户自购机械作为核心解释变量替代纵向分工。表6-5回归（2）的结果显示，农户自购机械对其化肥投入量并未产生显著影响，说明农业纵向分工效应确实存在。此外，参照罗明忠和刘恺（2015）的做法，本章采用作物种类集中度（1/种植作物种类数）衡量农户横向分工专业化程度。回归结果如表6-5回归（3）所示，其估计结果同样验证了前文的结论。

考虑到不同种类化肥所包含的营养元素比例存在差异，但是在其他条件不变的情况下，农作物对营养元素的需求量（化肥折纯量）是固定的。然而，不同种类化肥相对价格变动、可获得性等因素可能导致农户化肥种类选择与投入量存在差异，从而带来变量测量误差问题。基于此，本章利用化肥折纯量作为被解释变量重新估计基准模型。表6-5回归（4）的结果显示，模型估计结果并未改变本章的结论。

然而，农户在成本约束条件下，其纵向分工（购买服务）支出可能会对其他投入形成"挤出效应"，导致其他要素投入呈减少趋势。据此，表6-5回归（5）利用农户是否施用测土配方肥作为被解释变量进行估计。结果表明，农户横向分工、纵向分工对测土配方肥施用行为均具有显著的正向影响。可见，农业分工不仅抑制农户化肥施用量，而且显著增加了农户施用测土配方肥等环境友好型肥料的概率。前文回归结果的稳健性得到进一步验证。

（2）宏观政策引起的偏差。2015年，农业部出台《到2020年化肥使用量零增长行动方案》，并将长江中下游地区作为政策实施的重点区域，这恰好与本章的研究区域重合。考虑到宏观政策可能对模型估计结果产生冲击，本章首先计算出湖北省2015~2016年化肥施用量（折纯量）的增长率。其次，计算各样本县2015~

2016 年化肥施用量（折纯量）的增长率。最后，保留 2015～2016 年化肥施用量
（折纯量）的增长率为正数的样本县，对于增长率为负数的样本，则仅保留大
于湖北省总体增长率（−1.8%）的样本县，由此可以基本排除宏观政策的干扰。
表 6-6 回归（1）、回归（2）分别为纳入控制变量前后的估计结果。纳入控制变
量后，模型的拟合优度显著提升，横向分工与纵向分工对农户化肥投入量均具
有显著的负向影响。这表明，在剔除可能受到宏观政策冲击的样本后，本章的
基本结论依然成立。

表6-6　稳健性检验：考虑宏观政策的冲击

变量	化肥投入量	
	（1）	（2）
横向分工	−0.077	−0.101[*]
	（0.062）	（0.058）
纵向分工	−0.211[***]	−0.197[***]
	（0.063）	（0.060）
其他控制变量	未控制	控制
常数项	5.015[***]	7.581[***]
	（0.083）	（2.433）
N	549	549
R^2	0.017	0.195

注：括号内为稳健标准误
***和*分别表示在 1%和 10%的统计水平上显著

4. 进一步讨论：农业分工实现化肥减量化的机制分析

（1）农业横向分工人力资本积累效应。健康状况、教育程度及培训等是人力
资本的重要表现形式，其中，教育对农户人力资本的提升尤为重要（Huang et al.，
2015；Pan et al.，2017）。农户参与横向分工，提高专业化种植水平具有人力资本
积累效应。根据人力资本积累的边际递减规律（周广肃等，2017），专业化生产对
自身教育水平较低的农户群体所产生的人力资本积累效果更大。实际上，农户人
力资本积累在很大程度上取决于其务农年限的长短。因此，对于务农年限较长的
农户而言，专业化生产的人力资本积累效果同样相对要弱。根据上述逻辑推理，
本章借鉴周广肃等（2017）的处理方法，将受教育程度高于均值的划分为高教育
组，反之为低教育组，将务农年限高于均值的划分为高务农年限组，反之为低务
农年限组。同时，考虑到农户接受更多的正规教育通常需要推迟加入劳动力队伍
的时间，因此，本章设置农户受教育年限与务农年限交叉项，并根据均值将样本
分组。表 6-7 的模型估计结果表明，横向分工，即种植专业化对低教育组、低务
农年限组农户化肥投入的负向影响更强，而对高教育组、教育年限×务农年限（高

组农户的影响不显著。虽然横向分工对高务农年限组农户的化肥投入有显著的负向影响，但是在影响系数与显著性水平上均低于低务农年限组农户。可见，农业横向分工所表达的专业化种植具有人力资本积累效应，将有利于提高农户农业生产管理技能，改进化肥等要素的利用效率，从而实现化肥减量化生产。据此，推论1得到验证。

表6-7　农业分工人力资本积累效应估计结果

变量	（1）低教育	（2）高教育	（3）低务农年限	（4）高务农年限	（5）教育年限×务农年限（低）	（6）教育年限×务农年限（高）
横向分工	−0.150***	−0.047	−0.141***	−0.118**	0.189***	0.069
	（0.046）	（0.053）	（0.051）	（0.059）	（0.045）	（0.060）
纵向分工	−0.134*	−0.197***	−0.198***	−0.165**	−0.166**	0.180***
	（0.077）	（0.062）	（0.074）	（0.065）	（0.079）	（0.053）
其他控制变量	控制	控制	控制	控制	控制	控制
常数项	5.381***	4.394***	4.892***	4.608***	5.439***	4.482***
	（0.373）	（0.386）	（0.458）	（0.360）	（0.361）	（0.407）
N	535	448	447	536	535	448
R^2	0.068	0.254	0.103	0.150	0.086	0.203

注：括号内为稳健标准误
***、**和*分别表示在1%、5%和10%的水平上显著

（2）农业纵向分工技术引进效应。技术具有积累效应，中国的农业技术创新呈逐年提高趋势，但是小农户接受新技术的速度在下降，导致全国农业科技与农户技术之间的鸿沟不断增大。如果农业纵向分工具有新技术引进效应，那么在农业社会化服务市场较为成熟、完善的区域，其新技术引进效应将缩小技术"鸿沟"，因而纵向分工的化肥减施效应趋减。据此，本章借鉴张露和罗必良（2018）的做法，利用农业机械总动力表征农业社会化服务发展水平。具体而言，利用调查样本县级亩均农业机械动力衡量区域农业社会化服务市场发育程度，并根据均值进行分组回归。表6-8的估计结果显示，对于亩均农业机械动力高于均值的样本农户，农业纵向分工的负向影响未通过显著性检验，但对于亩均农业机械动力低于均值的样本农户，农业纵向分工的影响系数显著为负。这表明，农户参与纵向分工，通过购买生产性服务的迂回方式将新技术（新要素）引入农业生产中，提高了要素利用效率，成为实现农业化肥减量化生产的重要微观机制。据此，推论2得到验证。

表6-8　农业分工技术引进效应检验

变量	（1） 亩均农业机械动力高于均值	（2） 亩均农业机械动力低于均值
横向分工	−0.087* （0.052）	−0.269*** （0.051）
纵向分工	−0.130 （0.121）	−0.170*** （0.053）
其他控制变量	控制	控制
常数项	3.907*** （0.612）	5.432*** （0.304）
N	421	562
R^2	0.062	0.151

注：括号内为稳健标准误

***和*分别表示在 1%和 10%的水平上显著

（3）农业横向分工及专业连片化的影响效应。考虑到样本区域为水稻主产区，本章根据县级水稻播种面积占总播种面积比重的均值将样本划分为两组。将农户层面的横向专业化与县级水稻种植专业化进行交互，由此考察农户专业化生产与区域农业生产布局的趋同性对化肥投入量的影响，分组估计结果如表 6-9 所示。对于高水稻种植专业化区域，横向分工、纵向分工的系数显著为负，但对于水稻种植专业化水平低于均值的区域，横向分工、纵向分工的负向影响并未通过显著性检验。与此同时，横向分工对亩均外包服务价格同样具有显著的负向影响。这表明，农户横向分工及连片化生产，有助于扩大分工市场容量，从而诱导服务主体进入，增加农业生产性服务的多样性、降低服务价格，推动农业纵向分工深化及其迂回引进新技术（新要素）。同时，部分农户通过技术培训或凭借自身农业生产经验的积累，率先掌握科学施肥的技术，但由于种植品种一致，农户间的社会关系网络及其开放的农业生产现场难以避免技术的复制与模仿（社会学习）。节肥增效技术外溢与管理知识的扩散、分工与专业化的人力资本积累得以实现，提高了农户化肥要素的利用效率，进而实现了化肥投入趋于合理化。据此，推论 3 得到验证。

表6-9　农业分工及专业连片化的影响效应

变量	（1） 水稻播种面积占比高于均值	（2） 水稻播种面积占比低于均值	（3） 亩均外包服务价格
横向分工	−0.335*** （0.050）	−0.034 （0.047）	−0.517** （0.214）
纵向分工	−0.208*** （0.063）	−0.078 （0.065）	
其他控制变量	控制	控制	控制

续表

变量	（1） 水稻播种面积占比高于均值	（2） 水稻播种面积占比低于均值	（3） 亩均外包服务价格
常数项	5.569***	1.849***	3.733*
	（0.307）	（0.632）	（1.952）
N	541	442	983
R²	0.160	0.100	0.143

注：括号内为稳健标准误

***、**和*分别表示在 1%、5%和 10%的水平上显著

6.3　结果与讨论

促进农户化肥减量施用是减轻农业面源污染、推动农业可持续发展的重要举措。已有研究普遍忽视农业家庭经营卷入分工经济对农户化肥施用量的影响。本章阐明了农业横向分工与纵向分工促进农户化肥减量施用的内在机理，并结合江汉平原水稻种植户的调查数据展开了实证分析。研究发现，农业横向分工、纵向分工均显著降低了水稻种植户化肥施用量。但对于化肥施用量处于低位分布的农户，纵向分工的减施效应更强；对于化肥施用量处于高位分布的农户，则横向分工的减施效应更为强烈。进一步分析发现，横向分工、纵向分工分别通过人力资本积累、迂回技术引进效应促进农户化肥减量施用。然而，在农业领域，区域专业连片化生产所表达的分工市场容量是纵向分工深化、知识外溢与人力资本积累的重要条件。因此，当横向分工演进为区域专业连片化生产时，其人力资本积累效应和纵向分工的技术引进效应将会增强，进而促进实现农户化肥减量施用。

本章研究结论的政策含义是：①强化农业横向分工，提高作物生产专业化水平，充分发挥横向分工的人力资本积累及化肥减施效应。②培育多样化的农业生产委托代理市场，建立健全农业社会化服务体系，鼓励种植户将作物生产环节服务外包，促进农业纵向分工深化，谋求农业服务规模经营是促进农业化肥减量化生产的重要路径。③优化农业生产布局，引导区域横向分工趋同化，强化农业生产布局的连片专业化与组织化，形成"小农户"与"大农业"的生产格局，对促进化肥减量化生产尤为重要。

第7章 规模经济抑或分工经济

7.1 理论逻辑与研究假设

7.1.1 农地经营规模与农业家庭经营绩效

家庭承包制被认为是中国农村改革最具创新价值的制度安排。它充分调动了农户的生产积极性，显著提高了农业生产绩效（Lin，1992），并有效保障了国家粮食供给（王志刚等，2011）。然而，随着农业现代化进程的深入推进，家庭承包制的局限性日益凸显。其中，农地均分引发的经营分散化与土地细碎化（许庆等，2008），阻碍了农业生产效率的进一步提高；时常发生的农地调整严重威胁着农地产权稳定性，抑制了农户的投资激励，导致农业家庭经营绩效损失（姚洋，1998）。在家庭承包制的基础上发展农业规模经营，被认为是破解土地细碎化和提升家庭经营绩效的关键路径（程令国等，2016）。

在中国，农地流转及规模经营受到普遍重视（周其仁，2013）。主流文献表达的基本判断是：农地流转所具有的边际拉平效应、交易收益效应，将有效改进农业经济绩效（姚洋，2000）。其中，农地产权的明晰与稳定（周其仁，2013），以及非农就业机会的拉力构成了农地顺畅流转的前提条件（姚洋，1999）。然而，明晰与稳定农地产权对农地流转的促进作用在现实中并不总是被观测到，"人动"并不必然导致"地动"（钱忠好，2008），甚至有观点认为农地确权强化了农户的禀赋效应，抑制了农地流转（罗必良，2019）。更令人担忧的是，农业劳动力转移引发农业人力资本流失与劳动力弱质化（罗必良和李玉勤，2014），且"人口红利"逐渐消失使得农业劳动成本呈刚性上升造成的负面影响日益凸显（蔡昉，2010）。

农业领域通常从平均成本下降的角度衡量农地规模经济（许庆等，2011），但普遍忽视了农地流转及规模经营所隐含的高昂交易成本与组织成本的问题。一是农业用地及其立地条件，决定了其地理位置的相对固定性与异质性，农地流转与集中面临较多的技术约束；二是农地规模的形成依赖于众多小规模农户农地经营权的转让，其面临租赁成本以及缔约及监督执行等交易成本（罗必良，2017b）；三是伴随农地规模的扩大，农业生产现场处理的多样性与复杂性将超出家庭经营的能力，导致组织管理成本的增加。交易费用和组织管理成本共同决定了企业的边界（Coase，1960），也即农业家庭经营的边界，意味着农地经营存在"适度"规模水平。事实上，农业经营绩效及效率边界的扩展依赖于土地、资本、技术等要素的优化组合，强化单一的土地要素投入，却未能保证投入要素的均衡性同样会对绩效造成损失。

在农业领域，一般认为农地规模经营及其规模经济主要来源于某些要素投入的不可分性，如灌溉设施与农用机械等（姚洋，1998），但 Schultz（1964）则强调农业并不存在明显的规模经济潜力，因为农业要素投入存在"假不可分性"。他以拖拉机为例指出，拖拉机可以根据不同规格和型号定制生产，既可以非常之大，也可以如此之小。但不能忽视的是，小型机械与大型机械不仅存在作业效率的差异，而且存在作业质量的差异。从农业作业的时令性来说，大型农机具有比较优势；从增加产量的耕种效果而言，小型机械同样具有比较劣势。重要的是，机械规格的不同，还隐含着完全不同的分工效果。因为农户购买小型机械几乎不具备提供外包服务的剩余作业能力。由此，不同规格的农机装备，无论是从作业能力，还是从资产利用效率来说，均需要不同规模农地的匹配，从而决定了农地规模扩大与家庭经营绩效的改进可能存在非线性关系。

7.1.2　农业分工与农业家庭经营绩效

寄希望于农地流转继而实现农业规模经营是一个面临较多约束且相对缓慢的过程。应当强调的是，农地流转并未给中国小规模的家庭经营格局带来根本性转变，而且已呈乏力态势[①]事实上，农地经营规模的扩张并不必然导致农业经营绩效的改善（Federico，2005）。古典经济学认为，规模经济内生于分工经济之中，分工深化才是经济增长的源泉。遗憾的是，以往的研究因过于强调农业的特殊性而普遍忽视了农业分工问题（罗必良，2017b）：一是鉴于农业的复杂生命特性，过于强调家庭经营在农业生产中所具有的天然合理性与组织优势（Lin，1992）；二是农业的产业特性决定了其无法采用完全的分工制（斯密，1997）；三是传统理论中将农业技术进步视为外生因素（Schultz，1964）。上述观点诱导了后续研究局

---

① 2017 年农地经营规模在 10 亩以上的农户仅占农户总数的 14.8%，相较于 2015 年仅上升了 0.5%，并且自 2014 年起，全国家庭承包流转面积的增速逐年回落（罗必良，2017a）。

限于封闭情景来讨论农业家庭经营绩效问题，这不仅忽视了劳动替代及其质量监督与考核的可能性，忽视了技术进步改善农业生产环节分离的可能性，也忽视了专业化尤其是迂回投资内生技术进步的可能性。

分工所表达的规模报酬递增一方面来源于经营主体（农户）专业化程度加深，另一方面，必然要求不同个体或者产业之间形成互相联系和交换关系，利用产业间的相互协调、合作并延长迂回生产链条，进而改善最终产品的生产效率。专业化生产不仅有助于获得知识积累与技术创新等内部效益（Rosen，1983），而且有利于经营主体获得知识、技术外溢等外部规模经济性（Marshall，1920）。生产性服务外包是增加迂回经济性的重要途径（罗必良，2017b）。一方面，农户将资产专用性程度高的生产环节外包，通过购买服务替代直接投资，以规避投资风险，并实现劳动替代，以降低劳动监督成本。另一方面，生产性服务本质上充当了人力资本和知识资本的传送器，并将这两种能极大提高最终增加值的资本导入生产环节中（格鲁伯和沃克，1993）。农户通过购买服务的迂回方式将新要素与新技术输入到农业生产中，由此达到改造传统农业的目的（张露和罗必良，2018）。由此，农业规模经营表达为服务规模经营，其经营绩效的改善不仅不依赖于农地经营规模的扩大，而且不同规模的农户均能从分工与专业化生产中获得规模经济收益（罗必良，2017b），也即分工与专业化对农业家庭经营绩效的改进具有"规模中立"特征。但需要说明的是，专业化生产降低生产成本的同时也诱发交易成本，当交易成本大于专业化分工带来的收益时，分工深化将受到限制（杨小凯和黄有光，1999）。农业生产面临分工深化与交易成本的抉择（杨德才和王明，2016）。

7.1.3　农地经营规模与农业分工的互动关系

大量事实表明，农业并不是一个难以融入分工经济的被动部门，甚至有观点认为，分工及其服务规模经济是与农地规模经营并行不悖的农业规模经营策略（罗必良，2017b）。然而，鲜有研究将两种维度的农业规模经营策略纳入同一理论分析框架，并充分讨论二者对农业家庭经营绩效的影响效应。

事实上，农地规模经营与分工深化是两类相互关联的农业规模经营策略（罗必良，2017b）。一般来说，扩大农地经营规模对农业专业化生产具有促进作用。一是随着农地经营规模的扩大，农户多样化经营面临着多种农作物生产技艺的学习与信息搜寻成本，因此，专业化生产不仅可以节省学习成本而且有助于专业技能及效率的提升；二是规模较大农户受制于家庭劳动力的刚性约束以及农业雇工面临的监督成本，往往倾向于吸纳资本而排斥劳动（刘守英，2019），而农业机械作为资本的物化形式，其资产专用性特征必然对农户的专业化及其作物连片化、标准化生产具有较高要求。因此，农地规模的扩大能够诱导农户的横向专业化。

就纵向服务卷入而言，一方面，伴随农地经营规模的扩张，家庭经营主体面临农业生产环节的多样性与复杂性，可能仍需要借助社会化服务市场所提供的专业服务（张露和罗必良，2018）。对北美的一项研究表明，即使是大规模农场，其服务外包也远比小规模农场普遍（Allen and Lueck，2002）。实际上，农户细碎化、分散化经营，导致农业经营活动分离出来的生产环节与工序，可能在时间的连续性与区域集中性方面均难以满足专业化服务的组织要求。但应当强调的是，由于服务外包亦存在交易费用，因此一旦突破一体化，即自我服务的规模门槛，其纵向服务卷入程度则可能会下降。另一方面，农业纵向服务市场的发育与完善将有助于解决要素投入多样性及其匹配问题，从而构成农户扩大农地规模经营的外部激励因素。从劳动要素配置角度来看，就短期而言，生产的季节性决定了农业存在旺季短缺与淡季过剩的结构性矛盾；就中长期而言，大量农业劳动力非农转移必将导致农业劳动力价格呈刚性上升趋势，从而挤压农业经营的利润空间，挫伤农户扩大再生产的积极性。农业纵向服务，如农业机械服务要素市场的发育，不仅能有效缓解农业劳动力要素配置、生产质量考核与监督成本问题，而且能通过迂回投资，避免专用性农业机械投资导致的投资锁定与沉淀成本。由此，纵向服务的经济性将拓展农业经营的效率边界，进而对农地要素优化配置产生积极的影响。

虽然农业家庭经营卷入分工经济具有现实可能性，但农业专业化与分工的形成并不是没有条件的。分工受限于市场容量（斯密，1997），Young（1928）进一步指出，分工受市场容量的影响，而分工带来专业化生产环节数量的多少及其网络效应同样会影响分工（即"杨格定理"）。在农业领域，分工的市场容量具有纵向分工中的交易频率与横向分工中的交易密度两个方面的含义（罗必良，2017b）。其中，横向分工及其区域连片化将离散的服务需求聚合，满足不同服务环节的服务规模要求，由此诱导不同生产环节的服务主体进入，促进服务市场的形成与发育。进一步地，农业社会化服务市场的形成，受市场容量（专业化连片种植）限制的同时，对市场容量的生成又起到反向的促进作用，即与作物品种相关联的社会化服务市场发育越成熟，越能够促进农户种植品种决策的同质性发展。因为考虑到便捷地获取低成本的生产性服务，以及享受销售、保险和金融等非生产性服务以抵御自然风险和市场风险，农户可能更倾向于调整种植决策，保持彼此间种植品种的同质化。值得说明的是，横向专业化水平提升对农户纵向服务卷入的影响也可能是非线性的，当横向专业化程度超过门槛值后，交易成本的升高可能抑制农户更大范围的服务卷入。

7.2　模型、变量与计量结果分析

7.2.1　数据来源

湖北省是中国重要的水稻产区，其 2017 年的稻谷产量为 1927.16 万吨，占全国（21 212.9 万吨）的 9.08%，因此本章采用 2018 年对湖北省水稻主产区的农户调查数据进行实证分析。样本抽样范围包括湖北省三大主要稻区。首先根据稻区规模确定 9 个样本县（市、区），每个样本县（市、区）随机抽取 2～3 个乡镇（街道、管理区），然后在每个样本乡镇（街道、管理区）随机抽取 2～3 个行政村，最后在每个样本行政村随机选取 40~50 位农户进行问卷调查。别除遗漏关键信息的问卷，本章获得有效问卷 1701 份。

7.2.2　模型设置

（1）农业家庭经营绩效的测算。随机前沿生产函数分析方法普遍用于农业家庭经营绩效的测算。本章基于 Battese（1992）改进的随机前沿生产函数测算农业家庭经营绩效，其具体表达式为

$$Y_i = f(X_i;\beta)\exp(V_i - U_i) \tag{7-1}$$

将式（7-1）两边取对数，得

$$\ln Y_i = \ln f(X_i;\beta) + V_i - U_i \tag{7-2}$$

式（7-1）和式（7-2）中，Y_i 表示第 i 个农户的产出；$f(\cdot)$ 表示生产前沿面，即在现有技术条件下的最佳产出；X_i 表示第 i 个农户生产投入的集合；β 表示待估参数；V_i 表示随机误差项，包含未观测到的气候、地理与统计误差等因素对产出造成的影响，这些因素对产出的影响方向不定，因而随机误差项设为双边误差，服从正态分布 $N(0,\sigma_v^2)$；U_i 表示管理误差项，指农户实际产出距生产前沿面的距离，管理误差越小，距离前沿生产面越近，其服从 0 特征的截尾正态分布 $N(mi,\sigma_u^2)$。基于随机前沿生产函数，本章构建的具体函数形式为

$$\ln Y_i = \beta_0 + \beta_1 \ln C_i + \beta_2 \ln L_i + \beta_3 \ln M_i + V_i - U_i \tag{7-3}$$

其中，Y_i 表示农户亩均产值（元）；C_i 表示每亩物资投入（元），包括种子、化肥、

农药等；L_i 表示亩均劳动力投入（人），包括农户自有和雇佣劳动力；M_i 表示亩均农业机械费用（元）；β_0 表示常数项，其他变量含义同前文。

据此，农业家庭经营绩效（Performance）可以通过如下公式估计：

$$Performance_i = \frac{E(Y_i|u_i, X_i)}{E(Y_i^*|u_i = 0, X_i)} \tag{7-4}$$

其中，Y_i 表示农户实际产出；Y_i^* 表示既定投入水平下最大可能产出；$Performance_i$ 在 0～1，数值越高表示农业家庭经营绩效越高。

（2）农业家庭经营绩效影响因素估计模型。为考察农户农地规模经营、横向专业化与纵向服务卷入对农业家庭经营绩效的影响效应，本章构建如下基准模型：

$$Performance_i = \alpha_0 + \gamma_{1i}X_i + \gamma_{2i}Control_i + \varepsilon_i \tag{7-5}$$

其中，$Performance_i$ 表示第 i 个农户的经营绩效；X_i 表示农户农地经营规模、横向专业与纵向服务卷入核心解释变量；$Control_i$ 表示可能影响农业家庭经营绩效的一组控制变量；α_0 表示常数项；γ_{1i}、γ_{2i} 表示待估参数；ε_i 表示随机误差项。

7.2.3　变量选择

（1）农业家庭经营绩效。从投入产出角度出发，农业家庭经营绩效可以定义为既定投入下产出最大化，或者既定产出水平下投入最小化的经营状态，集中反映了农户家庭经营成本控制、资源利用和产出能力等多个方面的特征。本章以农户亩均物资、劳动力和机械费用为投入指标，以亩均产值为产出指标，构建生产函数，继而利用随机前沿模型测算农业家庭经营绩效值。

（2）农地经营规模。本章以农户实际耕种的耕地面积表征其农地经营规模。

（3）横向专业化。本章采用 HHI 度量农户横向专业化生产水平，其测度公式如下：

$$HHI = \sum_{j=1}^{n}\left(\frac{S_{ij}}{X_i}\right)^2 \tag{7-6}$$

其中，S_{ij} 表示农户 i 第 j 种作物播种面积占其总播种面积 X_i 的比例。HHI 介于 0～1，数值越高说明农户横向专业化程度越高，当 HHI=1 时，表明农户仅种植一种作物。

（4）纵向服务卷入。本章以农户水稻生产过程中对整地、插秧和收割作业环节是否进行服务外包来测度农户纵向服务卷入。具体而言，将农户实际外包的生产环节个数加总以考察农户纵向卷入情况。此外，在稳健性检验部分，本章以纵向服务卷入费用表征纵向服务卷入，由此不仅能够反映农户纵向服务卷入行为决策，而且能在一定程度上反映出其卷入的程度。

（5）其他控制变量。具体包括农业经营决策者个体特征，即性别、年龄、受教育年限、健康状况；家庭特征，即非农收入占比、农业劳动力占比、住房面积；外部特征，即灌溉条件、政府补贴和通信条件。

（6）区域虚拟变量。考虑到同一区域地形特征类似，气候条件并无显著差异，本章引入区域虚拟变量来控制区域固定效应，从而控制地形、气温、降水、病虫害特征和区域水稻生产技术传统、管理观念等因素的影响。

上述变量的定义与描述性统计见表 7-1。

表7-1 变量定义及其描述性统计

变量类型	变量名称	变量含义（单位）与赋值	均值	标准差
产出变量	农业产值	实际亩均产值（元）	1414.74	505.80
投入变量	物资投入	实际亩均物资投入（元）	357.31	123.61
	劳动力投入	实际亩均劳动力投入（人）	0.52	1.25
	农业机械费用	实际亩均机械费用（元）	218.21	112.83
核心解释变量	农地经营规模	2017 年农户家庭实际经营土地面积（亩）	35.82	138.56
	横向专业化	基于 HHI 测算农户横向专业化水平，0~1	0.44	0.47
	纵向服务卷入	整地、插秧、收割环节采纳外包的项数加总，0~3	1.97	0.90
	纵向服务卷入费用	2017 年农户水稻生产纵向服务购买总费用（元）	6442.85	2236.13
控制变量	性别	户主性别，男性=1，女性=0	0.10	0.30
	年龄	2017 年户主实际年龄（岁）	58.25	9.93
	受教育年限	户主实际受教育年限（年）	6.30	3.49
	健康状况	户主是否经医疗机构诊断患有高血压、心脏病、癌症、风湿关节炎和胃病等疾病，是=1，否=0	0.47	0.50
	非农收入占比	2017 年非农收入占家庭总收入比重	0.50	0.36
	农业劳动力占比	农户家庭农业劳动力占比	0.44	0.24
	住房面积	农户家庭住房实际面积（米^2）	184.12	110.37
	灌溉条件	农田灌溉是否便利，是=1，否=0	0.67	0.47
	政府补贴	2017 年获得政府补贴实际金额（元）	1124.24	2302.92
	通信条件	农户家庭是否安装宽带，是=1，否=0	0.44	0.50
	区域虚拟变量	基于市级行政单元设置区域虚拟变量		

7.2.4 计量结果与分析

1. 农业家庭经营绩效：测算结果与探索性分析

表 7-2 汇报了随机前沿生产函数模型的估计结果。除了物资投入外，其他估

计参数均通过了显著性检验。σ^2 在 1% 的水平上通过显著性检验，表明模型的拟合度良好。似然比检验（likelihood-ratio test，LRT）拒绝了原假设"H_0: $\sigma^2 = 0$"，即认为存在管理无效率项。λ 值大于 1，说明管理误差项 V_i 主导了不可控的随机误差项 U_i。可见，采用随机前沿生产函数估计农业家庭经营绩效值是合适的。

表7-2　随机前沿生产函数模型参数估计结果

变量	系数（标准差）	Z 值	p 值
物资投入（对数）	0.020（0.027）	0.74	0.459
劳动力投入（对数）	0.103***（0.024）	4.25	0.000
农业机械费用（对数）	0.049***（0.007）	7.25	0.000
常数项	7.235***（0.155）	46.47	0.000
σ_v	0.224***（0.011）	20.36	0.000
σ_u	0.600***（0.177）	3.90	0.000
σ^2	0.410***（0.019）	21.58	0.000
λ	2.681（0.025）		
N		1701	
log likelihood 值		−906.075	
LR 值		3.8×10^2	

注：括号内为稳健标准误

***表示在 1% 的水平上显著

从图 7-1 可以直观地看到，家庭经营绩效与农地经营规模、横向专业化、纵向服务卷入费用之间呈倒"U"形关系，而与纵向服务卷入则呈正相关关系。探索性分析结果与前文理论预期基本一致。据此，本章将进行更为严谨的实证检验。

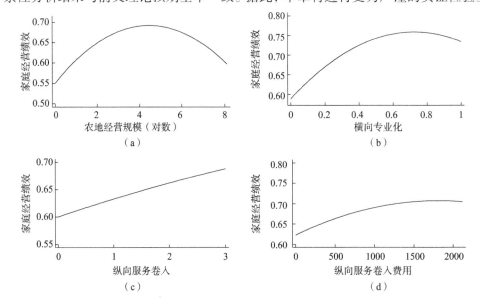

图 7-1　农地规模经营、农业分工与农业家庭经营绩效关系

2. 农业家庭经营绩效改善：农地规模驱动抑或分工诱导

（1）农地经营规模与农业家庭经营绩效。表 7-3 的回归（1）、回归（2）、回归（3）的估计结果显示，就总体样本而言，农地经营规模对农业家庭经营绩效具有显著的正向影响，其平方项具有显著的负向影响。这表明，农地经营规模与农业家庭经营绩效呈倒 "U" 形关系（以 161.31[①]亩为拐点）。但值得注意的是，农地经营规模对卷入纵向分工进行服务外包的农户家庭经营绩效的影响未通过显著性检验，而对未卷入纵向分工农户的家庭经营绩效具有显著的正向影响。由此可以推断，农户卷入分工经济能够有效缓解农业要素投入的不可分性，因而，扩大农地经营规模对农业家庭经营绩效的改善效应减弱。或者说，一定农户卷入分工经济，农地规模对农户家庭经营绩效的重要性将显著弱化。农地规模经济对封闭的自营农户才是重要的。

表7-3　基准回归：农地经营规模、农业分工与农业家庭经营绩效

变量	总样本	卷入纵向服务	未卷入纵向服务	总样本	小农户	大农户	总样本	总样本	小农户	大农户
	（1）	（2）	（3）	（4）	（5）	（6）	（7-1）	（7-2）	（8）	（9）
	Tobit	Tobit	Tobit	Tobit	Tobit	Tobit	Tobit	Tobit	Tobit	Tobit
农地经营规模（对数）	0.061***	0.006	0.013**							
	（0.018）	（0.008）	（0.005）							
农地经营规模（平方项）	−0.006**									
	（0.003）									
横向专业化				0.444***	0.135***	0.160***				
				（0.049）	（0.009）	（0.016）				
横向专业化（平方项）				−0.299***						
				（0.047）						
纵向服务卷入							0.021***		0.019***	0.022**
							（0.004）		（0.004）	（0.010）
纵向服务卷入（平方项）							0.003			
							（0.005）			
纵向服务卷入费用（对数）								0.014***		
								（0.003）		
纵向服务卷入费用（平方项）								−0.001***		
								（0.000）		
性别	0.003	−0.036	0.020	−0.001	0.003	−0.004	0.002	0.003	0.005	−0.012
	（0.011）	（0.025）	（0.013）	（0.010）	（0.011）	（0.022）	（0.011）	（0.011）	（0.012）	（0.028）
年龄	0.001***	0.001*	0.002***	0.000	0.000	0.002*	0.001**	0.001***	0.001	0.002**
	（0.000）	（0.001）	（0.000）	（0.000）	（0.000）	（0.001）	（0.000）	（0.000）	（0.000）	（0.001）

① 161.31=e$^{0.061/0.006/2}$。

续表

变量	总样本 （1）	卷入纵向 服务 （2）	未卷入纵 向服务 （3）	总样本 （4）	小农户 （5）	大农户 （6）	总样本 （7-1）	总样本 （7-2）	小农户 （8）	大农户 （9）
	Tobit	Tobit	Tobit	Tobit	Tobit	Tobit	Tobit	Tobit	Tobit	Tobit
受教育年限	0.003**	−0.001	0.005***	0.003***	0.002**	0.008***	0.003***	0.003**	0.002*	0.007***
	（0.001）	（0.003）	（0.001）	（0.001）	（0.001）	（0.002）	（0.001）	（0.001）	（0.001）	（0.002）
健康状况	−0.013**	−0.037**	−0.011	−0.012*	−0.006	−0.023	−0.012*	−0.013*	−0.010	−0.023
	（0.007）	（0.016）	（0.008）	（0.006）	（0.014）	（0.014）	（0.007）	（0.007）	（0.007）	（0.015）
非农收入占比	−0.023**	−0.051**	−0.031**	−0.048***	−0.051***	−0.046**	−0.039***	−0.021**	−0.040***	−0.041*
	（0.011）	（0.025）	（0.014）	（0.009）	（0.010）	（0.020）	（0.010）	（0.010）	（0.011）	（0.023）
农业劳动力占比	0.003	−0.009	0.023	−0.009	−0.008	−0.037	−0.007	0.001	−0.003	−0.040
	（0.013）	（0.031）	（0.017）	（0.012）	（0.014）	（0.025）	（0.013）	（0.013）	（0.014）	（0.032）
住房面积（对数）	0.008	0.006	0.010	0.011	0.014*	0.006	0.013*	0.009	0.015*	0.003
	（0.007）	（0.017）	（0.008）	（0.007）	（0.007）	（0.015）	（0.007）	（0.007）	（0.008）	（0.018）
灌溉条件	0.032***	−0.005	0.033***	0.016**	0.017**	0.023	0.029***	0.031***	0.026***	0.037**
	（0.007）	（0.018）	（0.008）	（0.007）	（0.007）	（0.014）	（0.007）	（0.007）	（0.008）	（0.016）
政府补贴（对数）	0.000	0.000	0.000	0.000	0.000	0.000**	0.000	0.000	0.000	0.000***
	（0.000）	（0.000）	（0.000）	（0.000）	（0.000）	（0.000）	（0.000）	（0.000）	（0.000）	（0.000）
通信条件	0.017**	0.037**	0.004	0.023***	0.029***	0.011	0.020**	0.015**	0.023***	0.010
	（0.007）	（0.018）	（0.008）	（0.006）	（0.007）	（0.015）	（0.007）	（0.007）	（0.008）	（0.016）
区域虚拟变量	控制	控制	控制	控制	控制	控制	控制	控制	控制	控制
常数项	0.429***	0.588***	0.427***	0.492***	0.501***	0.468***	0.503***	0.799***	0.513***	0.482***
	（0.061）	（0.112）	（0.057）	（0.043）	（0.047）	（0.104）	（0.048）	（0.086）	（0.052）	（0.122）
N	1701	311	1390	1701	1431	270	1701	1702	1431	270
伪 R^2	−0.239	−0.062	−0.059	−0.406	−0.365	−0.593	−0.229	−0.244	−0.220	−0.359

注：括号内为稳健标准误

***、**、*分别表示在1%、5%及10%的水平上显著

（2）横向专业化与农业家庭经营绩效。回归（4）的结果显示，横向专业化对农业家庭经营绩效的改善产生显著的正向影响，其平方项的影响显著为负。这表明，农户横向专业化与其经营绩效之间呈现非线性关系，其临界值约为0.74[①]。由此不难推测，分工在降低生产成本的同时引发了交易成本，并决定了专业化分工的边界。回归（5）、回归（6）的结果显示，横向专业化对小农户和大农户的家庭经营绩效均具有显著的正向影响[②]。这说明，横向专业化对农业家庭经营绩效的改进并不受制于土地经营规模，专业化种植对改进经营绩效具有普遍适用性。

（3）纵向服务卷入与农业家庭经营绩效。回归（7-1）的结果显示，对总体农户而言，纵向服务卷入对农业家庭经营绩效具有显著的正向影响，其平方项的

---

① $0.74 = e^{0.444/0.299/2}$。

② 世界银行将经营规模小于2公顷的划为小农户。本章沿用这一划分标准。

影响系数未通过显著性检验。值得注意的是，纵向服务卷入费用［回归（7-2）］与农业家庭经营绩效呈倒"U"形关系（以 1096.63[①]元为临界值）。这表明，交易费用确定纵向服务卷入的程度，即纵向分工的边界。同时，回归（8）、回归（9）的估计结果显示，农户纵向服务卷入对小农户、大农户的家庭经营绩效均具有显著的正向影响。这说明，通过提高生产迂回度将有效改进农业家庭经营绩效，同时其改善效应呈现出"规模中立"特征。小农户通过社会化服务市场获取技术、资本支持，降低生产成本；而大农户仍须利用社会化服务市场弥补家庭生产因经营规模扩大导致的现场处理能力的不足。

3. 内生性问题：基于工具变量法的讨论

解释变量与被解释变量间的双向交互，或者测量误差、遗漏变量等问题，都可能导致模型存在内生性。为核心解释变量寻找恰当的工具变量，是解决内生性问题行之有效的方法（Wooldridge，2012）。所寻找的工具变量需与内生变量（农地经营规模、横向专业化与纵向服务卷入）高度相关，而又不直接影响被解释变量（农业家庭经营绩效）。

具体选择的工具变量如下：第一，农地经营规模方面，本章选取农地流转作为工具变量。其中，农地流转通过影响农户农地经营规模，间接影响其经营绩效。具体而言，农户农地转入可能实现家庭经营总规模的扩大，同时有可能通过地块的整合扩大地块规模；或者通过土地互换，在家庭经营总规模不变的情况下，实现地块平均面积的扩大，进而改善经营绩效（纪月清等，2017）。第二，横向专业化方面，本章选取村庄地形特征作为工具变量。地形会影响土地的分布、形状特征，山地与丘陵地形的自然分割导致土地分散化、细碎化，农户经营多块互不相连的地块。一方面，地块与其他农户地块紧靠，导致农户种植决策受到相邻地块作物品种的影响；另一方面，土地细碎化使农户更倾向于种植多样化以应对自然风险、市场风险及分散劳动强度，合理利用家庭劳动力资源（纪月清等，2017）。同时，农户也可能根据不同的地形特征选择作物品种，从而实现光热、水文条件的有效利用，沿着地形坡度形成不同作物种植带。第三，纵向服务卷入方面，本章选取交通条件作为工具变量。交易成本是农户购买服务的主要影响因素之一，交通运输费用则构成交易成本的重要内容（杨德才和王明，2016）。交通条件越便利，农户参与社会化服务的搜寻、运输成本等交易成本越低，农户越倾向于卷入社会化分工。显然，交通条件并不直接影响经营绩效，其最终需要通过具体的社会化服务形式间接影响经营绩效。

表 7-4 汇报了 IV-Tobit 模型的估计结果。从第一阶段的估计结果来看，工具

---

① 1096.63=$e^{0.014/0.001/2}$

变量对核心变量均具有显著的影响，满足工具变量与核心变量高度相关的要求。具体而言，回归（1）、回归（2）的结果显示农地流转对农户农地经营规模具有显著的正向影响；同时，弱工具变量检验拒绝农地流转为弱工具变量的假设。DWH 检验的结果接受农地经营规模为外生变量的假设。在这种情况下，一般的回归结果要优于工具变量的回归结果（Wooldridge，2012）。故仍以基准模型的估计结果为主。

表7-4　内生性检验

变量	（1）	（2）	（3）	（4）	（5）	（6）
	IV-Tobit	IV-Tobit	IV-Tobit	IV-Tobit	IV-Tobit	IV-Tobit
第一阶段回归	农地经营规模		横向专业化		纵向服务卷入	
农地流转	0.848*** (0.044)	0.868*** (0.043)				
村庄地形特征			−0.068*** (0.025)	−0.116*** (0.026)		
交通条件					0.269*** (0.054)	0.334*** (0.054)
第二阶段回归	农业家庭经营绩效					
农地经营规模（对数）	0.019** (0.009)	0.025*** (0.008)				
横向专业化			0.398*** (0.136)	0.321*** (0.083)		
纵向服务卷入					0.119*** (0.038)	0.075*** (0.027)
控制变量	控制	控制	控制	控制	控制	控制
区域虚拟变量	未控制	控制	未控制	控制	未控制	控制
常数项	0.424*** (0.056)	0.478*** (0.052)	0.516*** (0.056)	0.404*** (0.062)	0.238*** (0.097)	0.391*** (0.075)
N	1701	1701	1701	1701	1701	1701
DWH 检验	chi2（1）=0.860 F 值0.854		chi2（1）=6.215** F 值6.190**		chi2（1）=7.078*** F 值7.053***	
弱工具变量检验	Wald 检验=4.140**		Wald 检验=8.650***		Wald 检验=10.390***	

注：括号内为稳健标准误

***和**分别表示在 1%及 5%的水平上显著

回归（3）、回归（4）第一阶段估计的结果显示，村庄地形特征对农户横向专业化水平具有显著的负向影响，表明地形坡度越高，农户横向专业化水平越低，模型估计结果与理论预期相符。DWH 检验的结果拒绝了横向专业化外生性假设，弱工具变量检验结果显示不存在弱工具变量问题。在控制了区域虚拟变量前后，横向专业化对农业家庭经营绩效的影响在方向、显著性水平上与基准模型相似，但影响系数较基准模型有所增大，这说明潜在的内生性问题低估了横向专业化对农业家庭经营绩效的改善作用。

回归（5）、回归（6）第一阶段估计的结果显示，交通条件对农户纵向服务卷入具有显著的正向影响，表明交通条件的提高有助于降低服务交易成本，增加农户纵向服务卷入的可能性，符合理论预期。同样，DWH 检验拒绝了纵向服务卷入外生性假设，弱工具变量检验同样拒绝了弱工具变量假设。与之对应的第二阶段回归估计结果显示，纵向服务卷入对农业家庭经营绩效的影响在方向、显著性水平上与基准模型一致，但影响系数明显增大，说明潜在的内生性问题低估了纵向服务卷入对农业家庭经营绩效的正向影响效应。

4. 稳健性检验：基于分位数回归的分析

Tobit 模型仍属于均值回归，如果被解释变量的分布存在偏斜或者存在异常值将会使模型估计结果有偏。而分位数回归则不易受超常值、异方差、被解释变量分布偏斜的影响，同时能够考察解释变量对被解释变量的影响在后者不同分布水平上的差异（Koenker and Bassett，1978）。基于此，本章利用分位数回归做进一步的稳健性检验。

表 7-5 汇报了 0.1 分位数、0.5 分位数和 0.9 分位数的回归结果。在不同分位数下，农地经营规模对农业家庭经营绩效均具有显著的正向影响，随着分位数的增加，其影响系数先升后降。这说明，农地经营规模对农业家庭经营绩效条件分布两端的影响均小于对中间分布的影响。横向专业化对经营绩效的正向影响在不同的分位数下均通过了显著性检验。具体地，经营绩效处于中间分布的农户获得横向专业化的正向效应最强，对经营绩效处于高位分布农户的正向效应比经营绩效处于低位分布的农户的正向效应要小。农户纵向服务卷入对经营绩效处于低位分布农户的正向影响效应最强。

表7-5　稳健性检验：分位数回归结果

变量	农业家庭经营绩效		
	（1）0.1 分位数回归	（2）0.5 分位数回归	（3）0.9 分位数回归
农地经营规模（对数）	0.015*** （0.006）	0.020*** （0.004）	0.018*** （0.005）
横向专业化	0.151*** （0.014）	0.163*** （0.008）	0.085*** （0.016）
纵向服务卷入	0.020*** （0.006）	0.017*** （0.005）	0.017*** （0.005）
其他控制变量	控制	控制	控制
区域虚拟变量	控制	控制	控制
N	1701	1701	1701

注：括号内为稳健标准误
***表示在 1% 的水平上显著

5. 农地经营规模、农业分工及其互动关系

1）农业规模经营：两种规模经营策略的互动关系

表 7-6 汇报了农地经营规模与农业分工互动关系的模型估计结果。就横向专业化而言，回归（1）的结果显示，农地经营规模对横向专业化具有显著的正向影响，其平方项未通过显著性检验。这说明，农地经营规模越大，农户横向专业化水平越高，这与前文的理论分析一致。进一步地，回归（2）工具变量法的估计结果同样支持前文的结论。

表7-6　农地经营规模与农业分工互动关系的模型估计结果

变量	横向专业化		纵向服务卷入		服务费用（对数）	农地经营规模（对数）		
	（1）	（2）	（3）	（4）	（5）	（6）	（7）	（8）
	Tobit	IV-Tobit	OLS	IV	OLS	OLS	IV	OLS
农地经营规模（对数）	0.808*** （0.213）	3.590** （1.407）	2.005*** （0.286）	3.937*** （1.669）	2.082*** （0.291）			
农地经营规模（平方项）	−0.128 （0.295）		−0.191*** （0.051）		−0.204*** （0.052）			
纵向服务卷入						0.236*** （0.027）	1.539*** （0.261）	
纵向服务卷入（平方项）						−0.015 （0.027）		
服务费用（对数）								0.150*** （0.024）
其他控制变量	控制	控制	控制	控制	控制	控制	控制	控制
区域虚拟变量	控制	控制	控制	控制	控制	控制	控制	控制
常数项	−3.978*** （0.946）	−6.046** （2.489）	1.147*** （0.337）	−4.979 （2.942）	3.099*** （0.804）	2.433*** （0.325）	−0.364 （0.747）	2.664*** （0.318）
N	1701	1701	1701	1701	1701	1701	1701	1701
DWH 检验	chi2（1）=3.555*		chi2（1）= 9.980***			chi2（1）=72.766***		
	F 值=3.534*		F 值=9.957***			F 值=75.437***		
弱工具变量检验	Wald 检验=6.510**		Wald 检验=5.560**			Wald 检验= 34.730***		
R^2			0.187		0.257	0.392		0.391
伪 R^2	0.014							

注：括号内为稳健标准误

***、**、*分别表示在 1%、5%及 10%的水平上显著

回归（3）的估计结果显示，农地经营规模对农户纵向服务卷入具有显著的正向影响，其平方项的影响系数则显著为负。这说明，农地经营规模与纵向服

务卷入程度呈倒"U"形关系（以 190.32[①]亩为临界值）。不难理解，随着农地经营规模的扩大，农户仍需要借助于社会化服务，以解决农业生产多环节、多工艺导致的家庭经营现场处理能力不足的问题。但当土地经营规模越过临界值后，农户可能更倾向于实现家庭内部自我服务，减少纵向服务卷入程度。回归（4）工具变量法的估计结果、回归（5）利用农户亩均服务费用进行的稳健性检验均未改变前文的结论。

由回归（6）的估计结果可知，纵向服务卷入对农地经营规模具有显著的正向影响，但其平方项未通过显著性检验。正如前文所述，纵向服务及其经济性构成了农地扩张继而改善经营绩效的外部有利条件，从而激励农户扩大农地经营规模。可见，服务规模经营不仅是与农地规模经营并行不悖的农业规模经营策略，同时，二者对彼此都是有益的补充。回归（7）工具变量法、回归（8）以服务费用作为解释变量进行的稳健性检验的估计结果，均能够支持前文的基本结论。

2）农业分工深化：两个分工维度的互动关系

（1）横向专业化与纵向服务卷入：市场容量促进分工深化。表 7-7 汇报了横向专业化与纵向服务卷入互动关系的模型估计结果。回归（1）的估计结果显示，横向专业化对纵向服务卷入具有显著的正向影响，其平方项对纵向服务卷入具有显著的负向影响。这表明，横向专业化与纵向服务卷入呈倒"U"形关系，其可能的原因是，横向专业化达到阈值后（以集中度 0.8 为临界值），交易成本的增加可能抑制农户更大范围的服务卷入。回归（2）工具变量法的估计结果显示，在考虑内生性问题后，横向专业化对纵向服务卷入仍具有显著的正向影响，且影响系数较基准回归（1）有所增加，这表明模型潜在的内生性问题低估了横向专业化对纵向服务卷入的影响。类似地，本章利用服务费用作为被解释变量，进一步验证上述结论的稳健性。

表7-7　横向专业化与纵向服务卷入互动关系的模型估计结果

变量	纵向服务卷入		服务费用（对数）		横向专业化	
	（1）	（2）	（3）	（4）	（5）	（6）
	OLS	IV	OLS	Tobit	IV-Tobit	Tobit
横向专业化	0.862**	1.774***	4.427***			
	（0.341）	（0.643）	（0.709）			
横向专业化（平方项）	−0.555*		−3.886***			
	（0.328）		（0.682）			
纵向服务卷入				0.406***	0.490***	
				（0.066）	（0.136）	

① 190.32＝e$^{2.005/0.191/2}$

续表

变量	纵向服务卷入		服务费用（对数）		横向专业化	
	（1）	（2）	（3）	（4）	（5）	（6）
	OLS	IV	OLS	Tobit	IV-Tobit	Tobit
纵向服务卷入（平方项）				0.029 （0.067）		
服务费用（对数）						0.146*** （0.030）
其他控制变量	控制	控制	控制	控制	控制	控制
区域虚拟变量	控制	控制	控制	控制	控制	控制
常数项	1.992*** （0.294）	1.325** （0.462）	7.245*** （0.743）	−0.603 （0.720）	−0.795** （0.386）	−0.625 （0.708）
N	1701	1654	1701	1701	1701	1701
DWH 检验	chi2（1）= 12.202***				chi2（1）= 11.906***	
	F 值= 12.196***				F 值= 11.898***	
弱工具变量检验	Wald 检验=7.60**				Wald 检验=13.030***	
R^2	0.142		0.148			
伪 R^2				0.212		0.160

注：括号内为稳健标准误

***、**、*分别表示在 1%、5%及 10%的水平上显著

（2）纵向服务卷入与横向专业化：分工深化增进市场容量。回归（4）的估计结果显示，纵向服务卷入对横向专业化具有显著的正向影响，但其平方项未通过显著性检验。这表明，农户纵向服务卷入程度的加深将强化其横向专业化水平。原因在于，与作物品种相关联的服务市场发育愈发完善，专业化服务获取的便利性与价格优势将诱导农户作物种植品种的同质性，促进横向专业化及其连片种植水平的提高。进一步地，回归（5）工具变量法、回归（6）的估计结果表明，考虑潜在的内生性问题，以及利用服务费用进行稳健性检验后，前文的基本结论依然成立。

7.3　结果与讨论

农地规模经营与服务规模经营是实现农业规模经营的两类策略选择。本章分析了农地经营规模、横向专业化与纵向服务卷入对农户家庭经营绩效的影响效应，

并利用湖北省水稻主产区 1701 个样本农户调查数据进行了实证检验。结果表明：①农地经营规模以 161.31 亩为拐点，与农户家庭经营绩效呈倒"U"形关系，但在农户卷入分工情景下，农地经营规模的扩张并未显著改善经营绩效；②不同水平的农地经营规模均能分享横向专业化带来的绩效提升，但受限于交易成本，横向专业化对经营绩效的改进存在拐点值（集中度为 0.74）；③农户的纵向服务卷入对其经营绩效的改善具有"农地经营规模中立"特征，而纵向服务卷入费用与农业家庭经营绩效呈倒"U"形关系（以 1096.63 元为阈值）。

进一步地，本章基于农地经营规模、横向专业化与纵向服务卷入三者的互动关系的分析发现：①农地经营规模能够显著提高农户横向专业化水平；②在未达到规模门槛（190.32 亩）时，伴随经营规模的扩大，农户仍需购买社会化服务以解决家庭经营生产要素的匹配问题；③囿于交易费用，横向专业化水平越过集中度 0.80 的临界值，将抑制农户更大范围的纵向服务卷入；而纵向服务卷入则反过来强化农户横向专业化生产。

本章的研究有助于增强以下基本认识。

第一，农地流转及其规模经营隐含高昂的交易成本与组织管理成本，决定了农业家庭经营的边界；分工深化衍生的交易费用亦决定了农业分工的边界。从而意味着农业家庭经营具有多样性：具备生产经营能力及组织管理成本的农户通过农地流转实现农地规模经营，而具备交易经营能力的农户则卷入分工经济实现服务规模经营。换言之，如果农地交易效率改进得比分工交易效率快，农场会通过规模扩张来改善内部分工；如果分工交易效率改进得比农地交易效率快，则通过农场之外分工市场的发育来实现经营绩效的改进。

第二，农地规模经营与分工深化是两种相互关联的农业规模经营策略。农地经营规模的扩大将有助于农户横向专业水平的提高，并构成纵向服务市场发育的诱导因素；因而，在发展农业分工经济的过程中，通过农地流转优化要素配置，从而促进农业横向专业化及其连片化，在拓宽市场容量的过程中深化农业纵向分工。服务要素市场对农地要素流动亦产生积极的影响。在农地流转受限的背景下，培育并发展服务要素市场，可能成为推动农地要素优化配置的重要政策策略。

第三，农业分工深化与市场容量之间存在互动实现机制。只有当多个农户的服务外包需求达到一定规模时（横向专业化及连片化），具有交易经营能力优势的主体才可能成为专业化服务供给主体（市场容量促进分工）；当专业化服务具有比较成本优势时，则能够诱导农户纵向服务需求的扩大（分工反过来增进市场容量）。因此，强化农业生产布局的连片化与组织化，形成"小农户"与"大农业"的生产格局，诱导农户家庭经营卷入分工经济，对改进农业家庭经营绩效尤为重要。

第四篇　减量的治理逻辑

第8章　农地流转合约对农户化肥施用的影响

8.1　理论逻辑与研究假设

　　农村中的土地流转现象已然普遍存在，我国的土地流转率从 2005 年的 4.5% 上升到 2017 年的 37%，上升了 7.2 倍[①]。然而，中国的土地流转市场是一个特殊的市场，因为普通商品市场形成了商品的出清和交割，产权主体实现了转换，而土地流转市场只是土地转出户将土地经营权流转给土地转入户，但土地承包权仍属于土地转出户（邹宝玲和罗必良，2020）。这意味着，需要对土地流转契约的属性及其影响进行细致辨析。

　　产权风险理论认为，农户在转出土地经营权时主要存在有偿转包和无偿转包两种方式。有偿转包通常存在于"陌生人"之间，土地转入户获得土地承包权的前提是向土地转出户支付一定数额的货币资金。另一种方式是无偿转包，无偿转包方式主要存在于亲朋好友等熟人之间，转出户将土地免费流转给转入户（胡霞和丁冠淇，2019）。

　　对于土地转出户来说，其承担着极大的产权风险。土地转入户可能会产生一系列的机会主义行为。第一，土地转入户可能会为了增加收益，而采取掠夺性的生产行为，过度施用化肥和农药等农业化学品，致使土地质量下降，这会极大地增加土地转出户的土地恢复成本（郭熙保和苏桂榕，2016）。第二，转入户可能在到期后不按时归还土地或者单方面提前结束土地流转合同，造成土地转出户无法按时收回土地，带来土地产权风险，或者造成转出户的经济利益的减损（万晶晶等，2020）。第三，转入户可能会私自改变土地类型，将农田变成建设用地，或者

---

① 资料来源：农业部农村经济体制与经营管理司和农业部农村合作经济经营管理总站（2018）。

铲平田埂，将部分农田改成道路或者水利设施用地，致使农户无法足额收回土地（胡霞和丁冠淇，2019）。以上行为均会减损土地的长期价值，致使土地转出户面临着极大的产权风险。

可见，农户将土地无偿流转至转入户，实际上是为了规避产权风险。对于无偿转入土地的农户来说，由于我国的乡村是一个人情社会，人与人之间错综复杂的关系编织出了整个乡土社会的人情网络，因此人与人之间的行为主要是通过信任和声誉机制来规范，并通过道德规范来规范农户的行为（朱文珏和罗必良，2020）。农户在做出行为决策时要在由声誉受损和人际关系破裂导致的长期效用损失和由增加化肥施用量而提高作物产量导致的短期效用增加之间进行权衡，由此抑制其投机行为。

有偿流转行为通常发生在陌生人之间，因而交易双方主要遵循市场交易原则，利润最大化通常是有偿转入土地的农户的经营目标。租金对于土地转入户来说意味着生产要素成本，租金的提高倒逼土地转入户增加农业收入来弥补成本。提高农业收入主要有两种方式：增加农作物产量或者提高单位农产品价格。考虑到化肥作为重要的农业生产要素之一，对增加粮食产量的贡献率超过 40%[①]，土地转入户可能会过度增加施肥量以期增加粮食产量，这不利于化肥施用量的减少。必须承认的是，土地转入户也可能降低化肥用量以提高单位产品价格。绿色农产品因生产过程中的化学品减量而产生安全价值和健康价值，从而获得价格溢价。然而，中国的绿色农产品市场尚不健全。由于化学品用量信息具有隐蔽性，检测有害残留物需要相应的技术、资金和时间的投入，消费者既难以实时追踪农业生产者的化学品喷施行为，也难以对生产者化学品低用量的宣称进行有效监督。因此，土地转入方可能产生农产品漂绿行为，致使农产品市场产生逆向选择问题，并最终走向柠檬市场。

据此，本章提出假设 1：相较于无偿转入户，有偿转入户的化肥施用量更高。

相较于口头契约，书面契约通常会规定双方当事人的姓名、住所、流转期限和起止日期、双方当事人的权利和义务、流转价款及支付方式等。[②]一方面，其能够抑制土地转出户的机会主义行为，如随时收回土地、随意提高土地租金等，提升土地转入农户的稳定性预期（冯华超，2019）。另一方面，签署正式契约有利于吸引专业大户、家庭农场、合作社等新型农业经营主体参与农业生产经营。新型农业经营主体面临的交易风险更高，书面契约的签订有利于吸引新型农业经营主体产生土地流转行为，也有利于土地转入户和转出户之间形成长期、稳定的流转

[①] 资料来源：《到 2020 年化肥使用量零增长行动方案》。

[②] 资料来源：《中华人民共和国农村土地承包法》，http://www.fgs.moa.gov.cn/flfg/202002/t20200217_6337175.htm，2020 年 2 月 17 日。

关系（李星光等，2018），可以实现规模效应，从而促进农户化肥施用量的减少。

据此，本章提出假设 2：相较于口头契约，签订书面契约能够减少土地转入户的化肥施用量。

流转契约的稳定性能够形成土地转入户对土地经营权的稳定预期，有利于增加土地转入户的长期投资（何凌云和黄季焜，2001），如施用有机肥、购置农业机械等。

一方面，有机肥中氮、磷、钾及有机质含量非常丰富，施用有机肥料可以在保持农作物产量的基础上减少化肥的施用量，增加土壤的有机质，还能有效解决农村粪便环境污染问题，实现化肥减量，施用效率的增加，以及农田的可持续利用（黄绍文等，2017；宁川川等，2016）。然而，有机肥作为一种长期投资，需要在相当长的时间内才能发挥作用，而且成本相对更高。因此，若流转期限不确定，转入户可能因为难以确定流转期限内的收益而不愿意施用有机肥（郜亮亮等，2013）。

另一方面，农业机械对于农业劳动力存在替代效应，由于机械作业具有标准化和规范化的特征，可以有效避免人工施肥中不均匀和不可量化的问题，降低化肥损耗，从而提升化肥利用效率（张露和罗必良，2020a）。然而，机械等专业性投资前期的沉没成本很大，一旦投入，在短期内很难收回，机械等专用性资产容易出现"套牢"的情况，土地转出户可能出现的人为抬高租金、随时收回土地等机会主义行为会对转入户的长期投资造成负面影响，进而不利于化肥施用量的减少（罗必良等，2017a）。

据此，本章提出假设 3：相较于期限不固定的土地流转契约，期限固定的土地流转契约能够减少土地转入农户的化肥施用量。

8.2 模型、变量与计量结果分析

8.2.1 数据来源

本章数据来源于课题组 2019 年 7～8 月在湖北省水稻主产区的调查。调查采取随机抽样的方法，对每个样本县（市、区）随机抽取 2 个乡镇（街道、管理区），再从样本乡镇（街道、管理区）随机抽取 2 个村，最后再从每个村随机抽取至少 25 位农户进行问卷调查。调查内容包括农户个人与家庭特征、农业生产经营情况、生产要素投入情况、生产成本及收益、当地要素市场特征、气候变化与应对行为及信息化水平等。

　　本章选择水稻作为研究对象是因为：第一，水稻是我国三大主粮之一，2019年水稻播种面积为2969.4万公顷，占当年粮食播种总面积的25.58%[①]。第二，水稻种植过程中化肥的过量投入极易导致土壤性状发生改变、农产品质量下降、环境面源污染等问题（陈乃祥等，2018）。

　　本章选择湖北省作为调研区域是因为：第一，湖北省是我国的主要水稻主产区，2019年水稻播种面积和产量分别为228.7万公顷和1877.1万吨，占当年全国水稻播种总面积和总产量的7.70%和8.96%[②]。第二，湖北省是我国的化肥施用大省，2019年施用化肥273.9万吨，在全国排名第六，占当年全国化肥施用量的5.07%[③]。

　　该调查总共发放问卷1060份，回收问卷1055份，剔除漏答、空白、无效问卷后，有效问卷为970份，问卷有效率为91.94%。

8.2.2　变量选择及定义

　　基于理论分析，本章构建的模型如下：

$$y_i = \beta_0 + \beta_1 \text{Freecharge}_i + \beta_2 \text{Contract}_i + \beta_3 \text{Period}_i + \sum_{k=1} \beta_4 k \text{Control}_i + D_i + \mu_i \qquad (8\text{-}1)$$

其中，y_i表示第i个农户的水稻生产实际化肥投入量（斤/亩）；Freecharge_i表示第i个农户流转契约的盈利性，包括无偿转入和有偿转入两种方式；Contract_i表示第i个农户流转契约的规范性，包括书面契约和口头契约两种方式；Period_i表示第i个农户流转契约的稳定性，包括固定和不固定两种方式。Control_i表示控制变量，包括农户个体特征（年龄、受教育程度、是否为村干部、务农年限）（王新刚等，2020），家庭特征（农业劳动力、非农收入比重）（邹秀清等，2017；李浩和栾江，2020），生产特征（灌水条件、排水条件、土壤肥力、机械行驶、是否施用农家肥）（梁志会等，2020b），以及外部环境（农业技术培训、政府补贴、农产品价格、水稻商品化率）（郑微微等，2017；周智炜等，2013）。D_i表示农户i所在区域的虚拟变量，以县域为单位设置虚拟变量，用以控制气候条件、地形地势条件等地区固定效应；μ_i表示随机扰动项。

---

① 资料来源：《中国统计年鉴2020》。
② 资料来源：《中国统计年鉴2020》。
③ 资料来源：《中国统计年鉴2020》。

8.2.3　样本描述性统计分析

如表 8-1 所示，样本农户水稻生产实际化肥投入量均值为 73.946 斤/亩。流转契约的盈利性的均值为 0.789，说明样本中有 78.9%的农户有偿转入土地。流转契约的规范性的均值为 0.097，说明 9.7%的土地转入户签订了书面合同。流转契约的稳定性的均值为 0.138，说明 13.8%的土地转入户选择契约期限固定的土地流转租约。受访农户的平均年龄为 56.309 岁，受教育程度平均为 6.922 年，务农年限平均为 33.955 年，农业劳动力平均约为 2 人，政府补贴平均为 1480 元，非农收入比重平均为 48.522%，农产品出售单价平均为 1.054 元/斤，水稻商品化率平均为 77.154%。

表8-1　样本描述性统计分析

变量	定义（单位）与赋值	平均值	标准差
化肥施用量	水稻生产实际化肥投入量（斤/亩）	73.946	34.535
流转契约的盈利性	转入土地是否支付租金（1=有偿转入，0=无偿转入）	0.789	0.409
流转契约的规范性	转入土地是否签订书面合同（1=书面契约，0=口头契约）	0.097	0.297
流转契约的稳定性	转入土地的契约期限是否固定（1=期限固定，0=期限不固定）	0.138	0.345
年龄	农户实际年龄（岁）	56.309	9.556
受教育程度	农户实际受教育年限（年）	6.922	3.687
是否为村干部	农户是否为本村干部（1=是，0=否）	0.061	0.239
务农年限	农户参与务农的实际年限（年）	33.955	13.664
农业劳动力	农户所在家庭的实际劳动力人数（人）	2.142	1.012
农业技术培训	农户所在家庭是否参加农业技术培训（1=是，0=否）	0.235	0.425
灌水条件	面积最大的水田灌溉是否方便（1=是，0=否）	0.741	0.439
排水条件	面积最大的水田排水是否方便（1=是，0=否）	0.789	0.409
土壤肥力			
土壤肥力较差	农户的农业生产决策者对面积最大的水田的土壤肥力的评价为较差（1=是，0=否）	0.121	0.327
土壤肥力中等	农户的农业生产决策者对面积最大的水田的土壤肥力的评价为一般（1=是，0=否）	0.402	0.491
土壤肥力较好	农户的农业生产决策者对面积最大的水田的土壤肥力的评价为好（1=是，0=否）	0.476	0.500
机械行驶	面积最大的水田田间道路是否方便机械行驶（1=是，0=否）	0.874	0.332
是否施用农家肥	是否施用农家肥（1=是，0=否）	0.024	0.154
政府补贴	农户所在家庭获得的农业补贴（万元）	0.148	0.284
非农收入比重	农户所在家庭的非农收入占家庭年总收入的比重	48.522	28.306
农产品价格	农产品的出售单价（元/斤）	1.054	0.236
水稻商品化率	水稻总出售量占水稻总产量的比重	77.154	30.333
区域虚拟变量	以县级为单位设置区域虚拟变量		

8.2.4 土地流转契约的盈利性、规范性和稳定性对化肥减量的影响

如表 8-2 所示，农户的化肥投入量为 73.946 斤/亩。其中，无偿转入土地的农户的化肥投入量为 66.878 斤/亩，有偿转入土地的农户的化肥投入量为 75.830 斤/亩。签订书面契约的农户的化肥投入量为 63.230 斤/亩，明显低于口头契约的农户的化肥投入量 75.099 斤/亩。契约期限固定的农户的化肥投入量为 55.772 斤/亩，远低于期限不固定的农户的化肥投入量 76.846 斤/亩。

表8-2　土地流转契约的盈利性、规范性和稳定性对化肥减量的影响比较

	总体	无偿转入	有偿转入	均值差异
流转契约的盈利性	73.946 （34.535）	66.878 （39.284）	75.830 （33.010）	−8.953*
	总体	口头契约	书面契约	均值差异
流转契约的规范性	73.946 （34.535）	75.099 （35.307）	63.230 （24.322）	11.868**
	总体	期限不固定	期限固定	均值差异
流转契约的稳定性	73.946 （34.535）	76.846 （33.860）	55.772 （33.626）	21.074***

注：括号内为稳健性标准误
*、**、***分别表示在 10%、5%和 1%的水平上显著

8.2.5 计量结果与分析

1. 基准回归结果及分析

表 8-3 中模型（1）报告了流转契约的盈利性对土地转入户化肥施用量的影响，模型（2）报告了流转契约的规范性对土地转入户化肥施用量的影响，模型（3）报告了流转契约的稳定性对土地转入户化肥施用量的影响。

表8-3　基准回归估计结果

变量	化肥施用量		
	（1）	（2）	（3）
流转契约的盈利性	10.727* （5.449）		
流转契约的规范性		−13.996** （6.358）	
流转契约的稳定性			−14.827* （7.919）

续表

变量	化肥施用量		
	（1）	（2）	（3）
年龄	0.039 （0.315）	0.008 （0.313）	−0.029 （0.305）
受教育年限	0.316 （0.615）	0.387 （0.609）	0.332 （0.600）
是否为村干部	−2.233 （6.877）	−2.873 （6.838）	−3.327 （6.553）
务农年限	0.013 （0.189）	−0.045 （0.183）	−0.041 （0.176）
农业劳动力	−4.750** （1.832）	−4.176** （1.818）	−4.214** （1.797）
非农收入比重	−0.021 （0.072）	−0.071 （0.075）	−0.060 （0.075）
农业技术培训	−2.576 （5.489）	−1.183 （5.302）	−0.340 （5.124）
灌水条件	10.142 （7.892）	10.962 （8.374）	9.671 （8.383）
排水条件	−16.757** （7.499）	−18.295** （7.941）	−16.740** （8.024）
土壤肥力（以较差为对照组）			
土壤肥力中等	−0.869 （5.710）	0.202 （5.705）	0.647 （5.798）
土壤肥力较好	8.008 （5.986）	9.455 （5.931）	8.915 （6.105）
机械行驶	−5.409 （5.560）	−6.965 （5.300）	−6.584 （5.453）
是否施用农家肥	−23.991 （21.691）	−19.812 （22.512）	−20.503 （22.837）
政府补贴	0.258 （10.058）	−0.076 （8.678）	−0.319 （8.674）
农产品价格	13.599 （8.388）	11.243 （8.286）	8.518 （8.270）
水稻商品化率	−0.091 （0.088）	−0.095 （0.087）	−0.102 （0.084）
区域虚拟变量	控制	控制	控制
常数项	66.125** （25.489）	81.933*** （26.711）	88.766*** （28.240）
观测值	242	242	242
R^2	0.315	0.313	0.320

注：括号内为稳健性标准误

*、**、***分别表示在10%、5%和1%的水平上显著

　　在模型（1）中，流转契约的盈利性的系数在10%的水平上显著为正，这表明，

有偿转入土地的农户的化肥施用量整体高于无偿转入土地的农户。具体来说，有偿转入土地的农户比无偿转入土地的农户平均多投入化肥 10.727 斤/亩。因此，本章提出的假设 1 成立。在模型（2）中，流转契约的规范性在 5%的水平上显著为负，这表明，相较于口头契约，书面契约可以有效减少土地转入户的化肥施用量。签订书面契约的农户比口头契约的农户平均少投入化肥 13.996 斤/亩。因此，本章提出的假设 2 成立。在模型（3）中，流转契约的稳定性在 10%的水平上显著为负，这表明，流转契约的稳定性可以有效降低土地转入户的化肥施用量，平均减少化肥投入 14.827 斤/亩。因此，本章提出的假设 3 成立。

在控制变量中，农业劳动力的增加可以降低土地转入户在水稻生产中的化肥施用量，可能的原因是劳动力可以作为化肥的替代要素，劳动力的增加能够减少化肥的使用。此外，排水条件的改善会降低土地转入户的化肥施用量。

2. 稳健性检验

稳健性检验主要运用 Heckman 两阶段回归方法。由于农户的土地转入行为是样本自选择的结果，因而回归结果可能存在选择偏误，只有发生土地转入行为的农户的行为可以被观察到，无法观测未转入土地农户的行为。因此，本章采用 Heckman 两阶段回归方法对模型进行修正。由于流转契约的盈利性、规范性和稳定性是本章关注的核心变量，因此，表 8-4 只展示第二阶段的结果。第一阶段为农户的土地转入行为决策，第二阶段为农户的化肥施用量决策。逆米尔斯比率系数通过 10%的显著性水平检验，说明模型的样本选择性偏误问题确实存在，也即农户的土地转入行为决策与化肥施用量决策两者间存在关联，Heckman 两阶段回归方法运用的必要性得到验证。流转契约的盈利性在 5%的显著性水平上显著为正，流转契约的规范性在 10%的显著性水平上显著为负，流转契约的稳定性在 5%的显著性水平上显著为负。这与表 8-3 中的回归结果相一致，表明回归结果具有稳健性。

表8-4　Heckman两阶段回归方法估计结果

变量	化肥施用量		
	（1）	（2）	（3）
流转契约的盈利性	10.635[**] （5.319）		
流转契约的规范性		−13.411[*] （7.500）	
流转契约的稳定性			−14.499[**] （6.262）
控制变量	已控制	已控制	已控制

续表

变量	化肥施用量		
	（1）	（2）	（3）
区域虚拟变量	已控制	已控制	已控制
常数项	51.918*	67.565**	74.384**
	（29.586）	（29.232）	（29.706）
λ	55.002*	53.923*	54.095*
	（29.688）	（29.116）	（29.206）
观测值	970	970	970
Wald chi2（26）	60.200	61.230	62.820
Prob > chi2	0.000	0.000	0.000

注：括号内为稳健性标准误。Wald chi2（26）为 26 个变量的 Wald 检验值

*、**分别表示在 10%、5%的水平上显著

8.3　结果与讨论

农村中土地流转契约的零租金、口头型和期限不固定的现象非常普遍。以往研究主要重视契约稳定性对农户化肥施用量的影响，忽略了盈利性、规范性对农户化肥减量的影响。本章引入土地流转契约的关键属性，探究契约的盈利性、规范性和稳定性对化肥用量的影响。研究结果证明：①相较于有偿转入方式，无偿转入方式有利于减少土地转入户的化肥施用量，有偿转入土地的农户比无偿转入土地的农户平均每亩多投入化肥 10.727 斤。无偿转入户的减量行为发生机制在于，亲戚熟人之间的无偿转入方式是由信任和声誉机制治理，土地转入户为了避免关系破裂等长期效用的减损而减少化肥施用量。②相较于口头契约形式，书面契约形式有利于减少土地转入户的化肥施用量，平均每亩减少化肥投入 13.996 斤。③相较于期限不固定的契约，契约期限固定有利于减少土地转入户的化肥施用量，平均每亩减少化肥投入 14.827 斤，其减量行为由稳定的土地长期投资预期驱动。

本章的理论意义在于：①以往研究注重基于土地确权探讨产权确定的亲环境行为影响，相对忽视产权实施的重要性。本章以土地流转契约为切入点，突破产权确定局限，揭示出产权实施对化肥减量施用行为的重要影响。②以往研究聚焦于土地流转契约的稳定性对农户化肥施用量的影响，相对忽略盈利性和规范性的影响。本章将土地流转契约的盈利性、规范性和稳定性纳入同一框架之中，揭示出契约的三个关键属性对农户化肥施用量的影响。

本章的实践意义在于：①虽然土地无偿流转制度常被认为是市场发育不完全的产物，但必须承认其是市场化土地流转制度的重要补充。要充分重视农村的信任和声誉在土地流转契约中的治理作用，通过增进土地流转双方的信任程度，推动契约的关系治理，并由此激发土地转入方的化学品减量等亲环境行为。②盈利性合约内涵盖的利益分成要求可能激发出农户的短期投资行为，特别是单一的要素报酬合约不利于化肥减量，需要匹配边缘合约才能实现减量。③要完善相关法律法规，促进农户签订书面契约、固定期限的契约，并畅通土地纠纷法律维权渠道，降低解决土地纠纷的维权成本，以此增进农户对土地的长期投资意愿。

第9章　农业减量化的困境及其合约治理

9.1　双重道德风险与逆向选择

经典的合约理论表明,市场是一种产品合约,具有短期、瞬时及通用性的交易特征,因而在信息不对称情形下易于产生机会主义及交易费用;而企业则是一种要素合约,是人力资本与非人力资本的特别合约,具有长期性、专用性的交易特征,因而用企业替代市场能够节省交易费用(邓宏图和王巍,2015)。正是基于这样的理论证据,人们通常认为,一个具有长期生产行为,尤其是发生大量专用性投资的生产主体,因所形成的投资锁定以及交易对象可能存在的"退出威胁",往往能够在产品质量上给予有效的保障或做出有效的承诺。对于搜寻型产品而言,这一承诺具有可验证性;对于经验型产品来说,其专用性投资也鼓励人们增强对承诺的信任程度并转型为信任型产品。专业厂家的化肥农药等农用化学产品的生产大体契合上述情形。

上述判断是基于将化学品视为最终产品,所以专业厂家能够通过生产程序化与质量标准化使其产品规格化。然而,对于农户来说,化学品是中间型产品,化学品的投入仅仅是其农产品生产过程中使用的诸多要素之一。因此,化学品厂商与农户之间的交易合约,对于厂商来说是一类产品合约,而对于农业生产者来说则表达为要素合约。要素合约所隐含的监督费用与考核成本是影响合约稳定性和效率的关键难题。可见,从农户角度来看,农业减量化面临的核心问题是:由化学品质量信息的隐蔽性(虞祎等,2017)引发的信息不对称及机会主义行为,导致了双重的"劣币驱除良币"的逆向选择。一方面是大量低质、低价的农用化学品充斥市场;另一方面是低质、低价的农产品成为基本的供给物。

化学品质量信息包括产品信息与施用信息,并呈现出多维性特征,因而质量甄别表现出普通小农户难以驾驭的复杂性。具体来说，化学品质量信息包括事前、事中和事后三个层次。

其一，事前的质量信息，即化学品出厂质量信息的隐蔽性。出厂质量信息属于化学品生产者的私有信息，且对出厂质量的甄别需要精密鉴定仪器与专业技术技能。显然，对于众多的小农户来说，他们几乎不可能具备相应的检测设备与专业知识，而委托第三方进行检测则面临高昂的交易费用问题。

其二，事中的质量信息，即化学品混合喷施造成的隐蔽性。化肥包括氮肥、磷肥和钾肥等单一营养元素类型，也包括多种元素及其不同配比的组合类型（复合肥），甚至氮肥还可进一步细分为碳酸氢铵、硝铵、尿素、氨水等多种形式。部分作物亦需要施用特定类型的专用肥料，如水稻种植中施用的钢渣硅肥，豆科作物种植中施用的钴肥。多类化学品的混合喷施使得单一营养元素肥料的贡献边界变得模糊，继而造成显著的质量信息隐蔽性。

其三，事后的质量信息，即化学品施用效果造成的隐蔽性。化学品质量及其收益效果的可验证性最终表征为作物产量和品质，因此，普通小农户通常将产量或品质的变化作为后续化学品采购决策和用量决策的重要依据。然而，作物产量与品质是多重要素（如种子、气温、灌溉等）相互消长与相互作用的结果，由此造成难以对化学品的贡献进行分离与测度。

基于化学品质量信息的多重隐蔽性特征，供应商就可能利用小农户的质量信息劣势，产生败德行为（Quiroga et al.，2011）。例如，将成本低廉的高毒农药宣称为价值较高的有机农药。进一步地，供应商的败德行为可能诱发逆向选择问题，即小农户为了规避化学品的质量风险，往往偏好于选择价格相对较低的化学品供应商，供应商间的价格竞争可能致使要素交易市场上供应的化学品质量不断趋于恶化，柠檬市场由此形成。与此同时，农业生产者还可能通过过量喷施来规避化学品的质量风险，因此，质量信息的隐蔽性甚至会直接导致化学品的过量施用。

类似地，农产品质量信息也呈现类似特性。众所周知，减少化学品投入量是绿色农产品的重要属性特征。虽然低化学品用量可能造成产量的下降，但却能够在高端农产品市场上获得更高的价格溢价，因为健康意识强、环保认知高或价格敏感度低的消费者对绿色农产品具有更高的支付意愿。然而，农产品产出质量，特别是化学品用量属于种植中的私有信息。囿于所消费的农产品种类众多，消费者难以实时追踪农业生产者的化学品喷施行为；而囿于有害残留物检测需要专业设备与技术知识，消费者也难以对生产方低用量的宣称进行有效监督（许红莲和胡愈，2013）。同时，中间商的运输与贮存条件、消费者的保鲜与食用环境均会影响农产品的外观与口感等质量表征，进一步加深了质量甄别的难度。有鉴于绿色农产品的市场甄别机制尚不健全，农业生产者也可能利用同消费者间的化学品用量信息不对称，产生败德行为（崔红志和刘亚辉，2018）。例如，将高化学品用量的农产品宣称为低用量农产品。而农业生产者的败德行为也会诱发逆向选择问题，即消费者偏好选择价格相对较低的农产品，继而造成绿色农产品市场走向柠檬市场。

可见，化学品质量信息的隐蔽性可能引发两类行为机会主义问题，一是生产资料供应商的以次充好行为（Bierma and Waterstraat，1999）；二是农业生产者的产品漂绿行为（Du，2015）。更为严峻的是，化学品供应商的以次充好会诱发化学品交易市场走向柠檬市场，而农产品生产者的漂绿行为则会致使绿色农产品交易市场走向柠檬市场。据此，农业减量化的核心是解决农业化学品质量信息的隐蔽性问题。

为了化解要素合约的不稳定及其引发的双重道德风险与逆向选择问题，主流文献主张将化学品的要素合约与土地流转的要素合约结合起来，倡导通过农地规模经营来促进农业减量化，认为农地规模经营可以实现喷施的机械化与规范化，从而达成减量目标（Abdulai et al.，2011；Wu et al.，2018）。但值得注意的是，一方面，农地经营规模的扩大并不必然有效减少化学品施用量。二者间的非线性关系已然引起学界的关注与讨论。诸培新等（2017）和纪龙等（2018）指出，农地经营规模的扩大能够减少化学品施用量，但减量绩效随规模扩大逐级递减。有研究甚至认为，规模的扩张并未显著改善化肥过度投入的局面（张聪颖等，2018）。另一方面，农地流转与规模经营的实现面临多重约束。因为小农户普遍将土地要素视为抵御兼业风险的重要保障，所以中国的土地要素交易市场呈现出明显的亲缘性倾向，即供需不由价格或者说土地租金决定，而由交易双方的心理距离决定。这就造成了两方面的问题：其一，试图扩大农地经营规模的努力面临极高的交易费用，突出表现为同大量分散小农户进行谈判需要支付高昂的时间、精力和体力成本等非货币成本。其二，小农户往往偏好非正式合约（如口头合约），以保持随时收回农地经营权的灵活性，所以农地流转合约不稳定问题普遍存在。此外，普遍存在的禀赋效应以及由此造成的"流转租金幻觉"，也可能抑制农地流转。因此，解决要素合约及其面临的困境，需要寻找新的策略。

9.2　资本合约与产品合约的匹配

如前所述，化学品不仅不是搜寻型产品，在多数情形下甚至不是经验型产品，而被视为是信任型产品。信任型产品往往依赖于承诺及其契约化。然而，关于化学品的要素合约充满着机会主义行为。对要素合约的治理或者改进需要厘清一个客观事实：农业化学品喷施的效果，不仅取决于化学品质量，而且受到喷施操作和作用对象特征的影响（Xin et al.，2012）。

喷施操作的影响表现为四方面：一是喷施观念，小农户普遍认为高施用量意味着高产量，偏好过量施用化肥以降低产量风险；二是喷施工具，无人机植保效率更高，而人工植保的灵活性更强；三是喷施措施，同种化肥经由叶面喷施或者深施等不同措施加以利用，其肥效也可能存在差异；四是喷施时机，事前预防和事后控制、雨季喷施和旱季喷施等，均可能造成效果不同。

作用对象的影响也表现为四方面：一是土壤状况，如土壤肥力状况不同，所需要的养料也存在差异，表现出对同种养料吸收效率的差异；二是作物品类，不同作物生长的养分需求存在差异，面临的病虫害类型也不尽相同，因而对同种化学品的敏感度也各异；三是地块规模，无论是人工还是机械施肥，在不同地块间转场均会造成时间成本等损耗，由此造成的成本约束也可能影响作业效果；四是气候条件，温度和湿度等环境因素的差异，也显著作用于化学品的喷施效果。

可见，良好化学品喷施效果的产生，既需要质量可靠的化学品，也需要因地制宜的喷施方案设计和精准施策。而化学品供应商或专业化服务组织掌握化学品质量的垄断信息，并且具备喷施专业知识的比较优势，若由其提供化学品及喷施服务，就能够同时解决化学品质量、用量信息的隐蔽问题，以及喷施效果的保障问题。

杨小凯和黄有光（1999）建立了一个关于企业的一般均衡模型，我们将其转换为分工交易的组织分析框架。假定一个经济系统中有两种要素：化学品和化学品施用知识；再假定专业化的经济性，人们会选择分工交易组织生产。分工交易的组织方式包括三种：第一种方式是，化学品厂商生产和销售化肥农药等产品，小农购买化学品并利用自己的化学品施用知识进行农产品生产，这种交易方式正如前文所分析的，易于导致化学品与农产品的双重道德风险与逆向选择。第二种方式是，由厂商提供化学品以及化学品施用知识，农户通过购买这两种要素进行农业生产。这类似于"公司+农户"的要素交易组织方式。这类方式的最大缺陷是易于导致厂商的垄断，而农户因为缺乏关于化学品质量的信息以及施用知识的甄别能力，所以几乎没有谈判能力。第三种方式是，厂商生产和销售化学品，农户生产农产品，但农户将化学品的购买与施用委托外包给具有专业化知识的中间服务组织。假定服务组织具有竞争性，农户具有自主选择性，那么由此而形成的服务缔约就能够通过化学品与施用知识的迂回交易，从而有效降低交易费用（杨丹，2019）。

化学品喷施外包服务，其本质为要素合约与服务合约的匹配。其中，要素合约表达化学品的品类、质量、用量和对应的价格；而服务合约则表达喷施的技术标准与作业规程。受市场竞争机制驱动，要素和服务合约匹配是规避要素合约道德风险与逆向选择问题的关键。

一方面，要素市场竞争促使服务供应商具备更强的谈判能力。相较于普通农户，服务供应商在要素市场的谈判能力表现为两个维度：一是更强的质量甄别能力。如前所述，要素市场的不完全竞争及分割造成了化学品质量的良莠不齐，缺乏专业知识与甄别能力的小农户，其采购化学品的决策面临极高的交易成本与交易风险。然而服务供应商则具备相对充分的资本、技术与人力条件，可以对化学品质量进行鉴定和比较。若能够由少数服务供应商替代大量且分布广泛的小农户同化学品供应商进行交易，则既能够降低化学品供应商和小农户的交易成本，又能够倒逼化学品供应商进行质量竞争继而实现品质改进。二是批量采购的议价能力。囿于农地规模及资本要素的限制，小农户的化学品采购呈现少量多次特征。而服务供应商面向广泛的小农户提供服务，其采购具有集中化和大批量特征，所以在要素市场上具有更强的讨价还价能力。而要素市场上化学品供应商的激烈竞争，会进一步增强规模化采购者的价格谈判能力。

另一方面，服务市场竞争促使服务供应商提供更高的服务承诺。伴随种植业的连片化和专业化发展，市场容量得以扩张，吸引了更多供应商进入农业服务领域，从而可能激化服务市场的竞争格局。竞争性市场存在优胜劣汰的自发选择，只有服务能力出众的供应商才能在市场中得以生存，并获得持续的竞争优势。为赢得更高的市场份额，供应商会提供具有竞争力的服务承诺。进一步地，优质的服务承诺必然包括化学品用量的下降，因为这能够帮助服务供应商降低服务成本，也能够帮助客户获得绿色农产品的价格溢价。而降低化学品用量的前提是提升作物对化学品的吸收效率或者减少喷施作业中的浪费，这都需要化学品的改良和喷施技术的优化。也就是说，服务市场的竞争，会让服务供应商不仅成为新技术采纳的主体，甚至成为新技术研发的主体，从而实现农业减量的市场化。

9.3 农业减量化的合约匹配及其治理逻辑

从要素合约转向要素合约与服务合约匹配，依然面临两个约束：如何激发小农户产生从自我服务向外包服务的行为转变？如何避免双方的违约行为，增强合约的稳定性？

一是行为转变问题。囿于内部能力和外部条件的限制，小农户的生产行为通常表现出极强的行为惯性特征，即倾向于沿袭前序决策，采纳经由世代实践检验的传统生产要素和技术（纪月清等，2016）。新时期，农业生产要素组合的改变已然使得农户经营目标出现分化，并引致其生产行为决策发生改变。例如，基于家庭内部代际分工实现兼业化的农户家庭，其家庭收入能够通过青壮年劳动力的务工收入得以保障，留守务农的老龄化剩余劳动力不再追求产量最大化，而是劳有所获的价值感和田园生活的幸福感，成为生活型小农。劳动力要素条件有限的生活型小农可能寻求劳动强度的降低，但这并不必然意味着会发生自我服务向外包服务的行为转变。面对外包服务质量的不确定性威胁，农户仍可能通过缩减耕种面积或雇佣劳动力来实现土地与劳动力要素特征的匹配。同前述的农业减量的规模逻辑类似，若无法激励农户发生从封闭的自我服务向开放的外包服务转变，即合约缔结存在阻碍，则基于服务合约促进农业减量化依然缺乏可行性。

　　二是合约不稳定问题。从委托人角度来说，农户普遍偏好非正式合约。例如，农地流转合约多以口头合约的形式存在，且受亲缘性倾向而非要素价格主导，因为土地要素的经营权是农户视作抵御务工风险的关键保障。类似地，农户可能根据家庭要素条件的变动及随之产生的经营目标转变，灵活地调整种植策略。无论是经营面积的增减还是品种结构的调整，都会带来化学品的种类、数量与质量及其施用知识的改变，从而给外包合约的稳定性带来威胁。从代理人角度来说，一方面，充分的服务市场容量是服务供应商进入市场并提供专业化服务的前提（张露和罗必良，2018）。当服务需求不足时，服务产能亦可能不足。另一方面，农业生产具有明显的季节性特征，农作物的生产环节（如分蘖、长穗、抽穗、结实）均存在化学品的最佳施用时间，而服务无法事先储备以待需求高峰时刻出售，因此就可能出现季节性服务产能不足问题。当服务需求超出供应商的最大服务产能时，可能诱发供应商的败德行为，甚至是违约行为（赵玉姝等，2013）。

　　为此，走出服务合约困境的关键是进一步匹配资本合约与产品合约。

　　一是专用资产，增强服务合约的可信性。为降低小农户对外包服务的感知风险，激励其外包服务偏好和行为转变，掌握更多化学品和喷施服务隐蔽信息的供应商，需要提供关于可选择服务的信号显示与质量保证。其中，专用性资产及其锁定性质所表达的信号显示，具有可信性。与服务合约有关的专用性资产包括物理资产的专用性（如化学品喷施专用设备、化学品残留检测装备等）、人力资本的专用性（如技术人员的团队规模、从业资质和从业经验）、品牌资产的专用性（企业的商誉与产品品牌）以及为协约服务的资产（如服务标准、服务流程及操作规范）。由于专用性资产具有投资锁定或"套牢"的特性，若改变其特定用途，将导致严重的价值损失。因此，一方面，一旦服务合约不能得到有效的执行，农户的自由退出将对服务商构成可信的威胁；另一方面，进行专用性投资的服务商不可能产生服务缔约的事后机会主义动机，而由专用性资产表达的信号显示、资本承诺及声誉效应，则能够通过其比较优势在服务间的竞争中获得超额利润（可占用性准租）。可见，专用性投资及其可占用性准租能够给服务商的生产性服务提供持久的有效激励。专用性资产既是信号显示，也是技术保障。所以，在服务合约的基础上匹配资本合约，能够诱导供应商的可信承诺。

二是产出保证，增强服务合约的吸引力。可靠的化学品产品质量与可信的施用知识交易，并不必然保证农户的可预期收成，由此依然能够带来服务合约面临执行过程中的纠纷与农户的事后机会主义行为。产量承诺、产量分成或者收益分成合约能够有效增进委托人和代理人彼此间的信任程度，进而维持合约的稳定性。对小农户而言，服务商的产量保证是对化学品质量与生产性服务能力的信号显示；而收益承诺，即保底与剩余分成，不仅是对化学品质量的承诺，也是对农产品质量与市场竞争力的信心保障。所以，在要素合约、服务合约、资本合约的基础上匹配产品合约，可以有效提升服务合约对小农户的吸引力，同时降低其对服务质量进行监督的成本。对服务供应商而言，要素、服务、资本、产品的合约匹配，可以增强小农户的服务参与度和配合度（如与周围农户开展连片化种植、协助疏通机械和物资运送道路等），既帮助服务供应商实现市场容量的扩大，从而增加农业服务市场的吸引力；又避免小农户参与度低或配合度低对服务效率的损耗，从而实现服务效率的提升和改进。据此，匹配产品合约能够增强服务合约对化学品喷施委托-代理双方的吸引力，继而增强合约的稳定性。

尽管合约理论自 20 世纪六七十年代以来一直是经济学界最为活跃的前沿研究领域之一，但却很少被应用于农业减量化问题的研究（汪良军等，2015）。本章显然是一个探索性尝试。

9.3.1　内在的逻辑线索

1. 不完全合约

农业减量化的关键就在于突破化学品质量信息和施用信息隐蔽性的制约。为规避单一要素合约的机会主义行为倾向，需要将要素合约拓展为服务合约，即由专业化服务组织提供化学品要素及喷施服务。掌握专业化知识，使得服务供应商在要素市场具有更强的化学品质量甄别能力；具备规模化优势，使得服务供应商在要素市场具有更强的议价能力。与此同时，服务市场容量的扩张，使得服务供应商彼此间竞争的加剧；而优胜劣汰的市场规则，会激发服务供应商提出更优质的服务承诺。但服务合约依然面临两方面问题：一是合约缔结问题。因为采纳外包服务并非小农户实现农业生产要素匹配的唯一策略选择。二是合约稳定问题。由于喷施服务质量无法由第三方进行仲裁，只能依托重复交易的激励或惩罚机制来保证交易双方的合作行为，所以合约稳定性差且治理成本高。

2. 合约匹配

一是在要素与服务合约的基础上匹配资本合约。其有效性在于：第一，服务投资引发资产专用性限制，由此生成显著的退出门槛，从而能够激发服务供应商的履约意愿；第二，激发农户服务外包的缔约意愿，有赖于服务供应商释放出充分的服务专业性与质量保障信号，而专用性资产保有量是服务专业性的有形表征，也是服务质量的重要背书。二是进一步匹配产品合约。其比较优势在于：对农户而言，农产品的产出保证是服务供应商对要素与服务质量以及市场竞争力有信心的信号显示。对于服务商来说，在"产量保底、超产分层"的合约背景下，能够有效形成其改善服务质量的内在激励，从而使得服务质量的甄别与监督成本内部化。产品合约可以细分为产量分成合约和收益分成合约。显然，相较于产量分成合约，收益分成合约更有利于农业减量化。收益是产量与价格的函数，产量的提升受制于作物特性，而绿色农产品的高溢价特征则能够显著提升市场收益，从而有助于在实现农业减量化的同时促进向高质量农业的转型升级。

3. 自我实施机制

要素合约同服务合约、资本合约以及产品合约的匹配，可以规避单一要素合约的机会主义行为倾向，也能够增强服务合约的稳定性，并实现服务合约的效率改进。更为重要的是，合约匹配为农业减量从政府力量主导向市场力量主导转变提供可能和契机，可以形成农业减量的自我实施机制。由农户与厂商的单一化学品要素合约，转换为化学品与施用知识相匹配的迂回交易，服务合约通过解决农户的可获性，能够化解化学品质量与施用信息的隐蔽性问题；资本合约表达可信性，能够解决农户从自我服务向外包服务的行为转变问题；产品合约表达相容性，解决委托-代理关系中的合约稳定性问题。由此，农业减量化的可自我执行机制得以形成（图9-1）。

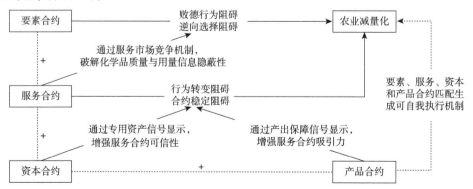

图 9-1　农业减量化的合约匹配及其治理逻辑

9.3.2　理论性总结

总的来说，合约理论大体分为完全合约理论和不完全合约理论两大流派。第一，完全合约理论研究的基本问题就是：是否存在最优契约？ 如何设计最优契约？也就是说，委托人如何通过设计一项有激励意义的合约达到控制代理人的目的，即委托人如何选择或设计最优的契约来解决委托人与代理人的目标或动机冲突。其中，代理人参与约束和激励相容约束成为合约设计的两个基本准则。可以认为，完全合约理论从来没有打算在"一项合约"之外寻找解决问题的途径。然而，本章的研究表明，农业化学品的要素合约并不能有效促成农业减量化。第二，不完全合约理论认为，由于存在不可预见性、不可缔约性和不可证实性（Tirole，1999），现实中的契约总是不完全的。不完全合约理论研究的结论是，解决不完全合约问题，要么就是"不解决"（将合约简单化，或者直接"口头化"而不用合约），要么就是怎样找到一个更为完全（理性权衡）的合约。同样，不完全合约理论亦没有打算在合约之外寻找解决问题的途径。

本章关注的问题是：在农业减量化的合约选择策略中，当一项不完全合约面临高昂交易成本时，它是否依然有被执行或者被运行的可能性（而不是被替代）？ 本章的回答是肯定的。具体地，假定合约 A 为一项不完全合约，且存在合约效率损失，那么，在不改变合约 A 的前提下，引入合约 X，则可实现总体合约安排的效率改善。简而言之就是，通过匹配新的合约，使得原先的不完全合约具备可执行性。这就是本章所强调的"以合约治理合约"的核心思想（罗必良，2012）。研究表明，单一要素合约容易诱发机会主义行为，甚至造成逆向选择问题；而匹配服务合约则隐含着行为激励与合约不稳定问题。所以，多重合约的匹配及其治理，即要素合约和服务合约为核心合约，匹配资本合约与产品合约等为边缘合约，能够在服务市场竞争的基础上生成正向激励，从而诱导农业减量化与农业质量化的可自我执行机制。据此，从要素合约到合约匹配，构成了农业减量化的合约治理逻辑。

第 10 章 合约治理实践：来自绿能公司[①]的证据

10.1 减量的外部性与庇古传统

农业减量化具有明显的外部经济性，即小农户通过降低化学投入品施用量以改善环境的努力及其成效能够被他人共享，而未获得报酬或补偿（Arriagada et al.，2010）。对此，经济学家遵循庇古传统，主张通过政府干预，对外部性生产者进行课税、惩罚或给予补偿、津贴，由此改变行为主体的成本收益核算的相对价格，以促使环境改善的正外部效应内部化（庇古，2007；Jayne et al.，2013）。与庇古传统相一致，针对化学投入品过量施用造成的农业污染问题，中国政府出台了多个文件，致力于引导减量。例如，农业部于 2015 年发布《到 2020 年化肥使用量零增长行动方案》《到 2020 年农药使用量零增长行动方案》；中共中央办公厅、国务院办公厅于 2017 年印发《关于创新体制机制推进农业绿色发展的意见》，要求到 2020 年主要农作物的化肥、农药使用量实现零增长。

中国农业减量化政策有两个重要的着力点。一是政策响应的主体。强调农户的主体地位，并注重充分发挥种粮大户、家庭农场、专业合作社等新型农业经营主体的示范带头作用。二是政策激励的手段。重点是加大各类补贴力度，并调整金融、保险、税收等政策，支持化肥农药使用量零增长行动的开展。其目的在于通过体制机制的创新，加大政府扶持，充分发挥市场机制作用，有效控制化肥农药使用量，激活农业绿色发展的内生动力，保障农业生产安全、农产品质量安全和生态环境安全，促进农业可持续发展。

本章关心的问题是：庇古传统及其现行政策选择是否能够有效形成农业减量

---

① 指江西绿能农业发展有限公司（以下简称绿能公司）。

的自我执行机制。

第一，中国农业的经营主体是小规模分散化的农户。由于小农的基于理性原则以生存安全为第一目标（Scott，1976），农户通过施肥施药来降低风险并谋求产量最大化往往成为基本的选择策略（Xin et al.，2012；仇焕广等，2014）。在农民自由择业与非农转移背景下，以及农地小规模格局下，农业经营收入已不再是农户收入的主要来源，通过减量降低生产成本或通过绿色经营提升产品价格，并不足以显著改善农户收入，因而减量政策难以改变农户的行为决策。即便政府提供各类减量补贴，也只能诱发农户"有补贴即用，无补贴即停"的机会主义行为，难以形成可持续的亲环境激励效应（韩洪云和杨增旭，2010）。

第二，正因为小规模农户对减量化政策目标的响应不足，学界与政界愈发将希望寄托于各类规模化的新型农业经营主体。已有研究表明，农地经营规模是影响中国农户农用化学品使用量的强有力因素，户均耕地面积每增加 1%，每公顷化肥和农药施用量分别下降 0.3%和 0.5%（Wu et al.，2018）。据此认为，推进农业减量化的关键是推进农地流转，尤其是培育致力于发展农地规模经营的各类新型农业经营主体。但必须强调，规模经济性往往源于生产要素的不可分性。Schultz（1964）强调，农业并不存在明显的规模经济潜力，因为农业要素投入存在"假不可分性"。事实上，化肥、农药在使用方面尤具可分性，所以强调通过农地规模经营来促进农业减量化，并不存在理论上的逻辑一致性，也不存在事实上的普遍经验支持。部分研究甚至表明，随着规模的扩张，化肥农药的过量投入问题未能得到基本的改善（张晓恒等，2017；张聪颖等，2018）。

第三，庇古传统的一个核心是引入政府的干预力量。该理论的关键缺陷是，这个干预者并非市场价格的接受者，而是价格的制定者，从而破坏了马歇尔均衡，进而不可能自我实施（罗必良，2017a）。与之不同，Coase（1960）主张通过恰当的产权界定，改变生产的制度结构。因为在 Alchian（1965）看来，所有定价问题都是产权问题。价格如何决定的问题，就成了产权如何界定、交换以及以何种条件交换的问题。由此将外部性问题表达为通过产权就能够将其内化为市场的自我运行。由于不同的行为主体有着不同的行为能力，因此科斯主张将产权界定给更有能力或者更有利于降低交易费用的主体（高斯和银温泉，1992）。但问题是，谁是有能力的交易主体？科斯并未讨论该主体的生成逻辑。如果主体是事前界定的，那就意味着产权界定的外生性；如果是事后形成的，则意味着有能力主体是竞争交易的结果，产权界定并不重要。应该强调，产权界定并不决定产权实施（罗必良，2019）。其中，通过发育有效率的交易组织，从而将农业减量化这样一些交易成本极高的活动卷入分工，又同时避免对这类活动的直接定价和直接交易，就能够构造外部性问题内部化的可自我执行机制。

基于上述分析，本章认为小农户和新型农业经营主体并非减量化的最优主体。

推进农业的减量化，依赖于有效的生产组织和交易组织的选择与匹配。一方面，外部性问题不仅取决于产权的清晰度和行为主体的行为目标，还取决于行为努力的可识别性与可竞争性问题。另一方面，农业减量化并非完全是外部性的。因为具有比较优势的行为主体，能够通过交易范围与市场规模的扩大，达成减量化的社会目标与收益最大化的经济目标的激励相容。对于前一个方面，培育竞争性的专业服务组织，将有助于破除减量化的技术创新与投资门槛，并进一步因其专用性投资而内生出行为努力；对于后一个方面，具有比较优势的专业服务组织，通过纵向分工与外包服务，则能够诱导小规模经营农户卷入分工并分享减量的规模经济性。正因为如此，本章主张，服务规模经营及其分工交易，应该成为农业减量的重要路径选择。

行为经济学认为，对行为的培养或者训练能够引致目标对象长期的行为改变（Bickel and Vuchinich，2000；Maki et al.，2016）。以滴滴出行为例，滴滴公司在市场导入期，以赠券形式补贴消费者低价甚至免费打车，由此诱导和培养消费者网约车的行为习惯，再逐步减少直至取消优惠。该做法的成功证明了补贴对行为改变的激励力与持久性。但要强调的是，滴滴模式瞄准的市场痛点是打车难问题，所以其目标用户群体仍然是具有打车出行偏好的消费者。也就是说，补贴引致的行为改变仅仅局限于原有打车出行的消费者，而并未覆盖到更为广泛的公共交通偏好群体。可见，补贴引致长期行为改变存在准入门槛问题（周静等，2019；胡迪等，2019）。类似地，对人力、资本和经营规模均受限的小农户而言，只有补贴后的新要素采购成本低于传统要素时，才能激励其采纳行为改变；而补贴刺激消失后，小农户可能并不具备采纳环保新要素的可持续性，从而表现出行为改变的短期性（林楠等，2019）。

另外，应该强调小农减量行为的特殊性。在滴滴公司的案例中，用户的生命与财产安全可以通过车载监控系统或者手机录音系统的实时监控得以保障；与此同时，用户的出行体验和意见能够通过在线平台实时反馈，其他用户也能够根据过往服务评价记录决定是否接受既定车辆的服务。在一般情况下，即便发生服务品质纠纷，一次出行的体验对用户福利的影响也相对有限。而农业减量化情境则完全不同，一方面，小农户缺乏对减量技术或产品的质量判断能力（罗小娟等，2019）。减量技术或产品的品质对小农户而言属于隐蔽信息，在实际采纳前无法准确判断，即便经由示范户采纳，但最终作物产量及品质往往是投入要素组合的作用结果，几乎难以单独分离出减量技术或产品的产量贡献。另一方面，化肥和农药等化学投入品的质量和用量被普遍证实同作物产量显著正相关（Mueller et al.，2012）。劣质化学投入品或者不当喷施技术的采纳，可能造成产量的显著损失，威胁小农户生计的可持续。可见，与网约车等搜寻型产品的采购决策不同，减量产品或技术是典型的经验型商品，且决策的重要性程度在所有生产决策中处于突出位置。由此，小农户在采纳新要素或新技术时面临极高的交易成本和交易风险。大多数具有风险规避倾向的小农户会倾向于沿袭前序决策，通过对传统要素的重复购买来降低成本并规避风险（林楠等，2019）。

进一步地，小农减量化还可能引发要素市场与产品市场的多重逆向选择问题。①在要素市场方面，减量技术或商品的质量属于供应商的私有信息，小农户对质量进行判断面临极高的技术门槛与交易成本，由此形成减量要素市场的信息不对称。这一方面可能引致供应商牺牲部分品质以压低成本的机会主义行为；另一方面，可能造成农户即便使用新要素，也维持过量的喷施以降低产量风险。此时，小农户还会形成低价偏好以降低发生损失的风险。高品质的供应商受利润空间挤压影响逐步退出市场，低质量产品或技术充斥市场，逆向选择问题形成。②在产品市场方面，低化学投入品用量是绿色或有机产品的重要表征。高附加值的绿色或有机农产品能够使得减量的正外部性内部化。然而类似地，农产品的化学投入品用量属于生产者的私有信息，在品质甄别机制尚不健全的情形下，缺乏监管的小农户可能生成漂绿行为动机，通过低报用量获得产品溢价。漂绿事件的频繁曝光造成绿色或有机农产品市场供应商的声誉受损，消费者不信任继而不再愿意支付溢价，高品质的绿色或有机产品难以为继，最终也走向柠檬市场（姚从容，2003；王常伟和顾海英，2012）。

基于行为经济学与信息经济学理论的分析均表明，小农户可能并非减量化的可自我执行的恰当主体。

回到滴滴公司的案例，试想该公司最初的运营模式设置为获得家庭闲置车辆的使用权，然后雇佣司机提供服务，会引发怎样的结果？显然，滴滴公司将面临高昂的激励成本。因为只有将劳动产出与薪资挂钩，才能激励司机最大限度地努力；与此同时，公司还需要支付可观的车辆保养和维修成本，因为对司机而言，其所驾驶的车辆是公共物品而非私人物品。此时，公司所获得的净利润并未达到最优。反观其真实情景的制度设计，公司并未流转获得车辆的使用权，而是招募车主成为公司网约车平台的供给侧用户，然后系统根据既定排队规则分派需求侧用户给车主，公司和车主按照约定比例分配需求侧用户支付的车资。这表明，试图通过分离所有权和经营权的努力，都面临超额的成本约束，包括交易成本、激励成本和维护成本等；而维持产权稳定基础之上的服务规模经营，能够规避产权交易引发的成本问题，从而最大化净利润。

农业种植活动的可分性为农业纵向分工与服务外包提供了重要前提。随着农艺技术与装备技术的进步，农业的生产性活动，如整地、播种、灌溉、施肥、用药、收割和秸秆还田，均可由专门的服务供应商来完成（罗必良等，2017b）。面向小农户提供专业化的化学投入品喷施服务时，服务供应商具有自发的减量行为倾向。第一，降低施用量可以节约要素投入成本。作为以利润最大化为目标的服务经营组织，降低单位面积化学投入品用量损耗、提升单位投入的吸收效率是控制服务成本的重要路径。第二，降低施用量可以帮助客户获得产品溢价。绿色或有机农产品具有高附加值，服务供应商的减量能够帮助客户赢得更高收益，从而在激烈的服务竞争中产生优势。第三，降低施用量可以赢得更高声誉资本。减量的环境贡献能够帮助企业树立正面的社会形象，积累更高的商誉资本，从而有望获得市场更高的认可度和接纳度。第四，降低施用量可以响应政府减量号召。减量化是各级政府关注的重点，有关扶植政策层出不穷。服务供应商积极响应减量号召，能够获得贷款、补贴等多重优惠政策支持。

服务公司不仅具有减量化的内驱力，而且具备减量化的竞争力。相较于小农户和新型农业经营主体而言，服务供应商主导的减量化有着前者不可比拟的优势。

第一，在要素交易方面。一方面，服务供应商具有化学投入品质量的控制优势。小农户和新型农业经营主体需要对既定作物种植的全生命周期活动进行决策，而专业化的服务供应商只需要对化学投入品交易进行决策。面对肥效信息的不完全性，专业化的服务供应商更愿意为肥效的甄别等支付额外的货币或非货币成本，由此逐步积累起化学投入品质量判断的专业知识和技术工具，从而降低质量风险。另一方面，服务供应商具有大批量采购的成本优势。与小农户零散、多次的化学投入品购置行为不同，服务供应商的要素采购具有大量、集中的特征，因而在要素市场具有更高的议价能力，从而可以降低单位投入品的采购成本。虽然新型农业经营主体也具有规模优势，但服务供应商的服务面积可能远高于新型农业经营主体的经营面积，由此具有更大的规模优势与议价能力。

第二，在作业过程方面。首先，服务供应商的喷施作业有着规范化优势。小农户的喷施行为决策受生产要素组合中其他关键要素的制约，呈现多元化的偏好和行为特征。受土地产出率目标驱使，生产型小农与新型农业经营主体均可能存在多施用化肥以提升产量的行为意向，而小农户与服务供应商间存在委托-代理关系，只有按照说明书计量和次数规范施用，才能降低产量风险、维护正面声誉，获得可持续的小农户订单。其次，服务供应商的喷施作业有着精准化优势。精准化的喷施作业能够帮助服务供应商降低化学投入品用量中的无效损耗比例，实现成本的控制。精准化的喷施能够通过两种路径实现，包括人工作业强度提升从而改善作业熟练程度，以及机械作业对人工作业的替代。显然，相较于小农户和新型农业经营主体，服务供应商有着更大的服务市场容量优势以及更高的机械投资意愿。

第三，在减量监督方面。其一，服务供应商的用量信息记录具有可检验优势。大批量、低频次的采购相对于小批量、高频次的采购记录更为简明和清晰，对减量的监管可以通过进货量予以考核；同时，人工喷施的用量具有可变性，而机械化喷施单位作业时间内的用量是固定值，因而用量核算结果的信度和效度更高。其二，服务供应商的用量监督具有市场化优势。尽管小农户可能面临供应商喷施服务质量的考核问题，但专业服务形成的资产专用性以及服务市场的竞争性，能够分别形成服务供应商内在与外在的质量控制和减量化约束。这极大地降低社会或政府进行减量监督的成本要求，既为政府相关扶植政策的精准投放提供依据，也为服务供应商自身的减量宣称提供可考证据。

10.2　绿能公司的农地与服务规模经营

绿能公司于 2010 年注册成立，位于其创始人凌继河先生的家乡江西省安义县。该公司主营业务为专业化的水稻生产以及相关联的农业生产性服务，这恰好为本章的农地规模经营与服务规模经营的对比研究提供了生动案例。

10.2.1　农地规模经营：要素合约与产品合约的匹配

1. 土地要素合约

绿能公司通过农地租赁进行规模化的水稻种植。截至 2018 年底，公司在安义县鼎湖镇和长埠镇等地租赁的耕地已达 23 039.48 亩。与前文的阐述一致，凌继河先生也是返回其享有极高声誉资本的家乡进行农业投资，以适应农地交易的亲缘性倾向。土地租赁合约是典型的要素合约，由公司与自然村签订，租期通常为 10 年。不同自然村的年租金由于土地状况（如土壤肥力与灌溉条件）不同，存在一定差异，具体在 240～520 元/亩浮动，均值为 475 元/亩。与分散的农户土地流转不同，选择自然村签订土地租赁合约虽需要额外支付 20 元/亩的管理费用，但却有助于整片流转，并极大地减少谈判对象的个数，这既降低了交易成本，又改善了租赁合约的稳定性。

2. 劳动要素合约

对于土地租赁所获得的农地经营权，公司最初采用了固定工资制的雇工经营方式。固定工资合约得以成立的一个基本前提是，雇主能够对雇员的劳动努力程度进行有效监督与考核。在农业人工劳动情境下，通常可观察的信息是劳动时间，而劳动质量往往属于雇员的私人信息。即使是事后通过产量的高低来评价雇员的努力程度，也是不可证实的，因为农业产量是土地质量、气候等多种因素的函数，而不由劳动努力程度唯一决定。由此，雇主在一定劳动成本条件下的产量最大化与雇员在一定工资收入条件下的成本最小化，难以形成激励相容，所以初期的经营方式是失败的：第一，出工不出力，"磨洋工"现象普遍；第二，生产成本由公司包干所带来的"软预算约束"，导致拖拉机等生产装备的非规程操作（既增加折旧，又因为损坏而耽误农时），以及农药、化肥的随意随量甚至过度施用；第三，由于缺乏有效的监督，农户往往利用信息不对称扭曲苗情、墒情、虫情与病情，过多领取化肥、农药、柴油等生产资料，甚至将其私自转送或售卖的情况也时有发生。可见，农业领域的固定薪酬模式，极易导致机会主义行为生成并泛滥。

3. 要素合约与产品合约

为规避信息不对称引致的败德风险，后期绿能公司调整经营组织方式，改为"队生产模式"，即以 1200 亩左右为标准，成立生产队；每队配置四对夫妻实行联合承包经营，签订"种植责任协议书"，有效期 3 年。薪资由固定工资和绩效工资两部分构成。固定工资部分，早稻 280 元/亩、一季稻（包括再生稻第一季）320 元/亩、再生稻第二季 200 元/亩、晚稻 280 元/亩。工资包括田间种植、农田耕作、水稻收割、稻谷运输的油料费、机械维修和保养费。绩效工资根据亩产和生产资料使用情况考核确定。此时，初期固定薪酬模式演变为同公司期望产出、要素配置效率挂钩的变动薪酬模式，并由此形成要素合约与产品合约的匹配。

（1）产品合约。①品种方面，双季稻和再生稻种植面积必须达到总承租面积的 48%，其余面积可种植一季稻。若未达到，按照 100 元/亩对与规定面积相差的部分进行罚款。生产队必须按既定标准并在规定日期前完成播插任务，延迟 1 天罚款 1000 元。②产量方面，最低产量限额为早稻 700 斤/亩、晚稻 800 斤/亩、再生稻 1000 斤/亩、一季常规稻 1050 斤/亩、一季优质稻 950 斤/亩，稻谷水分以公司测量结果为准。超产部分予以阶梯式奖励，即超产 0～50 斤/亩奖励 0.5 元/斤，超产 50.1～100 斤/亩奖励 1 元/斤，超产 100.1 斤/亩及以上奖励 1.3 元/斤。相应地，若未完成基本亩产要求，也按照该标准予以罚款。

（2）要素合约。①物资方面：种子、化肥、农药等由公司按规定亩均标准和每队耕种面积核算配发；用量超额部分由生产队自行承担，结余部分公司与生产队五五分成；私自侵占和挪用物资按 10 倍标准予以处罚，并扣除全年奖金。每队配置大型拖拉机 2 台、手扶拖拉机 1 台、收割机各 1 台以及打药设备若干；设备折旧期为 3 年，除机油补贴外，保养与维修费用由生产队负责。②人力方面：生产队承租第一年缴纳 40 000 元押金，公司分 8 期按照 3000 元/月的标准予以返还，剩余 16 000 元作为押金；若生产队第二年退出，则押金不予返还；若生产队第二年继续承租，则须补齐已返还的 24 000 元押金。同时，若每队的 4 户家庭有 1 人退出，按照 750 元/月扣除押金；在公司预支给生产队的 10 000 元/月日常经费中，也相应地扣除 2500 元/人。

变革后的制度安排通过要素合约与产品合约的匹配（罗必良，2010），使得生产队成员获得"剩余索取权"，即稻谷产量增加和要素投入减量的利润分成，由此驱动成员产生更高的劳动投入和产出，实现公司目标与生产队努力的激励相容。但值得注意的是，稻谷产量增加目标和要素投入（化肥和农药）减少目标是互斥的，因为要素投入减量可能造成稻谷产量下降。激励力是期望值与效用价值的函数，在公司的激励方案中，增产而不是减量对生产队成员而言具有更高的效用价值。据此判断，生产队承包经营并不具备化学投入品减量的内在激励。

10.2.2　服务规模经营：产品合约与服务合约的匹配

2016 年起，绿能公司先后成立土地流转、机械服务、水稻种植、统防统治等六个农民专业合作社，提供专业化生产服务。服务内容包括种子、化肥和农药等生产物资供应和机耕、机插、施肥、统防统治、机收、烘干等机械化服务；服务对象主要为承包公司掌握经营权的 2.3 万亩土地的生产队、与公司签订外包服务合同的 3.1 万余亩生产大户或连片种植区域（前者与农户签约，后者与村民小组签约）。

（1）产品合约。①生产队方面：公司对生产队的服务采用内部采购模式，签订内部服务合同，按服务项目收取服务费（表 10-1）。生产队仍需按照前文所述的品种与产量要求开展生产，即按照公司规定品种面积开展种植，并达到公司规定的最低产量限额。由于公司同时为生产队配备生产所需的机械，因而生产队面临自我服务与外包服务决策。②规模经营者方面：公司对农地规模在 50 亩以上的对象提供生产性服务。以双季稻为例，机耕、育种、运秧、机插、施肥、统防统治和机收打包价 980 元/亩，公司作为代理方承诺 1400 斤/亩的产量。委托方负责协调生产中的各种关系、开展作物生产期的监管、组织道路疏通和灌溉设施等，保证田间作业的顺利开展。

表10-1　绿能公司服务项目与收费标准

收费标准	生产队或其他 50 亩以上种植户	散户
机耕（元/亩）	60	80
种子+育秧（元/亩）	165	180
运秧+机插（元/亩）	80	人工插秧
施肥（元/亩）	6	8
统防统治（元/亩）	30	30
机收（元/亩）	55	80
稻谷运输[元/（公里·亩）]	3	3
烘干（分钱/斤）	5	5

注：人工打药 3 元/（亩·次），无人机打药 7 元/（亩·次）

（2）服务合约。①收费方面。生产队和其他 50 亩以上种植户的服务收费相同。种植户可根据自身需求定制公司的服务项目。例如，机插服务收费 60 元/亩，运秧+机插服务 80 元/亩，种子+育秧+运秧+机插服务 245 元/亩。若种植户不与周边农户合作开展连片种植，未能达到 50 亩的服务门槛规模，即散户雇佣机械服务的成本显著上升。例如，散户采纳公司机耕、机收服务，将分别多支付 20 元/亩、25 元/亩（表 10-1）。②质量方面。公司对全部服务项目均设有任务单，以流程控制确保服务质量。以无人机植保为例，提供服务前，规定服务人员先对田间墒情虫情与病情进行考察，明确药剂类型，确定飞行参数；提供服务时，规定服务人员按照既定规范进行操作，且客户可根据其操作规范予以监督；提供服务后，服务人员需对服务情况进行回访，获得客户对服务质量和态度的评价。

10.3 两类规模经营的减量效果与成本收益比较

相较于农地规模经营，服务规模经营的减量呈现出用量减少、成本降低与利润增加多维优势。具体表现在以下方面。

（1）在化学品用量层面。①绿能公司统一对土壤进行检测，然后针对性地设置肥料的营养元素及其配比，由此减少盲目施用的浪费。②区别于散户的"发现问题—事后用药"模式，公司长期积累区域病虫害信息，密切关注作物生长情况，逐步将事后控制转变为事前预防，以此实现用量的降低（表 10-2）。③公司通过任务单等流程控制方式，以精准化喷施降低用量。例如，无人机植保服务的田间墒情勘察，可以精准确定药剂（类型与浓度）与作业植保机参数（飞行高度、速度与喷洒量）；同时明确规定高温和风雨等不利天气禁止喷施。

表10-2 绿能公司化学品用量与成本

服务模式	化肥/农药	项目	早稻	晚稻	再生稻	一季稻
生产队	化肥	施用方式	施肥机	施肥机	施肥机	施肥机
		用量（斤/亩）	100	100	120	130
		成本（元/亩）	105	105	126	137
	农药	施用方式	无人机或人工	无人机或人工	无人机或人工	无人机或人工
		用量（次/亩）	2	3	3	3
		成本（元/亩）	70	80	90	100

续表

服务模式	化肥/农药	项目	早稻	晚稻	再生稻	一季稻
外包服务 （规模）	化肥	施用方式	施肥机	施肥机	施肥机	施肥机
		用量（斤/亩）	90	90	110	120
		成本（元/亩）	99	99	121	132
	农药	施用方式	无人机或人工	无人机或人工	无人机或人工	无人机或人工
		用量（次/亩）	2	3	3	3
		成本（元/亩）	63	72	81	90
外包服务 （散户）	化肥	施用方式	人工	人工	人工	人工
		用量（斤/亩）	110	110	130	140
		成本（元/亩）	132	132	156	165
	农药	施用方式	人工	人工	人工	人工
		用量（次/亩）	3	3	4	4
		成本（元/亩）	85	95	100	120

（2）在成本控制方面。①绿能公司批量采购生产物资，由此获得议价优势。与非托管散户相比，农药采购节省 20%～30%，肥料采购节省 3%～5%。②公司用机械替代人工，通过标准化与流程化运作能够有效提升总体效率。安义县人工施肥成本为每天 150～240 元，日均完成 60 亩，约 3.25 元/亩；打药成本为每天 150～220 元，日均完成 50～60 亩，约 3.36 元/亩。公司施肥机成本 2 元/亩，日均完成 100 亩；无人机植保处于起步阶段，打药成本为 7 元/亩，但日均能够完成 300 亩植保任务。具体来说，施肥成本降低 23.92%～30.15%，打药成本降低 17.82%～30.91%（表 10-3）。

表10-3　绿能公司不同喷施方式的用量与成本

指标	人工作业	施肥机	无人机
施肥成本	150～240 元/天	2 元/亩	
打药成本	150～220 元/天		7 元/亩
施肥服务面积	60 亩/天	100 亩/天	
打药服务面积	50～60 亩/天		300 亩/天

（3）在产量增收方面。①绿能公司生产队的亩均产量与散户基本相当，而采纳专业化服务的种植大户或连片村组的产量则平均增加 50 斤/亩。②组织化运作的主体，其售价显著高于散户，因为规模化出售的谈判能力显著增加，再生季的再生稻可达到 2 元/斤，而散户仅为 1.4 元/斤。③采纳专业化服务的种植户，其总收入最高，生产队次之，散户最低。④散户由于不用支付平均 475 元/亩的地租，因而成本低于规模化种植户。⑤开展服务外包的种植户，其净利润最高，而生产

队的净利润最低。总体来说，服务规模经营的收益高于农地规模经营的收益，而精耕细作的家庭经营收益也高于生产队的农地规模经营的收益（表 10-4）。

表10-4　绿能公司产量与收益

指标	分类	生产队	服务外包	散户
产量（斤/亩）	早稻	900	950	900
	晚稻	950	1000	950
	再生稻（头季）	1000	1050	1000
	再生稻（再生季）	300	350	300
	一季稻	1050	1100	1050
价格（元/斤）	早稻	1.21	1.21	1.08
	晚稻	1.45	1.45	1.25
	再生稻（头季）	1.25	1.25	1.15
	再生稻（再生季）	2.00	2.00	1.40
	一季稻	1.45	1.45	1.25
总收入（元/亩）	早稻	1089.0	1149.5	972.0
	晚稻	1377.5	1450.0	1187.5
	再生稻	1850.0	2012.5	1570.0
	一季稻	1522.5	1595.0	1312.5
总成本（元/亩）	早—晚稻	1800	1600	1200
	再生稻	1300	1200	900
	一季稻	1250	1150	850
净利润（元/亩）	早—晚稻	666.5	999.5	959.5
	再生稻	550.0	812.5	670.0
	一季稻	272.5	445.0	462.5

10.4　绿能公司的减量化启示

本章的研究表明，无论是从理论层面还是从实践层面来说，小农户和新型农业经营主体均并非减量化的最优主体。应该说，长期以来以扩大农地经营规模诱导农业减量的政策逻辑，并不构成农业减量化的可自我执行机制。培育专业化的农业生产性服务组织，通过纵向分工与外包服务，则能够有效诱导农业的连片种植，将小规模经营农户卷入分工进而分享减量的规模经济性。绿能公司的实践也证明，服务规模经营及其分工交易，能够成为农业减量的重要路径选择。

绿能公司的实践价值在于以下几个方面。

（1）恰当的合约装置能够显著增强农户卷入纵向分工并采纳服务外包的行为意愿。单纯的服务合同使得委托方（农地经营权的持有者）面临高昂的监督成本与交易风险；服务合同匹配产品合同，可以极大地提升农户参与外包的行为意愿。进一步地，由于农业生产活动是环环相扣的连续作业过程，局部生产环节外包不足以激发服务供应商的产量承诺，因此，核心生产环节的整体外包是服务合约与产品合约实现匹配的重要前提。

（2）纵向分工的深化能够反向刺激服务市场容量的扩张，并促进小农户的连片种植。服务外包的规模门槛能够激发地块邻近的农户间的自发联合，开展连片化种植。绿能公司所设置的 50 亩农地规模门槛，对农户而言，一方面具有高期望值，因为通常 3～7 个农户的自发联合就能够达到公司的规模要求，这在农村熟人社会极具可达成性；另一方面具有高效用价值，因为联合外包同散户外包有着明显的服务价格差异，可以降低成本。由此，能够有效激励小农户连片种植的行为努力，从而分享服务外包的规模经济性。

（3）服务规模经营能够促成化学投入品减量同生产成本降低、生产利润增加的多赢格局。绿能公司的经营数据显示，随着纵向分工深化、服务规模经营发展，减量同成本与利润并非对立与矛盾的。相比小规模农户，服务供应商精准化、低毒化的喷施，有效减少了化肥和农药的用量；大规模、集中化的采购，显著降低了化肥农药及其他生产资料的采购成本；机械化、规范化的种植，则显著提升了产出品的品质和附加价值。由此，可实现减量、成本和利润的多赢。

本章认为，我国小农户分散经营的基本格局在短期内难以发生根本性转变，因此，以外包服务诱导农业的减量化具有重大意义。选择服务外包的分工逻辑与减量化逻辑，需要着力强化几个关键性的操作性策略。

一是推进作物种植的连片化。服务规模经营的实现并非无门槛的，斯密定理和杨格定理说明了分工与市场容量的相互性：充分的市场容量生成是服务供应商进入的前提，而服务市场的发育又能够进一步扩张市场容量。一方面，绿能公司设置 50 亩的规模门槛，表现出服务供应商对市场容量的要求。若农地经营规模过小，则机器和人工在不同地块间转场的运输成本和时间成本过高，难以实现服务成本的控制和规模经济性的发挥。无人机植保等高效服务项目的发育和成熟，甚至对市场容量提出更高的要求。例如，绿能公司采用的极飞 P30 无人机，日均服务面积高达 300 亩。另一方面，达到服务门槛要求后，接受机械化服务的生产成本能够显著下降，如采购机收的成本节约了 25 元/亩，这又反向增强农户横向联合的意愿。根据绿能公司的经验，在农地不转出的基础上的农户横向联合有两种实现路径。其一，小规模种植户将土地托管给村委会，由村委会统一招募服务供应商提供服务；其二，小规模种植户自发联合，种植同种作物，实现农地的连片种植，继而达到服务的规模门槛要求。

二是推进要素投入的精准化。农业化学投入品的减量主要包含三类路径，分别为弱化毒性成本、提升吸收效率、降低施用损耗。投入品的精准喷施，如绿能公司采纳的测土配方肥，能够提升吸收效率；无人机植保则能够降低施用损耗。可见，要素投入的精准化是减量的重要路径。但需要注意的是，精准化具有两类门槛：①技术门槛，如无人机植保需要配备专业的操作技术人员；②资本门槛，如植保无人机购置成本高且资产专用性强。显然，小规模农户并不具备采纳精准减量技术的能力条件和资本条件，而新型农业经营主体则不具备采纳精准减量技术的行为动机。相比而言，服务供应商能够通过要素投入的精准化降低服务成本、提升服务品质，具有减量的内驱力。因此，要素投入精准化推广的主体应为服务供应商。应该鼓励和强化服务供应商的行为激励，一方面是喷施技术措施改进，如推广测土配方肥或化肥深施等；另一方面是喷施机械装备改进，如无人机植保和施肥机施肥。

三是推进技术服务的职业化。服务规模经营同样面临委托-代理关系中的隐蔽行为和道德风险问题。如何激励服务人员的劳动努力，是服务质量控制和效率提升的关键。代理人缺乏长期行为激励是造成其败德行为的重要原因。根据绿能公司的经验，为服务人员提供职业技能培训，并为其进行职业生涯规划，培育出新型职业务农人员是避免短期行为的可行思路。其一，职业技能培训。生产性服务淡季为服务人员技能训练与提升提供时机。绿能公司在农闲期间，不仅提供农机的操作培训，而且提供农机的检修与维护培训，致力于将农机服务人员培训为"多面手"，以及时应对生产中突发的故障或者其他问题。这既能够提升服务效率，又可以增强服务人员的职业获得感。其二，职业生涯规划。服务人员的职业发展也应该构建出明确的上升通道，以激励其长期的行为努力。例如，设置农机操作人员的技术资格等级与评定要求，定期对相关服务人员进行考评，并将考评结果同绩效薪酬与荣誉奖励挂钩，形成服务人员间的锦标赛。种植服务人员的职业化，既能够帮助既有人员产生长期的行为激励，又可能吸引潜在从业者进入农业生产服务领域寻求职业发展。

四是推进绿色经营的市场化。遵循庇古传统，当前农业减量化仍以政府为主导，致力于通过补贴等财政手段，鼓励农户开展绿色经营。然而，如前所述，补贴等激励方式难以激发小农户与新型农业经营主体的可持续行为改变。对服务供应商而言，通过连片化、标准化和职业化种植，能够解决服务减量可能面临的规模门槛、市场风险和质量控制障碍，继而切实发挥出服务规模经营的减量潜力。进一步地，随着服务市场容量的扩大，服务供应商进入竞争状态。服务市场的竞争将诱导服务供应商成本控制目标和服务质量目标的升级，促使其深入开展减量技术或工具的革新，从而替代政府成为减量技术进步的主体，实现减量的市场化。

为此，将农业减量从政府主导向市场主导转型，构建组织化的服务平台十分必要。高信度的服务平台既能够解决农户与服务供应商间的信息不对称问题，即实现服务供需信息的及时、准确匹配；又能够将服务资源进行系统整合，继而实现科学调配；同时能够鼓励服务组织的良性竞争，避免区域性盲目竞争造成的服务资源过剩和浪费。

第五篇　减 量 政 策

第11章 微观政策：高标准农田建设政策与化肥减量

11.1 理论逻辑与研究假设

11.1.1 高标准农田建设政策回顾

高标准农田建设是中国提高农业综合生产能力和可持续发展能力的重要战略举措。高标准农田是指达到田地平整肥沃、水利设施配套、田间道路通畅、林网建设适宜、科技先进适用与优质高产高效标准的农田，即旱涝保收高标准农田[①]。高标准农田建设政策呈现出明显的阶段性特征，可分为探索阶段（1988～2010 年）和规范实施阶段（2011 年至今）。以 1998 年国务院决定设立土地开发建设基金为标志事件，中国起步探索改造中低产田、建设高标准农田的模式与方法。但在 2011年之前，相关政府部门并未出台专门的文件明确高标准农田的措施标准、建设内容与任务目标。尽管如此，这期间的土地综合开发为推进高标准农田建设奠定了坚实的基础。

2011 年至今，高标准农田建设政策进入规范实施阶段。国土资源部会同有关部门编制的《全国土地整治规划（2011—2015 年）》经国务院批准于 2011 年正式颁布实施，明确到 2015 年建设 2666.7 万公顷（4 亿亩）旱涝保收高标准基本农田。《国家农业综合开发高标准农田建设规划》（2011～2020 年）进一步明确高标准农田建设的总体要求、措施标准与建设内容，力争完成到 2020 年新建 8 亿亩高

---

① 资料来源：《农业农村部关于印发〈全国高标准农田建设规划（2021—2030 年）〉的通知》，http://www.ntjss. moa.gov.cn/zcfb/202109/t20210915_6376511.htm，2021 年 9 月 16 日。

标准农田的目标任务[①]。2012 年中央一号文件再次强调要"制定全国高标准农田建设总体规划和相关专项规划"。《乡村振兴战略规划（2018—2022 年）》提出了到 2022 年建成 10 亿亩高标准农田的任务目标[②]，高标准农田建设将成为当前和今后一段时期土地整治的核心内容。

高标准农田建设涵盖了水利、农业、田间道路建设、林业和科技五方面的措施[③]，具体实施内容与目的如表 11-1 所示。

表11-1　高标准农田建设的主要措施、实施内容与目的

主要措施	实施内容	目的
水利措施	灌溉工程	提高灌溉用水利用效率，增强农田抗旱能力
	排水工程	改造盐碱地，增强农田抗涝能力
	农田工程	土地平整合并、集中连片，降低耕地细碎化程度
农业措施	土壤改良	提高土壤质量和基础地力
	良种繁育与推广	提高优良品种的覆盖率
	农业机械化	提高机械化水平
田间道路建设	道路铺设与硬化	满足农业机械通行要求
林业措施	农田防护林	调节农田小气候，维护农田生态平衡
科技措施	科技示范、培训和指导	优良品种和先进技术推广
	扶持农业社会化服务组织	为农户提供技术等方面的服务

11.1.2　高标准农田建设的化肥减量逻辑

1. 高标准农田建设、土地规模经营与化肥减量

高标准农田建设的重要内容，即农田工程，主要针对我国长期存在的土地细碎化问题展开，强调土地平整合并、集中连片，降低耕地细碎化程度。

文献综述表明，土地经营规模狭小被普遍认为是实现中国化肥减量的重要阻碍。具体表现为：其一，减量专用机械（技术）投资阻碍。小规模经营难以达到某些不可分减量专用机械（技术）投资的规模门槛，不利于机械化与标准化施肥，阻碍减量技术的推广与应用（高晶晶等，2019）。其二，减量投资收益阻碍。土地

---

① 资料来源：《抓好〈国家农业综合开发高标准农田建设规划〉实施工作大力推进高标准农田建设》，http://nfb.mof.gov.cn/zhengwuxinxi/gongzuotongzhi/201304/t20130410_816024.html，2013 年 4 月 10 日。

② 资料来源：中共中央　国务院印发《乡村振兴战略规划（2018—2022 年）》，http://www.gov.cn/zhengce/2018-09/26/content_5325534.htm，2018 年 9 月 26 日。

③ 有关高标准农田建设具体措施标准与实施内容，请参见中华人民共和国财政部官方网站：《抓好〈国家农业综合开发高标准农田建设规划〉实施工作大力推进高标准农田建设》，http://nfb.mof.gov.cn/zhengwuxinxi/gongzuotongzhi/201304/t20130410_816024.html，2013 年 4 月 10 日。

经营规模狭小可能导致农户长期投资的收益激励不足（钟甫宁和纪月清，2009），诱导其产生化肥过量施用等短期生产行为。其三，质量监督与信息追溯阻碍。分散与小规模经营面临高昂的产品质量监督与施肥信息追溯成本，难以从消费终端倒逼农户减量（高晶晶等，2019）。于是，基于土地规模经营的化肥减量逻辑被寄予厚望。但需要指出的是，既有研究所强调的土地经营规模通常是指农户实际耕种的耕地总面积。然而，耕地总面积仅是土地规模的表征方式之一（张露和罗必良，2020a），并且耕地总面积的扩张也并不必然带来农业生产规模经济性（叶兴庆和翁凝，2018；郜亮亮，2020）。因为依托于土地经营权的流转，所以土地总经营规模的扩张可能伴随着土地细碎程度的加深，地块之间的转换成本也随之增加（郭阳等，2019），尤其是当经营规模达到一定水平时，转入一块与原有经营地块不相连地块的边际生产成本将显著增加，加速生产活动背离规模经济区间。已有研究表明，土地细碎化经营降低了土地规模经营的质量，削弱了土地规模经营的化肥减量效应（高晶晶等，2019）。伴随土地细碎化程度的增加，土地经营规模的持续扩张甚至会导致农户增加化肥用量（梁志会等，2020b）。

随着农业生产环节服务外包所表达的服务规模经营模式的发展，耕地总面积层面上的规模经营意义也被削减（纪月清等，2017）。甚至有观点指出，土地规模经济的本质在于连片化经营，即地块规模的增加才能带来显著的规模经济性（郭阳等，2019）。高标准农田建设通过小田并大田、"化零为整"等土地整合措施，实现了地块规模和总经营规模的同步扩张；或者经由土地互换，总经营规模保持不变，实现地块经营规模增加。胡新艳等（2018）的研究发现，先开展地块整合再将土地经营权发放给农户的创新土地整治模式，显著增加了地块规模。地块层面的规模经营所具有的化肥减量效应体现在：第一，地块规整为机械实施精准施肥作业创造了条件，提高了作物化肥施用的标准化、规范化与可追溯性（梁志会等，2020b）；第二，地块连片化经营，减少了生产资料在地块之间转换，有效降低了服务外包费用，使通过专业服务主体推进化肥减量成为可能（张露和罗必良，2020a）。

2. 高标准农田建设、农业横向分工拓展与化肥减量

农业专业化生产所表征的横向分工是高标准农田建设绩效评价的重要指标之一。2013 年，国家农业综合开发办公室回顾过去高标准农田建设政策的实施状况时，特别肯定并强调要通过优化农作物种植空间布局，提高农业专业化生产水平[①]。事实上，农业横向分工拓展是实现化肥减量的一个关键路径，这主要得益于横向

---

① 资料来源：《抓好〈国家农业综合开发高标准农田建设规划〉实施工作大力推进高标准农田建设》，http://nfb.mof.gov.cn/zhengwuxinxi/gongzuotongzhi/201304/t20130410_816024.html，2013 年 4 月 10 日。

分工的人力资本积累与外溢效应（梁志会等，2020b）。从人力资本积累效应来看，专业化不仅有利于节约工作转换时间，并且有助于知识的积累与技术的创新（斯密，1997）。Rosen（1983）将专业化生产与人力资本积累建立起联系，认为专业化水平的高低决定了知识的积累速度与个体的技术获取能力。舒尔茨（2001）则强调，由于专用性人力资本具有规模报酬递增趋势，专业化导致具有相同禀赋的个体同样有动力对专用性技能进行投资，从而促进农户人力资本积累。

从人力资本外溢效应来看，知识与技能所表达的人力资本具有外溢效应。生产者之间的技术和创新扩散、模仿（学习效应），使得任何技能水平的主体在人力资本丰富的环境中都更具生产力（Rosen，1983）。Marshall（1920）的专业化外部性理论认为，同一行业厂商在地理空间的集聚有利于信息、技能和新技术等在厂商之间的传播和扩散。应当强调，知识溢出主要发生在同一行业的厂商之间。例如，Henderson（2003）基于美国的研究发现，相比于多样化，专业化集聚的知识溢出更为显著。农业领域的专业化集聚则表达为作物种植的横向分工拓展（张露和罗必良，2018），其具有的人力资本积累与外溢效应，将成为促进化肥减量施用的重要微观机制（梁志会等，2020a）。

3. 高标准农田建设、农业纵向分工深化与化肥减量

化肥既可以由人工施用，也可以采用机械或人工与机械相结合的施用方式。不同化肥施用方式均具有减量化的潜力，但机理不同。例如，人工施肥的机动性更强，可以根据作物生长情况灵活地进行现场施肥作业，但缺乏标准化。更为重要的是，随着大量农村劳动力非农转移，农业劳动力成本呈刚性上升趋势（王美艳，2011），因而基于人工施肥实现化肥减量将面临较高的生产成本。尽管机械替代劳动对实现化肥减量施用具有多重优势，但小农户机械投资普遍缺乏动力（张露和罗必良，2018）。一是小规模经营难以满足机械投资的土地规模门槛；二是农业机械的资产专用性较高，容易导致沉没成本与投资锁定。由此，理性农户倾向于购买机械服务替代自购机械。购买农业机械等生产性服务属于纵向分工范畴，成为农业家庭经营参与分工经济的重要方式。

经由农业纵向分工深化实现化肥减量施用的优势在于：第一，迂回投资。农户通过购买农业专业化施肥服务组织所提供的无人机等精准化施肥服务，能够有效克服机械装备投资门槛较高与资产专用性较强的问题。第二，迂回技术引进。生产性服务业多为资本和知识密集型产业，本质上充当了人力资本和知识资本的传送器，接受服务主体的服务时就已经将新技术、知识输入生产中（顾乃华等，2006）。第三，克服农资要素市场不完善问题。化肥等农资具有出厂质量信息、喷施质量和施用效果信息的隐蔽性（张露和罗必良，2020b），导致化肥农资市场信息不完全和不对称，这对化肥减量形成的阻碍体现在两方面。一方面，供应商可

能会利用农户在质量甄别能力方面的劣势，产生为农户提供劣质化学农资等败德行为；另一方面，鉴于农资市场上的化肥、农药种类繁多，质量参差不齐，农资质量的信息获取成本较高，农户将普遍采取化肥过量施用这一规避风险策略（蔡荣等，2019）。而规模化的农业生产性组织具备较高的农资质量甄别能力和价格谈判能力，可以有效降低农户交易风险，促进化肥减量施用。

机械化水平在中国不仅反映了农业资本深化程度，而且是衡量农业纵向分工深化的重要指标（张露和罗必良，2018）。但农户无论是直接购买机械，还是购买生产性服务，均需要满足机械对道路通畅、地面平整和作业区域集中等方面的要求。而高标准农田建设通过田间道路建设、地块合并与"改地适机"等措施，优化了农机作业环境，不仅有利于实现替代劳动，而且有利于农业生产环节的服务外包。进一步地，高标准农田建设政策通过扶持农业社会化服务组织，为农户农业经营提供服务保障，使农户享受到分工经济的好处，由此可能促进化肥减量施用。

4. 高标准农田建设情境下土地规模经营和农业分工的交互性及其减量影响

通过分析地块规模扩张、农业横向分工与纵向分工之间的关联性发现：首先，地块规模的扩张能够促使农户将多地块、差异化的作物种植模式转变为单地块、专业化的种植模式（胡新艳等，2018），从而提高农业横向分工水平。其次，机械替代劳动不仅受到要素相对价格的影响，而且受到要素替代难度的影响（郑旭媛等，2017）。机械作业需要在一定的空间范围内进行往复循环与转向运动，地块规模狭小降低了机械作业的可能性（郭阳等，2019）。高标准农田建设有效促进了地块规模的扩张，从而满足了机械作业对田地连片化、集中化与标准化的要求，有效降低了机械—劳动替代难度，进而鼓励农户购买农业机械等服务项目，实现农业纵向分工深化（胡新艳等，2018）。最后，机械服务外包表达的农业纵向分工隐含了对作物种植标准化、连片化的要求，即机械等生产服务市场的发育受限于服务市场容量（横向分工水平）（张露和罗必良，2018）。区域内多个农户作物种植品种的趋同化将多个农户的服务需求聚合，由此形成的农业机械服务市场容量可能诱导服务市场的发育。进一步地，机械等生产性服务市场发育既受限于市场容量，亦会反向增进市场容量（张露和罗必良，2018）。因为农户为获取更为廉价的机械服务，将会调整其作物种植结构与区域内其他经营主体趋同，形成连片专业化生产格局，由此促进农业横向分工拓展。

综上，高标准农田建设政策具有通过改善地块层面的规模经济性、提高农业横向分工与纵向分工水平促进化肥减量施用的传导机制。同时，地块规模、农业横向分工与纵向分工之间的互动因高标准农田建设政策的实施得以增强，使得化肥减量施用具备内部自我实现机制。

11.1.3 特征性事实描述

根据前文的理论探讨，本章首先对相关变量进行初步的描述统计分析。农田面积方面，图 11-1（a）反映的是 2005～2017 年，中国中低产田改造、高标准农田示范面积（以下简称高标准农田面积）与单位面积化肥施用量（折纯量）增长率的关系。数据显示，这一时期，高标准农田面积总体呈逐年上升态势，但 2011 年之前的增速较为平缓，之后呈现快速增加趋势。化肥用量方面，单位面积化肥施用量的增长率总体呈下降趋势，尤其是在高标准农田建设政策实施后，单位面积化肥施用量的增长率持续快速下降，在 2014 年之后甚至出现了负增长。从图 11-1（b）可以发现，高标准农田面积占总耕地面积的比重在 2011 年之后呈快速上升趋势，而单位面积化肥施用量在 2014 年之后呈不断下降趋势。

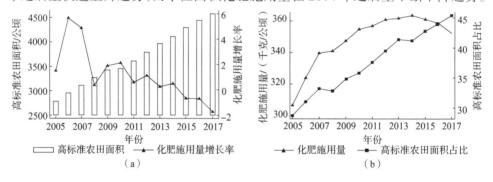

图 11-1　高标准农田面积（占比）与单位面积化肥施用量（增长率）

通过典型事实分析，可以形成一个初步判断：伴随高标准农田面积的大幅提升，单位面积化肥施用量的增长速度明显下降，二者存在反向变动趋势。那么，高标准农田建设政策与化肥减量之间是否存在因果关系？本章将进一步就此展开实证分析。

11.2　模型、变量与计量结果分析

11.2.1 模型设置

高标准农田建设政策从 2011 年起在全国范围内开始规范实施，这为本章提供了良好的准自然实验机会。本章运用双重差分（difference-in-differences，DID）

模型，缓解因果关系检验可能面临的遗漏变量与逆向选择等内生性问题。需要说明的是，利用高标准农田面积占比这一连续型变量作为解释变量，并不改变 DID 模型的基本性质（Nunn and Nancy，2011）。因为省域内高标准农田建设政策在一定程度上可能是由内生因素（如土地资源禀赋）决定的，所以用实际高标准农田面积占比作为解释变量反而能捕捉到更多的数据变异性（Nunn and Nancy，2011）。

1. 基准回归模型

为识别高标准农田建设政策对化肥用量的影响，本章构建如下 DID 模型：

$$\ln \text{Fertilizer}_{it} = \alpha + \beta \text{Hightarea\_rate}_i \times I_t^{\text{post}} \\ + \sum_{j=2005}^{2017} X'_{it} \Phi_j + \sum_p \gamma_c I_i^p + \sum_{j=2005}^{2017} \rho_j I_t^j + \varepsilon_{it} \tag{11-1}$$

其中，$\ln \text{Fertilizer}_{it}$ 表示第 i 个省份 t 时期的单位面积化肥用量的折纯量的自然对数；Hightarea_rate_i 表示高标准农田面积占比；I_t^{post} 表示政策实施时点的虚拟变量，当 $t \geqslant 2011$ 时，赋值为 1，反之为 0；$\sum_{2005}^{2017} X'$ 表示其他随时间变化的控制变量；$\sum_p I^p$ 表示省份固定效应；$\sum_j I^j$ 表示年份固定效应；α 表示常数项；β、Φ、γ_c 和 ρ 表示待估参数；ε 表示随机误差项。

式（11-1）控制了双向固定效应，估计参数 β 即为高标准农田建设对化肥用量的政策影响效应。基于前文的理论分析，本章预期 β 的符号为负。

2. 平行趋势检验

DID 模型估计的有效性依赖于平行趋势假设的成立，即在政策干预时点之前，实验组和对照组的被解释变量的变动趋势相同。参考 Nunn 和 Nancy（2011），本章构建如下平行趋势检验模型：

$$\ln \text{Fertilizer}_{it} = \alpha + \sum_{2005}^{2017} \beta_j \text{Hightarea\_rate}_i \times I_t^j \\ + \sum_{j=2005}^{2017} X'_{it} \Phi_j + \sum_p \gamma_c I_i^p + \sum_{j=2005}^{2017} \rho_j I_t^j + \varepsilon_{it} \tag{11-2}$$

式（11-2）中的变量定义与式（11-1）一致，唯一的区别在于，高标准农田面积占比不与政策虚拟变量交互，而是与年份虚拟变量交互。若高标准农田建设政策实施能够显著降低化肥施用量，那么在高标准农田建设政策实施前，高标准农田面积占比与年份虚拟变量的交互项对化肥施用量的影响系数 β_j 的变动应趋于平稳（即 $\hat{\beta}_{2005} \approx \hat{\beta}_{2006} \approx \cdots \approx \hat{\beta}_{2010}$），在政策实施时点之后，$\beta_j$ 则应出现明显的下降（即 $\hat{\beta}_{2010} \approx \hat{\beta}_{2011} \geqslant \hat{\beta}_{2012} \geqslant \cdots$）。

11.2.2　数据来源与变量选择

本章采用2005～2017年，除港澳台地区以外的中国31省（自治区、直辖市）的面板数据。数据来源为历年《中国财政年鉴》、《中国农村统计年鉴》、《中国统计年鉴》和《中国农村经营管理统计年报》，以及中国气象科学数据网[①]。变量选择的具体说明如下。

第一，被解释变量。化肥用量（Fertilizer），用单位面积化肥用量的折纯量（千克/公顷）表征，由省级化肥用量的折纯量总量除以农作物总播种面积计算得出，数据来源于《中国农村统计年鉴》。

第二，核心解释变量。高标准农田建设政策，用高标准农田面积占比和政策虚拟变量的交互项（Hightarea_rate × I^{post}）表征。高标准农田面积占比为高标准农田面积占耕地总面积的比重。高标准农田面积和耕地总面积数据分别来自历年《中国财政年鉴》和《中国统计年鉴》；高标准农田建设政策虚拟变量是以2011年为时间节点所设置的政策虚拟变量，当 $t \geqslant 2011$ 时，I^{post} 取值为1，反之，取值为0。

第三，控制变量。纳入合理的控制变量是缓解遗漏变量问题的有效方式。Angrist 和 Pischke（2009）认为，有两类控制变量应当加以区分：一是同时影响解释变量（高标准农田建设政策）和被解释变量（化肥用量）的变量；二是仅影响被解释变量（化肥用量），但取决于解释变量（高标准农田建设政策）的变量。对于第一类控制变量，本章选取如下变量。

（1）城镇化率（Urbanization_rate）。城镇化包括了人口城镇化、土地城镇化与产业城镇化，集中反映了一个国家（地区）所属的发展阶段。本章主要关注人口城镇化，即城镇人口占总人口的百分比，数据来源于历年《中国统计年鉴》。城乡人口的相对变动将导致农村人地关系和农业要素投入结构发生改变。在人口城镇化率较低的地区，较多人口滞留于农村容易导致"内卷化"问题（焦长权和董磊明，2018），生存压力一方面可能造成既定地区对高标准农田建设的需求增加，另一方面，可能导致农户通过增加化肥用量来提高土地产出率。

（2）人均地区生产总值（AvGDP）（元/人）。该指标数据来源于历年《中国统计年鉴》，用于表征区域一年内所有经济活动的成果。随着人均地区生产总值的增长，政府财政部门能够为高标准农田建设提供更多资金与技术支持；经济增长

---

① 中国气象数据网：https://data.cma.cn/。

也将有助于转变以往土地粗放化的经营方式，农业经济增长将减少对要素投入的依赖。考虑到化肥面源污染等环境问题与经济发展可能遵循环境库兹涅茨理论假说，本章将人均地区生产总值的二次项（AvGDP_squared）以及人均地区生产总值的非线性影响考虑在内。人均地区生产总值以 2005 为基期根据消费者价格指数（consumer price index，CPI）进行平减。

（3）上一年单位面积粮食产量（Lyield）（千克/公顷）。该指标数据来源于历年《中国农村统计年鉴》，用粮食总产量除以粮食总播种面积测度。政府部门可能根据前一期的粮食产出状况调整当期的高标准农田建设力度，而农业经营主体也可能根据上一期的粮食产量和生产经验施用化肥。

（4）农业劳动力数量（Labor）（万人）。该指标利用农林牧渔业从业人口数表征，用于反映劳动力资源禀赋状况，数据来源于历年《中国农村统计年鉴》。从事农业生产的劳动力人数越多，表明既定地区对农业生产的依赖程度越强，对土地产出的期望也越高，这将会促使该地区加大高标准农田的建设力度。

（5）农村劳动力平均受教育年限（Edu）（年）。人力资本是影响农业要素投入与利用效率的重要因素，教育是人力资本改进的重要途径。《中国农村统计年鉴》将农村劳动力文化程度划分为不识字、小学、初中、高中、中专、大专及以上 6 个层级，并统计了每百人中各层级的人数。参考胡祎和张正河（2018），本章分别赋予各层级 0 年、6 年、9 年、12 年、12 年和 15 年的受教育年限，加权计算得出农村劳动力的平均受教育年限。

本章还控制了年平均气温（Temperature）、年降雨量（Rainfall）和年日照时长（Sunshine）等变量，以考察气候因素的影响和冲击，数据均来自中国气象数据网。

对于第二类控制变量，如地块规模、农业横向分工与纵向分工水平、土壤质量和灌溉条件等会因为高标准农田建设政策的实施得到增加或提高，最终影响化肥用量。若控制这些变量可能会加剧选择性偏误问题（Angrist and Pischke，2009）。据此，本章将第二类控制变量排除在基准模型之外，从而估计出高标准农田建设政策对化肥用量的总体影响效应。但在机制检验部分，本章将对第二类控制变量进行讨论。

受限于数据的可获得性，难以直接测度地块规模，因此，本章将土地整治新增耕地面积（NewCul）作为地块规模的代理变量，其理由在于：第一，土地整治新增的耕地面积主要源于田块平梗与合并整理，这将直接表现为地块规模的扩张[①]；第二，土地整治增加的地块规模不一定带来总耕地面积的增加，因为总耕地

---

① 中国耕地细碎化问题突出，全国现有耕地中，田坎、沟渠与田间道路占用的耕地面积占耕地总面积的比重高达 13%（参见《全国土地整治规划（2011—2015 年）》）。可以预见，田块平整和合并整理将会带来可观的新增耕地面积。显然，这部分新增耕地面积将更多体现在地块规模的扩张上。

面积的增减还受到生态退耕、农业结构调整和建设用地等方面的影响，所以与耕地总面积相关的指标无法准确反映出高标准农田建设对地块规模的影响。据此，本章采用与高标准农田建设紧密相关的土地整治新增耕地面积表征地块规模，数据来源于历年《中国财政年鉴》。

考虑到机械化水平在中国不仅反映了农业资本配比状况，而且是衡量农业纵向分工深化的重要指标（张露和罗必良，2018），本章用土地整治新增机耕面积（NewMac）表征农业纵向分工水平的变化，数据来源于历年《中国财政年鉴》。

本章用 HHI 测度农业横向分工。具体计算公式如下（Hirschman，1964）：

$$\text{Spe}_{it} = \sum_{n=1}^{N}(x_{itn})^2 \tag{11-3}$$

其中，Spe 表示农业专业化生产程度；N 表示农作物种类总数；x_n 表示第 n 种农作物类型（本章主要包括粮食、棉花、油料、糖料、烟叶、蔬菜与瓜果类）播种面积比重，数据来源于历年《中国农村统计年鉴》。HHI 介于 0～1，数值越大表示农业横向分工水平越高（Hirschman，1964）。

此外，本章用水土治理面积作为区域土壤质量（Soilec_area）的代理变量。水土流失治理有助于遏制土壤退化、土壤有机质和养分流失等问题，从而改善土壤质量。农田灌溉条件（Irrigation）则以有效灌溉面积反映，用以控制农田灌溉条件改善对化肥用量的影响。水土流失治理面积和有效灌溉面积数据来自历年《中国农村统计年鉴》。表 11-2 汇报了变量的描述性统计结果。

表11-2　变量描述性统计结果

变量简写	变量名称	单位	均值	标准误
Fertilizer	单位面积化肥用量	千克/公顷	352.8	119.8
Hightarea_rate	高标准农田面积占比		36.45	19.84
Urban_rate	城镇化率		52.12	14.55
AvGDP	人均地区生产总值	元/人	19 350	13 046
Lyield	上一年单位面积粮食产量	千克/公顷	5 034	1 004
Labor	农业劳动力数量	万人	888.6	680.4
Edu	农村劳动力受教育年限	年	7.356	0.876
Temperature	年平均气温	摄氏度	13.55	5.659
Rainfall	年降雨量	毫米	934.8	590.9
Sunshine	年日照时数	小时	2 416	1 947
NewCul	地块规模	公顷	727.3	807.0
Spe	横向分工		0.487	0.138
NewMac	纵向分工	公顷	18 673	37 773
Soilec_area	水土流失治理面积	公顷	1.98×10^6	1.54×10^6
Irrigation	有效灌溉面积	公顷	3.40×10^6	2.85×10^6

11.2.3 计量结果与分析

1. 基准回归模型估计结果

表 11-3 报告了基准回归模型（11-1）的估计结果。（1）～（4）列分别为采用普通标准误、稳健标准误、省级层面的聚类稳健标准误和利用 Bootstrap 自助法随机抽样 1000 次估计得到的标准误的估计结果。Hightarea_rate $\times$ I^{post} 对单位面积化肥用量的影响均在 1%的显著性水平上显著，说明模型估计结果具有良好的稳健性（Nunn and Nancy，2011）。同时，Hightarea_rate $\times$ I^{post} 的系数为负，说明高标准农田建设政策能够显著降低单位面积化肥用量。（5）列高维固定效应模型在考虑了地区（东部、中部和西部地区）、粮食和非粮食主产区、省域三个维度的固定效应后，Hightarea_rate $\times$ I^{post} 仍对单位面积化肥用量具有显著的负向影响。从具体数值来看，高标准农田建设政策实施显著减少了 9%～11.5%的单位面积化肥用量。

表11-3 基准回归模型估计结果

变量	（1）	（2）	（3）	（4）	（5）
Hightarea_rate $\times$ I^{post}	−0.115***	−0.115***	−0.115***	−0.115***	−0.090***
	（0.035）	（0.034）	（0.035）	（0.037）	（0.025）
Urban_rate	−0.002	−0.002	−0.002	−0.002	−0.003
	（0.002）	（0.003）	（0.003）	（0.003）	（0.002）
lnAvGDP	0.725***	0.725***	0.725***	0.725***	0.788***
	（0.111）	（0.141）	（0.108）	（0.157）	（0.110）
lnAvGDP_squared	−0.000***	−0.000**	−0.000***	−0.000*	−0.000***
	（0.000）	（0.000）	（0.000）	（0.000）	（0.000）
lnLyield	0.082*	0.082	0.082	0.082	0.069
	（0.046）	（0.055）	（0.086）	（0.059）	（0.045）
lnLabor	0.147***	0.147**	0.147**	0.147**	0.135***
	（0.048）	（0.058）	（0.050）	（0.064）	（0.048）
Edu	0.004	0.004	0.004	0.004	0.009
	（0.018）	（0.023）	（0.023）	（0.024）	（0.013）
Temperature	0.001	0.001	0.001	0.001	0.000
	（0.001）	（0.001）	（0.001）	（0.001）	（0.001）
lnRainfall	−0.012	−0.012	−0.012*	−0.012	−0.001
	（0.009）	（0.009）	（0.006）	（0.010）	（0.008）
Sunshine	0.000	0.000	0.000	0.000	−0.000
	（0.000）	（0.000）	（0.000）	（0.000）	（0.000）
省份固定效应	控制	控制	控制	控制	控制

变量	（1）	（2）	（3）	（4）	（5）
年份固定效应	控制	控制	控制	控制	控制
常数项	-2.591^{**} （1.160）	-2.591^{*} （1.455）	-2.591^{*} （1.401）	-2.591 （1.603）	
观测值	403	403	403	403	403
R^2	0.970	0.970	0.970	0.970	0.969

注：（1）～（5）列括号内数字分别为普通标准误、稳健标准误、省级层面的聚类稳健标准误、Bootstrap 自助法随机抽样 1000 次估计得到的标准误和省级层面的聚类稳健标准误

*、**、***分别表示在 10%、5%和 1%的水平上显著

2. DID 平行趋势检验

（1）平行趋势检验。表 11-4 中（1）～（2）列分别为未纳入和纳入基准控制变量的 DID 估计有效性检验结果。可以发现，高标准农田建设政策实施前的估计系数 β_j 的联合分布检验 p 值为 0.359，接受在政策实施前高标准农田面积占比对单位面积化肥用量的影响系数不存在显著差异的原假设。在政策实施后，估计系数 β_j 的联合分布检验的 p 值为 0.000，拒绝高标准农田面积占比对化肥用量的影响系数不存在显著差异的原假设。据此可以认为，利用 DID 模型进行参数估计具备合理性（Nunn and Nancy，2011）。

表11-4　DID模型有效性检验：平行趋势检验与序列相关问题

变量	（1）	（2）	（3）	（4）
Hightarea_rate$\times I^{\text{post}}$			-0.107^{***} （0.018）	-0.090^{***} （0.028）
Hightarea_rate$\times 2005$	0.018 （0.078）	0.019 （0.080）		
Hightarea_rate$\times 2006$	-0.011 （0.069）	-0.012 （0.070）		
Hightarea_rate$\times 2007$	0.064 （0.056）	0.064 （0.056）		
Hightarea_rate$\times 2008$	-0.084 （0.100）	-0.083 （0.099）		
Hightarea_rate$\times 2009$	-0.119 （0.076）	-0.122 （0.077）		
Hightarea_rate$\times 2010$	-0.175^{***} （0.063）	-0.175^{***} （0.063）		
Hightarea_rate$\times 2012$	-0.194^{***} （0.049）	-0.194^{***} （0.048）		

续表

变量	（1）	（2）	（3）	（4）
Hightarea_rate × 2013	−0.180*** （0.059）	−0.180*** （0.059）		
Hightarea_rate × 2014	−0.237*** （0.068）	−0.236*** （0.068）		
Hightarea_rate × 2015	−0.251*** （0.069）	−0.251*** （0.069）		
Hightarea_rate × 2016	−0.265*** （0.082）	−0.264*** （0.080）		
Hightarea_rate × 2017	−0.210*** （0.058）	−0.208*** （0.061）		
基准控制变量	未控制	控制	未控制	控制
省份固定效应	控制	控制	控制	控制
年份固定效应	控制	控制	控制	控制
常数项	6.132*** （0.046）	3.103*** （0.830）	5.789*** （0.016）	−3.110*** （1.202）
政策实施前	H_0: $\beta_{2005} = \cdots = \beta_{2010} = 0$ F=1.080 p=0.370	H_0: $\beta_{2005} = \cdots = \beta_{2010} = 0$ F=1.100 p=0.359		
政策实施后	H_0: $\beta_{2012} = \cdots = \beta_{2017} = 0$ F=4.940 p=0.000	H_0: $\beta_{2012} = \cdots = \beta_{2017} = 0$ F=4.980 p=0.000		
观测值	403	403	403	403
R^2	0.968	0.968	0.101	0.472

注：本表中的控制变量为基准控制变量；括号内数字为省级层面的聚类稳健标准误

***表示在 1%的水平上显著

　　高标准农田建设政策对单位面积化肥用量的动态影响如图 11-2 所示。图 11-2（a）和图 11-2（b）分别为表 11-3（1）和（2）列的估计结果。在高标准农田建设政策实施前，估计系数 β_j 总体呈下降趋势，但影响系数的置信区间基本上包含了 0 值，说明影响系数在各年份之间并不存在显著差异。在政策实施 2 年后（2012 年），估计系数 β_j 迅速下降，且在政策实施的第 5 年（2016 年）达到最低值。

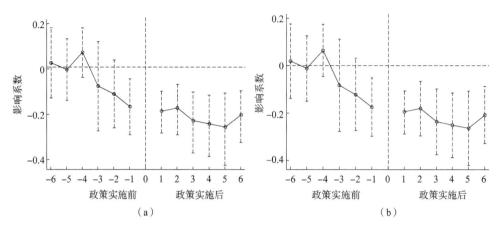

图 11-2　高标准农田建设对单位面积化肥施用量的动态影响

（2）序列自相关问题。若模型存在序列自相关问题，DID 模型估计的标准误可能偏低，导致对原假设的过度拒绝（Bertrand et al.，2004）。本章利用 Block bootstrap 重复随机抽样 1000 次，缓解序列相关导致估计系数标准误不一致的问题（Bertrand et al.，2004）。表 11-4 中的（3）和（4）列为 Block bootstrap 方法的估计结果，在控制基准控制变量前后，Hightarea_rate $\times I^{\text{post}}$ 对单位面积化肥用量具有显著影响，且系数为负。综上，可以认为前文的 DID 估计结果具备良好的信度。

3. 稳健性检验

为保证实证结果的稳健性，本章进行如下检验。

（1）改变政策干预时点。若高标准农田建设政策对单位面积化肥用量具有显著的负向影响，那么在政策实施前，其政策效应不可能存在。据此，本章选择政策实施前（即 2005～2010 年）的样本数据，并分别将 2008 年和 2009 年作为政策干预时点进行安慰剂检验。表 11-5 的回归结果显示，Hightarea_rate $\times I^{\text{post2008}}$ 和 Hightarea_rate $\times I^{\text{post2009}}$ 对单位面积化肥用量的影响为负，但均不显著。实证检验结果与理论预期一致，表明前文估计结果具备稳健性。

表11-5　稳健性检验：改变政策干预时点

变量	以 2008 年为政策干预时点		以 2009 年为政策干预时点	
	（1）	（2）	（3）	（4）
Hightarea_rate $\times I^{\text{post2008}}$	−0.115 （0.074）	−0.032 （0.054）		
Hightarea_rate $\times I^{\text{post2009}}$			−0.029 （0.032）	−0.037 （0.039）

续表

变量	以 2008 年为政策干预时点		以 2009 年为政策干预时点	
	（1）	（2）	（3）	（4）
基准控制变量	未控制	控制	未控制	控制
省份固定效应	控制	控制	控制	控制
年份固定效应	控制	控制	控制	控制
常数项	6.071***	0.761	12.621	34.171
	（0.025）	（2.421）	（11.386）	（29.108）
观测值	186	186	217	217
R^2	0.983	0.987	0.993	0.995

注：括号内数字为省级层面的聚类稳健标准误

***表示在 1%的水平上显著

　　（2）排除其他相关政策的干扰。①土地确权政策。明晰土地产权能够提高农户对土地经营的稳定性预期，有助于减少其短期生产行为（郜亮亮等，2013）。②土地流转政策。推动土地经营权流转与集中，实现适度规模经营是样本期内中国农村土地制度变革的主线。土地经营权流转可能会通过交易效应、资源配置效应促进农户长期投资（姚洋，1998）。③化肥零增长政策。农业部 2015 年出台了《到 2020 年化肥零增长行动方案》（后文简称化肥零增长政策），引导各地区农业生产化肥减量施用，这无疑对农业化肥用量产生了直接的影响。基于上述考虑，本章在模型（11-1）的基础上纳入了土地确权变量（Landright），用颁发的土地承包经营权证份数占家庭承包经营的户数的比重表征；纳入土地流转率（Landtrans_rate），用家庭承包流转耕地面积占家庭承包的耕地面积的比重表征；土地流转合同份数（Trans_contract），以此控制土地确权、土地流转及经营权稳定性对农户化肥用量的影响[①]。此外，本章通过剔除 2015 年及之后的样本以消除化肥零增长政策的混淆影响。

　　表 11-6 中（1）～（3）列为纳入 Landright、Landtrans_rate 和 Trans_contract 变量的估计结果。（2）～（3）列为剔除了 2015 年及之后的样本的估计结果。可以发现，考虑土地确权、土地流转和化肥零增长政策的干扰后，高标准农田建设政策对单位面积化肥用量具有显著的负向影响依然存在。

---

　　① 土地承包经营权证份数、家庭承包经营农户数、家庭承包流转耕地面积、家庭承包的耕地面积和土地流转合同份数数据均来自《中国农村经营管理统计年报》（2006～2017 年）。由于西藏的数据未统计在内，因此包含上述变量后，样本量为 30（个省区市）×12（年）=360。

表11-6　稳健性检验：考虑其他相关联政策的干扰

变量	（1）	（2）	（3）	（4）	（5）
Hightarea_rate × I^{post}	−0.109*** （0.035）	−0.081** （0.035）	−0.079** （0.035）	−0.173*** （0.040）	−0.090** （0.037）
基准控制变量	控制	控制	控制	控制	控制
Landright	0.005 （0.042）		0.037 （0.030）		0.013 （0.051）
Landtrans_rate		−0.276*** （0.083）	−0.274*** （0.082）		−0.301*** （0.090）
lnTrans_contract		0.036*** （0.009）	0.038*** （0.009）		0.038*** （0.012）
省份固定效应	控制	控制	控制	控制	控制
年份固定效应	控制	控制	控制	控制	控制
常数项	−3.255** （1.616）	−2.844* （1.630）	−2.872* （1.627）	6.087*** （0.033）	1.834 （1.173）
观测值	360	360	360	310	270
R^2	0.972	0.975	0.975	0.972	0.977

注：括号内数字为省级层面的聚类稳健标准误

*、**、***分别表示在10%、5%和1%的水平上显著

4. 异质性分析

（1）分布效应。表 11-7 报告了单位面积化肥用量在主要分位数下的高标准农田建设政策的影响效应。总体上，高标准农田建设政策对单位面积化肥用量的负向影响随着分位数的增加而减弱。这表明，在化肥施用相对"高量"的省区市，高标准农田建设政策发挥的化肥减施效应呈趋弱态势。可能的解释是，对于化肥施用相对"高量"的省区市而言，农户高量施肥的行为惯性更强，农业生产模式存在严重的路径依赖问题。因而，高标准农田建设政策带来的化肥减量效应相对有限。这意味着，在化肥施用相对"高量"的省区市，化肥减量施用还将依赖高标准农田建设以外的协同政策。

表 11-7　异质性分析：分布效应

变量	（1） 1%分位数	（2） 25%分位数	（3） 50%分位数	（4） 75%分位数	（5） 90%分位数
Hightarea_rate × I^{post}	−0.114*** （0.023）	−0.141*** （0.039）	−0.088** （0.041）	−0.073* （0.042）	−0.065** （0.027）
基准控制变量	控制	控制	控制	控制	控制
Landright	控制	控制	控制	控制	控制
Landtrans_rate	控制	控制	控制	控制	控制

续表

变量	（1） 1%分位数	（2） 25%分位数	（3） 50%分位数	（4） 75%分位数	（5） 90%分位数
lnTrans_contract	控制	控制	控制	控制	控制
省份固定效应	控制	控制	控制	控制	控制
年份固定效应	控制	控制	控制	控制	控制
常数项	−5.261*** （0.908）	−3.748** （1.525）	−2.731* （1.594）	−1.250 （1.654）	−3.177*** （1.032）
观测值	360	360	360	360	360
伪 R^2	0.895	0.883	0.876	0.868	0.863

注：括号内数字为省级层面的聚类稳健标准误

*、**、***分别表示在10%、5%和1%的水平上显著

（2）粮食与非粮食主产区差异。表11-8（1）～（2）列的结果显示，在非粮食主产区，高标准农田建设政策对单位面积化肥用量的影响系数为负，但不显著；在粮食主产区，高标准农田建设政策对单位面积化肥用量具有显著的负向影响。这表明，与非粮食主产区相比，粮食主产区高标准农田建设政策的化肥减量效应显著增强。这是因为，粮食主产区承载着保障中国粮食供给的压力，高标准农田建设政策与粮食主产区政策的叠加，形成了化肥减施的协同效应。

表11-8 异质性分析：粮食与非粮食主产区和区域差异

变量	（1） 非粮食主产区	（2） 粮食主产区	（3） 东部地区	（4） 中部地区	（5） 西部地区
Hightarea_rate × I^{post}	−0.026 （0.034）	−0.106** （0.042）	0.073 （0.052）	−0.225** （0.105）	−0.176** （0.082）
基准控制变量	控制	控制	控制	控制	控制
Landright	控制	控制	控制	控制	控制
Landtrans_rate	控制	控制	控制	控制	控制
lnTrans_contract	控制	控制	控制	控制	控制
省份固定效应	控制	控制	控制	控制	控制
年份固定效应	控制	控制	控制	控制	控制
常数项	−51.700 （67.777）	−10.135*** （2.198）	5.562*** （0.177）	5.326*** （0.291）	6.080*** （0.270）
观测值	234	169	132	108	120
R^2	0.989	0.968	0.939	0.975	0.975

注：括号内数字为省级层面的聚类稳健标准误

、*分别表示在5%和1%的水平上显著

（3）区域差异。表11-8（3）～（5）列分别报告了东部、中部和西部地区高

标准农田建设政策对单位面积化肥用量的影响。结果显示，在东部地区，高标准农田建设政策对单位面积化肥用量的影响为正，但不显著；在中部和西部地区，高标准农田建设政策对单位面积化肥用量均具有显著的负向影响。可能的原因在于，相较于东部地区，中部和西部地区农业技术装备水平较低，耕地质量总体偏低，因而通过高标准农田建设政策改善农业生产条件带来的化肥减施的边际效应更高。

11.3　结果与讨论

本章基于 2005～2017 年中国省级面板数据和准自然实验思路，利用 DID 模型估计高标准农田建设政策对单位面积化肥用量的影响效应。本章的主要研究结论包括以下几个方面。

第一，基准回归结果表明，高标准农田建设政策具有显著的化肥减量效应，平均而言可以降低 11.5%的单位面积化肥用量。在考虑农地确权、土地流转和化肥零增长等相关联政策的干扰后，高标准农田建设政策具有化肥减量效应的基本结论仍然成立。

第二，异质性分析表明，在化肥用量分布维度，对于化肥用量处于低分位点的省区市，高标准农田建设政策实施带来的化肥减量效应更为明显；在农业功能区定位维度，高标准农田建设政策在粮食主产区实施具有显著的化肥减量效应，而在非粮食主产区不显著；在自然地理区位维度，高标准农田建设政策在中部和西部地区实施具有显著的化肥减量效应，但在东部地区不显著。

上述研究结论揭示了实施高标准农田建设政策有助于实现农业化肥减量。因此，建议政府部门加快推进高标准农田建设，改善耕地基础条件，降低农业生产对化肥要素的依赖性。具体来说，第一，应加大非粮食主产区的高标准农田建设力度。高标准农田建设政策在粮食主产区已取得积极成效，能够显著降低粮食主产区的化肥用量。未来应当在非粮食主产区加大高标准农田建设政策的实施力度，扩大政策对农业减量化、高质量发展的积极影响。第二，各区域应结合各自的经济和地理区位特征，因地制宜探索高标准农田建设模式。例如，在农业机械化、集约化和专业化生产水平较高的东部地区，高标准农田建设应重视农业科技的推广与应用，进而拓宽高标准农田建设促进化肥减量的效用空间。

第12章 中观政策：粮食主产区政策与化肥减量

12.1 理论逻辑与研究假设

1998～2003 年，全国粮食产量从 1998 年的 5.12 亿吨降至 2003 年的 4.31 亿吨[①]，粮食供给形势严峻。值此背景，国家出台粮食主产区政策，着手设立并培育粮食主产区[②]。粮食主产区政策是指扶植粮食主产区省份的一揽子政策，包括产粮大县奖励和生产者补贴政策，以及大型商品粮基地、粮食生产核心区和优质粮食产业政策，旨在依托种粮大县与国有农场，通过规模化经营来推动优质粮食产业发展，稳步提升粮食综合生产能力，以确保国家粮食安全与农业高质量发展（杜锐和毛学峰，2017）。在增产方面，粮食主产区政策取得积极成效。从 2004 年起，中国粮食产量实现"十二连增"。其中，2004 年粮食增产总量的 91%来自粮食主产区，到 2015 年该比例提高至 97%[③]。

既要"金山银山"，又要"绿水青山"。维护粮食安全的同时，以习近平同志为核心的党中央高度重视发展的可持续性，"绿水青山就是金山银山"被写入《中共中央 国务院关于加快推进生态文明建设的意见》和修订后的《中国共产党章程》，成为党的重要执政理念与行动纲领[④]。那么，粮食主产区政策在促进粮食产量稳步增长、增进种粮主体经济收益的同时，能否同步促进农业生态环境的持续改进，兼收绿水青山？

[①] 资料来源：根据国家统计局数据整理而得。

[②] 2003 年 12 月，中华人民共和国财政部印发了《关于改革和完善农业综合开发若干政策措施的意见》，其中将包括河北、内蒙古、辽宁、吉林、黑龙江、山东、河南、江苏、安徽、江西、湖北、湖南、四川在内的 13 个省区确定为中国粮食主产区。

[③] 资料来源：根据国家统计局数据整理而得。

[④] 资料来源：《中共中央 国务院关于加快推进生态文明建设的意见》，http://www.gov.cn/xinwen/2015-05/05/content_2857363.htm，2015 年 5 月 5 日。

粮食主产区政策的本质是鼓励粮食生产的集聚，而产业经济学视角的分析普遍认为，以生产集聚为代表的产业集聚，其环境影响具有双面性。一方面，产业集聚对环境具有负外部性影响，因为产业生产集中带来的产出规模扩张将引起单位空间内污染排放总量的增加，造成污染在空间上的"集中排放"，从而形成高污染排放俱乐部（Verhoef and Nijkamp, 2002；张可和豆建民，2015；邵帅等，2016）。另一方面，产业集聚对环境治理可能具有积极的促进作用，因为产业集聚具有溢出效应和规模经济效应。①溢出效应角度，产业集聚可为技术进步提供所需的资源，分摊技术进步的成本和风险，加快技术进步扩散的速度，由此促进包括环境友好型技术在内的技术创新及溢出，从而有效降低污染排放（师博和沈坤荣，2013）。②规模效应角度，生产要素的空间集中有利于节约生产成本并提升各要素使用效率与配置效率，获得要素的边际报酬递增收益，使得单位产出的要素投入下降，进而实现环境保护目标（陆铭和冯皓，2014；邵帅等，2019）。

既有研究隐含的问题包括两方面：其一，聚焦于工业领域的生产集聚及其环境影响研究，农业生产集聚及其影响的特殊性尚未得到充分重视。同工业的流程化作业与标准化产出相异，农业的强自然依赖性造成其生产活动需要根据区域变动的自然状况适时调整，农业生产作业和产出质量的异质性强且监督困难。所以农业集聚究竟能否实现规模经济性，并改进生产效率尚未形成一致判断（许庆等，2011；赵丹丹和周宏，2020）。其二，主要基于空间溢出效应解释生产集聚的经济和环境作用，而追求家庭劳动收入最大化或者说家庭需求满足的小农家庭经营（恰亚诺夫，1996）并不具备采纳新技术的内在驱动力，造成空间溢出效应对农业生产集聚影响的解释力相对有限（骆永民和樊丽明，2014）。同时需要指出的是，已有文献讨论的生产集聚往往是通过农地流转与集中所实现的农地规模经营达成。然而，伴随农业生产环境的可分性增强，基于农户连片种植发展服务规模经营也被认为是生产集聚及其规模效应发挥的重要路径（张露和罗必良，2018）。

12.1.1　典型性事实：粮食主产区政策的增产效应与减量效应

在实证检验之前，本章首先通过对特征性事实的描述以获得初步证据。图 12-1 和图 12-2 分别对比了 1997～2018 年粮食主产区和非粮食主产区的粮食总产量和单位面积粮食产量的变化，并以 2004 年粮食主产区政策正式颁布作为时间节点进行分段考察。由图 12-1 可知，1997～2004 年，粮食主产区与非粮食主产区在粮食总产量方面均呈现出波动下降趋势；但在 2004 年后，粮食主产区的粮食总产量呈现突变式增长，从

2004 年的 34 114.91 万吨增长至 2018 年的 51 768.85 万吨，年均增长率高达 3.02%，而非粮食主产区的粮食总产量则基本稳定不变，这表明粮食主产区政策的实施使得主产区范围内粮食生产水平明显提升。从图 12-2 来看，在 2004 年前后，粮食主产区同非主产区的单位面积产量差呈扩大趋势；同时 2004 年后，粮食主产区内单位面积产量的年均增长率（1.68%）高于非粮食主产区（1.38%），这进一步表明粮食主产区政策具有增产效应（姜长云和王一杰，2019）。粮食主产区政策有助于粮食生产率的提升，通过粮食主产区政策所产生的生产集聚可以帮助种粮户收获"金山银山"。

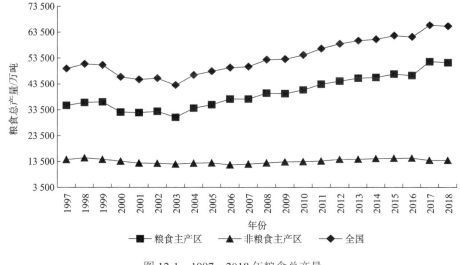

图 12-1　1997～2018 年粮食总产量

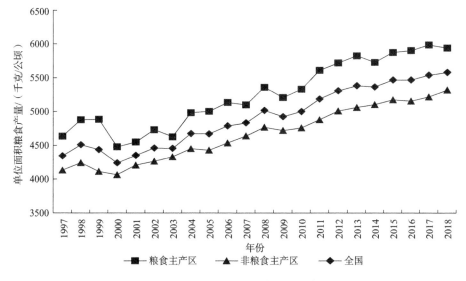

图 12-2　1997～2018 年单位面积粮食产量

　　图12-3和图12-4分别展示了1997～2018年粮食主产区和非粮食主产区的化肥施用总量以及单位面积化肥施用量的变化情况。由图12-3可知，1997～2004年，粮食主产区的化肥施用总量远高于非粮食主产区。2004～2018年，粮食主产区的化肥施用总量增幅为43.96万吨，而非粮食主产区的总量增幅为24.74万吨。考虑到主产区粮食种植面积和产量的扩张会带来更高的化肥用量增幅，本章进一步将化肥施用总量转化为单位面积化肥施用量进行考察，见图12-4。由此发现，1997～2004年，粮食主产区的单位面积化肥施用量高于非粮食主产区，但是在2004～2018年，非粮食主产区单位面积化肥施用量急剧增长（年均增长率达1.73%），远高于粮食主产区（年均增长率为0.55%）。特别地，在2003年，非粮食主产区单位面积化肥施用量反超粮食主产区，在2005年之后，二者间的差距呈持续扩张趋势。

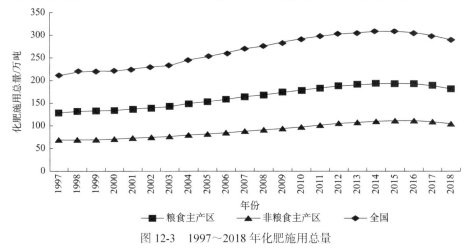

图12-3　1997～2018年化肥施用总量

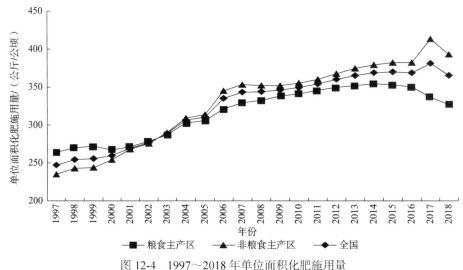

图12-4　1997～2018年单位面积化肥施用量

可见，粮食主产区政策实施后，粮食主产区单位面积耕地增加 0.55% 的化肥投入便使得粮食产量提高了 1.68%，而非粮食主产区增加 1.73% 的化肥投入所带来的产量增加比例仅有 1.38%，这表明粮食主产区的化肥使用效率可能更具有规模报酬递增的效应。上述结果初步表明，粮食主产区政策具有产量增加效应和化肥减施效应，即在粮食安全高压之下，粮食主产区可能兼收 "绿水青山" 与 "金山银山"。本章将进一步就此判断展开细致的实证检验。

12.1.2　理论逻辑：基于 "种植品种规模–农地经营规模–农机服务规模" 三维框架的解释

为什么粮食主产区政策实施后，非主产区的单位面积化肥施用量反超主产区且随后差距呈扩大趋势（图 12-4）？如前所述，粮食主产区政策的基本逻辑是通过生产集聚获得规模经济性，继而提升包括要素使用效率在内的农业经营效率（郑风田和程郁，2005；赵丹丹和周宏，2020）。农业种植情境中的生产决策，基本可以概括为三方面，即种植品种决策（种什么）、种植规模决策（种多大）及种植方式决策（如何种）。相对应地，每一决策过程都蕴含着一类规模经济性的获取路径，也即通过不同农户的同种作物连片种植获得的规模经济性、通过农地流转与集中获得的规模经济性以及通过生产环节的专业服务外包获得的规模经济性。粮食主产区政策引致的三类规模经济性变动均可能作用于农业效率改进。有鉴于此，本章进一步将经营规模划分为种植品种规模、农地经营规模、农机服务规模，在规模化经营视角下探究粮食主产区政策对化肥利用效率的影响及作用机制。

1. 种什么——种植品种规模的影响机制

1998～2003 年，粮食种植面积由 11 378.8 万公顷下降至 9941.0 万公顷，造成粮食连年减产。而粮食种植面积减少的原因在于：2001 年中央政府陆续放开了沿海多个省份的粮食流通市场，并不再下达粮食产量的指标要求，导致各地种植结构中粮食种植规模急剧下降（朱希刚，2004）。同时，相较于经济作物，种植粮食作物的收益更低，导致农民的种粮积极性低迷，甚至转为种植经济作物，种植结构中的 "非粮化" 趋势明显（徐志刚等，2017）。为了提升粮食产量、保障国家粮食安全，中央政府出台了粮食主产区政策，强调 "要继续发挥区域比较优势，保护好耕地，增加粮食生产投入，稳定粮食生产能力"[①]。因此，相比于非粮食主产区，13 个粮食主产

---

① 资料来源：《国务院关于进一步深化粮食流通体制改革的意见》，http://www.gov.cn/zhengce/content/2016-10/24/content_5123595.htm，2016 年 10 月 24 日。

区作物种植的品种约束更强。进一步地，种植品种决策，特别是种植品种的同向化变动，与化肥利用效率密切相关。一方面，相较于经济作物，单位面积粮食作物种植的化肥用量更低，且化肥利用效率更高（高晶晶等，2019）。研究表明，蔬菜、水果及花卉等农田上单季作物氮肥用量平均为 569~2000 千克/公顷，而氮素吸收总量一般不超过 400 千克/公顷，氮肥利用率仅为 10%左右，远低于粮食作物的平均氮肥利用率（35%）（张维理等，2004）。另一方面，相较于非粮食主产区，粮食主产区内的"趋粮化"意味着其作物种植品种呈同向化变动，继而可能通过产业集聚使其生产专业化程度更强、要素资源的利用效率更高（许庆等，2011）。基于此，本章认为，粮食主产区政策可能通过扩大品种种植规模来提升粮食主产区的化肥利用效率。

2. 种多大——关于农地经营规模的影响机制

粮食主产区政策对新型农业经营主体（包括种粮大户、粮食龙头企业等）的大力扶植[①]，势必激励后者通过土地的流转与集中开展农地规模经营。而农地经营规模的扩张亦被认为同化肥利用效率密切相关。其基本的关联逻辑在于：其一，农地经营规模的扩张能够达成化肥减量相关新要素或者新技术采纳的规模门槛，从而增进农业经营主体的采纳意愿，由此实现技术改进层面的减量增效（张露和罗必良，2020a）；其二，农地经营规模的增加能够促使农业经营主体规范化农业生产流程，特别是严格化要素投入用量管控以降低生产成本，由此实现成本控制层面的减量增效（杨子等，2019）；其三，农地经营规模的增加带来的产能增加，能够促使新型农业经营主体构建粮食产品品牌，而减少化肥用量的品牌宣称有助于品牌资产的提升，由此实现品牌价值层面的减量增效（Goetzke et al.，2014）。综上，本章认为，粮食主产区政策可能促进农地经营规模的扩张，以此实现粮食增产的同时有效提升化肥利用效率。

3. 如何种——关于农机服务规模的影响机制

粮食主产区政策同时着力培育农业社会化服务主体，其政策逻辑在于：伴随技术进步，农业生产环节的可分性增强，整地、插秧、施肥、统防统治、收割和秸秆还田等均可交由专业化的服务供应商完成，由此能够通过分工和专业化实现经营效率的改进。而粮食主产区政策倡导的生产集聚有助于充分的服务市场容量生成，继而吸引服务资本注入农业。服务规模经营同化肥利用效率的关联在于以下几个方面。第一，服务供应商能够通过分工和专业化提升熟练程度，并改进作业流程，以提升施肥作业效率（方师乐和黄祖辉，2019）；第二，服务供应商面向广泛的开展连片种植的小农户提供服务，用其科学的土壤检测结果和专业的营养

---

① 《关于印发〈关于贯彻《中共中央 国务院关于进一步加强农村工作提高农业综合生产能力若干政策的意见》的意见〉的通知》，http://www.moa.gov.cn/nybgb/2005/derq/201806/t20180617_6152395.htm，2005 年 2 月 20 日。

元素配比避免小农户施肥的主观经验型偏差，从而降低化肥的无效施用率（罗必良，2017b）；第三，服务供应商为降低生产成本，也具有天然的降低化学品要素投入的倾向（张露和罗必良，2020b）；第四，相较于规模化和专业化的种植户，服务供应商的作业范围更大，因而更可能采纳减量相关的新要素和新技术，甚至主导减量技术研发，以此在日趋激烈的农业服务市场获得竞争优势（顾乃华等，2006；梁志会等，2020a）。考虑到农业机械服务是诸多生产环节中农户采纳范围最广的社会化服务类型，本章以农机服务规模表征农业社会化服务规模（张露和罗必良，2018）。由此，本章认为，粮食主产区政策可能通过培育农业服务主体，促进农机服务规模的扩张，以提升化肥利用效率，实现化肥减量化。

12.1.3 策略识别：粮食主产区政策与化肥利用效率的因果讨论

要准确识别粮食主产区政策与化肥使用效率的因果效应存在两方面问题：其一，粮食主产区政策是指仅面向粮食主产区的一揽子政策，识别某一具体政策对化肥使用效率的影响是一项复杂的工作；其二，粮食主产区政策与社会经济特征高度相关，可能引致遗漏变量、反向因果等内生性问题。

有鉴于此，本章选取 2004 年全国设立的 13 个粮食主产区作为研究对象，采用DID 模型解决上述问题。具体原因如下：一方面，从粮食主产区政策实施初衷与设计构想出发，这一揽子政策的最终目标在于提高粮食生产能力、保障粮食安全，其政策方向是一致的，故避免了具体考察每项政策效应的识别难点（罗斯炫等，2020）。本章将粮食主产区的设立作为一次部分省份农民增产压力剧增的准自然实验，采用反事实的分析思路以考察粮食主产区政策实施前后的化肥利用效率变动。另一方面，DID 模型通过将时间维度（政策实施前后）的差异与组间维度（粮食主产区与非粮食主产区）的差异相减，可以消除组间在地理、环境、经济等方面不随时间变化的差异，从而在一定程度上缓解了遗漏变量等内生性偏误问题。

综上，本章将 2004 年粮食主产区政策的实施作为一次准自然实验以评估粮食主产区政策对化肥利用效率的因果效应。具体而言，本章将 13 个粮食主产区作为处理组，同时，在样本点中引入 18 个非粮食主产区作为控制组，采用 DID 方法，并结合 1997～2018 年全国 31 个省区市的面板数据对上述政策效应展开实证分析。本章的政策识别的思路为：利用处理组在政策实施前（1997～2003 年）及控制组政策实施前后（1997～2003 年、2004～2018 年）三类主体的信息构造粮食主产区设立后处理组的不受政策影响的"反事实"结果，进而估计出粮食主产区政策对处理组化肥利用效率的因果效应。

12.2　模型、变量与计量结果分析

12.2.1　模型设定

1. 化肥效率测算模型设定

已有对于生产技术效率的研究，多集中于对所有投入要素技术效率的测量，而对单一投入要素技术效率测算的研究相对较少（史常亮等，2015）。与之不同，Zhang 和 Xue（2005）、邹伟和张晓媛（2019）利用随机前沿生产函数的估计参数和随机误差项分别估算了农药利用效率与化肥利用效率。参考邹伟和张晓媛（2019）的做法，本章首先采用超越对数形式（translog）的随机前沿生产函数估算各投入要素的产出弹性及化肥最小施用量；然后对各省区市农业化肥利用效率进行测算。其中，translog 形式的随机前沿生产函数的设置如下：

$$\ln Y_{it} = \beta_0 + \sum_{j=1}^{m} \beta_j \ln X_{jit} + \beta_n \ln F_{it} + \beta_t T + \frac{1}{2}\sum_{j=1}^{m}\sum_{k=1}^{m} \beta_{jk} \ln X_{jit} \ln X_{kit}$$

$$+ \sum_{j=1}^{m} \beta_{jn} \ln X_{jit} \ln F_{it} + \sum_{j=1}^{m} \beta_{jt} \ln X_{jit} T + \beta_{nt} \ln F_{it} T \qquad （12\text{-}1）$$

$$+ \frac{1}{2}\beta_{nn}\left(\ln F_{it}\right)^2 + \frac{1}{2}\beta_{tt}T^2 + V_{it} - U_{it}$$

其中，i 表示省区市（$i=1, 2, \cdots, 31$）；t 表示年份（$t=1997, 1998, \cdots, 2018$）；$Y_{it}$ 表示省区市 i 第 t 年的农业总产出，用各省区市对应年份的农业总产值表示；F_{it} 表示各省区市农业生产化肥折纯用量；X_{jit} 表示各省区市农业生产中其他投入要素，包括劳动力、土地、农药等生产要素；j 和 k 表示除化肥外的其他投入要素 X 的序号数；n 表示化肥投入变量 F 的序号数；T 表示时间趋势项，β 表示待估参数；$V_{it} - U_{it}$ 表示复合误差项，其中 V_{it} 表示随机误差项，表征农业生产过程中由自然灾害等不可控因素及测量误差对前沿产量的影响，服从独立于 U_{it} 的正态分布 $N(0, \sigma_v^2)$；U_{it} 为非负数，表示非效率项，服从半正态分布 $N^+(0, \sigma_u^2)$。

在计算化肥利用效率时，假设非效率项 U_{it} 为 0，即不存在生产技术效率损失，同时，在保持农业产出与其他投入要素不变的情形下，利用可能最少的化肥施用量 F_{it}^F 替代对应年份化肥实际施用量 F_{it}，可得出

$$\ln Y_{it} = \beta_0 + \sum_{j=1}^{m} \beta_j \ln X_{jit} + \beta_n{}' \ln F^F_{it} + \beta_t T + \frac{1}{2} \sum_{j=1}^{m} \sum_{k=1}^{m} \beta_{jk} \ln X_{jit} \ln X_{kit}$$

$$+ \sum_{j=1}^{m} \beta_{jn}{}' \ln X_{jit} \ln F^F_{it} + \sum_{j=1}^{m} \beta_{jt} \ln X_{jit} T + \beta_{nt} \ln F^F_{it} T \qquad (12\text{-}2)$$

$$+ \frac{1}{2} \beta_{nn}{}' \left(\ln F^F_{it} \right)^2 + \frac{1}{2} \beta_{tt} T^2 + V_{it}$$

根据前文分析，本章借鉴邹伟和张晓媛（2019）的做法，将化肥利用效率定义为在农业产出与其他投入要素确定的条件下，最少化施用量与施用量的比值，即各省区市化肥利用效率 $\mathrm{FE}_{it} = F^F_{it} / F_{it}$，其对数形式为 $\ln \mathrm{FE}_{it} = \ln F^F_{it} - \ln F_{it}$。联立式（12-1）和式（12-2），并整理成关于 $F^F_{it} - F_{it}$ 的形式，具体见式（12-3）：

$$\frac{1}{2} \beta_{nn} \left(\ln F^F_{it} - \ln F_{it} \right)^2 + \left(\beta_n + \sum_{j=1}^{m} \beta_{jn} \ln X_{jit} + \beta_{nt} T + \beta_{nn} \ln F_{it} \right) \times \left(\ln F^F_{it} - \ln F_{it} \right) + U_{it} = 0$$

$$(12\text{-}3)$$

将式（12-3）视为一元二次方程，通过数学公式求解化肥利用效率，可得

$$\ln FE_{it} = \cfrac{-\left(\beta_n + \sum_{j=1}^{m} \beta_{jn} \ln X_{jit} + \beta_{nt} T + \beta_{nn} \ln F_{it} \right) \pm \left[\left(\beta_n + \sum_{j=1}^{m} \beta_{jn} \ln X_{jit} + \beta_{nt} T + \beta_{nn} \ln F_{ut} \right)^2 - 2\beta_{nn} U_{it} \right]^{0.5}}{\beta_{nn}} \qquad (12\text{-}4)$$

2. 粮食主产区政策对化肥利用效率影响的模型设定

本章研究的核心问题是，粮食主产区政策是否有效地提高了化肥利用效率。为了解决文献中普遍面临的内生性问题，本章选取 DID 模型，将研究样本划分为处理组（粮食主产区）和控制组（非粮食主产区），从组间维度（粮食主产区与非粮食主产区）和时间维度（2004 年粮食主产区设立前后）两个维度出发，系统考察粮食主产区与非粮食主产区的化肥利用效率在政策实施前后的差异。具体模型如下：

$$\mathrm{FE}_{it} = \alpha + \varphi (\mathrm{Treat}_i \times \mathrm{Period}_t) + \gamma X_{it} + \mu_i + \lambda_t + \varepsilon_{it} \qquad (12\text{-}5)$$

其中，Treat_i 是表征 i 地区是否为粮食主产区的虚拟变量，非粮食主产区取 0，粮食主产区取 1；Period_t 是表征粮食主产区设立时点的虚拟变量，当 $t < 2004$ 时取 0，反之取 1；X_{it} 表示一系列与农民收入直接相关且影响被解释变量的省级层面特征变量，旨在在尽可能减少变量遗漏的同时缓解处理组与控制组之间趋势不平行所引致的内生性偏误；μ_i 表示关于省区市的固定效应；λ_t 表示关于年份的固定效应；ε_{it} 表示随机误差项。在回归方程中，交互项 $\mathrm{Treat}_i \times \mathrm{Period}_t$ 是本章重点考察的对象，该交互项

的估计系数 φ 为粮食主产区的设立对化肥利用效率变动双重差分后的因果效应。

进一步地，为了检验平行趋势假定及上述因果效应在时间维度上的动态变化，本章采用 Jacobson 和 Sullivan（1993）的事件分析法在式（12-5）的基础上将其扩展，具体模型如下：

$$\text{FE}_{it} = \alpha + \sum_{t=1997}^{2018} \varphi_t (\text{Treat}_i \times D_t) + \gamma X_{it} + \mu_i + \lambda_t + \varepsilon_{it} \qquad （12\text{-}6）$$

与式（12-5）对比，式（12-6）中各年份的虚拟变量 D_t 替代 Period_t 时间变量，交互项 $\text{Treat}_i \times D_t$ 表示粮食主产区设立省区内该政策实施的第 t 年。本章数据样本为 1997~2018 年，因此时间范围包含了政策实施前 7 年与实施后 15 年。本章重点关注的估计系数为 φ_t，表示粮食主产区在政策实施第 t 年，处理组与控制组之间化肥利用效率的差异。事件分析法的思路如下：首先，将粮食主产区政策干预时点提前，若处理组与控制组在政策干预前的变化趋势无明显差异，则说明该模型满足平行趋势假定；其次，将政策干预时点滞后，交互项估计系数 φ_t 则反映粮食主产区设立后各时点因果效应的动态变化。

3. 粮食主产区政策影响机制的模型设定

为了进一步探究粮食主产区政策对农业化肥利用效率的具体影响机制，本章结合式（12-1）的 DID 模型，借鉴 Heckman 等（2013）的做法，首先构建机制变量 M_{it} 与粮食主产区政策干预变量 $\text{Treat}_i \times \text{Period}$ 的回归模型，以检验粮食主产区政策对农地经营规模、农机服务规模和种植品种规模的影响；其次，构建农业化肥利用效率 FE_{it} 与所有机制变量 M_{it} 的回归模型，来考察农地经营规模、农机服务规模和种植品种规模的影响。具体模型如下：

$$M_{it} = \alpha + \delta(\text{Treat}_i \times \text{Period}_t) + \gamma X_{it} + \mu_i + \lambda_t + \varepsilon_{it} \qquad （12\text{-}7）$$

$$\text{FE}_{it} = \alpha + \eta(\text{Treat}_i \times \text{Period}_t) + \kappa M_{it} + \theta X_{it} + \mu_i + \lambda_t + \varepsilon_{it} \qquad （12\text{-}8）$$

式（12-7）和式（12-8）中，M_{it} 表示本章关注的机制变量，其中选取农地经营规模（Scale，亩/人）、农机服务规模（Machine）、种植业品种规模（Structure），从三个方面来考察粮食主产区政策对农业化肥利用效率的作用机制。κ、θ 为代估参数系数。其他变量与系数设定与式（12-5）保持一致。

12.2.2　变量选取与数据来源

1. 被解释变量：化肥利用效率

为获得各省区市的化肥利用效率，需要用到农业投入与产出相关数据，本章采用农业总产值（ Y ，亿元）表征农业产出，并以 1997 年为基期进行消胀处理；选取第一产业就业人数（ X_1 ，万人）、农作物总播种面积（ X_2 ，千公顷）、有效灌溉面积（ X_3 ，千公顷）、农业机械总动力（ X_4 ，万千瓦）、农药使用量（ X_5 ，万吨）和化肥施用折纯量（ F ，万吨）等六项指标作为农业投入变量。在此基础上，本章利用 translog 形式的随机前沿生产函数测算各省区市的农业化肥利用效率。

2. 核心解释变量：粮食主产区政策交互项

粮食主产区政策从 2004 年开始实施，$Treat_i$ 和 $Period_t$ 分别表示粮食主产区的虚拟变量和时间虚拟变量，当样本点为 2004 年后的粮食主产区时，则交互项取值为 1，反之为 0。

3. 其他控制变量

除了粮食主产区的设立会影响化肥利用效率外，还有很多其他因素会对其产生影响，对此，本章引入一系列控制变量以尽可能规避遗漏变量所致的内生性偏误，具体包括：①受灾率（Disater），采用农作物受灾面积与作物播种面积的比值表示；②化肥价格（Price），参考孙圣民和陈强（2017）的做法，选取各省区市的化学肥料价格指数来表征化肥价格，并将其折算成 1997 年不变价格；③农村人力资本（Capital，千元），采用中央财经大学中国人力资本与劳动经济研究中心测算的各省区市历年农村实际人力资本数据，以表征各省农业人力资本水平[1]；④财政支农水平（Fiscal），采用各省区市农业财政支出占地区财政总支出的比重表示，其中，国家财政支农投资包括支农生产支出、农林水利气象等部门事业费、农业基本建设支出及综合开发等支出。⑤城镇化率（Urban），采用各省城镇常住人口占该地区常住人口的比例表示；⑥工业化率（Industry），采用各省工业增加值占国内生产总值的比重表示。此外，考虑到农民在农业生产决策过程中会参考过去的经验信息，本章还控制了上一年农村家庭居民人均纯收入（Income_lag，元）和上一年粮食产量（Grain_lag，万吨）。

4. 机制变量

基于上述理论分析，本章从规模化经营的视角出发，选取以下机制变量：①种植品种规模（Structure），参考潘丹和应瑞瑶（2013），本章利用粮食播种面积与经济作物播种面积的比值（即种植业内部结构）表征种植品种规模，反映种植业结构中粮食这一重要品种规模的调整；②农地经营规模（Scale，亩/人），参考王宝义和张卫国（2018），利用农村居民家庭经营耕地面积作为农地经营规模的代理变量，以此反映农民家庭土地规模不断扩大的趋势；③农机服务规模（Machine），参考蔡昉

---

[1] 该数据是基于 Jorgenson-Fraumeni 收入法计算所得，可以更合理、准确地反映农村人力资本状况。

（2008），本章选取机耕面积占耕地面积的比重（即机耕率）来度量农机服务规模。

针对本章的数据处理与样本选择，需要说明的是：其一，为了消除异方差影响，本章将Captial、Income_lag、Grain_lag等变量取对数后纳入模型中；其二，考虑到重庆市1997年才设立，基于数据的可得性，本章选取1997～2018年31个省区市的面板数据作为实证研究样本，其中缺失值采用线性插值法补齐。数据主要来源于历年《中国统计年鉴》、《中国农村统计年鉴》、《中国人力资本报告》和《中国农业机械工业年鉴》。上述各变量的简单描述性统计见表12-1。

表12-1　变量的数据来源及描述性统计结果

项目	变量名称及单位	观测值	平均值	标准差	最小值	最大值
农业投入变量	X_1（万人）	682	961.944	732.301	36.345	3 569.045
	X_2（千公顷）	682	5 126.602	3 585.998	103.79	14 783.35
	X_3（千公顷）	682	1 898.563	1 487.404	109.670	6 119.570
	X_4（万千瓦）	682	2 531.89	2 571.228	77.450	13 353.020
	X_5（万吨）	682	4.981	4.255 0	0.040	19.880
	F（万吨）	682	164.155	135.447	2.500	716.090
农业产出变量	Y（亿元）	682	687.145	561.580	21.820	3 092.571
被解释变量	FE	682	69.205	17.769	16.002	95.249
控制变量	Disater	682	25.186	16.248	0.262	93.592
	Price	682	132.727	41.036	82.425	294.686
	Captial（千元）	682	85.480	47.116	19.220	263.830
	Fiscal	682	9.976	7.875	0.721	69.495
	Urban	682	46.721	16.529	13.710	89.607
	Industry	682	37.232	9.894	6.808	59.243
	Income_lag（元）	682	5 771.652	4 382.144	1 185.070	27 825.000
	Grain_lag（万吨）	682	1 709.954	1 390.389	14.120	7 410.340
机制变量	Structure	682	329.560	366.313	60.819	4 949.714
	Scale（亩/人）	496	2.303	2.252	0	13.560
	Machine	589	54.644	24.186	0.486	100.000

注：在历年《中国农村统计年鉴》中，农地经营规模数据只统计到2012年，故该变量的样本观测值为496个；《中国农业机械工业年鉴》和《中国农村统计年鉴》只统计了2000～2018年的机耕面积数据，故变量机耕率（Machine）样本的观测年限为2000～2018年，样本观测值为589个；其他所有变量的样本观测年限为1997～2018年，样本观测值均为682个

12.2.3　计量结果与分析

1. 化肥利用效率测算

在利用translog形式的随机前沿生产函数测算化肥利用效率之前，本章首先进行变差率γ单边似然比检验，以考察非效率项和随机误差项对偏差的影响大

小[①]；其次，通过函数模型设定检验来判断随机前沿生产函数是否可以简化为柯布-道格拉斯（Cobb-Douglas，C-D）形式。单边似然比检验在 1%的显著性水平上显著，表明中国农业化肥施用存在非效率现象，因此需要构建随机前沿生产函数；函数模型设定检验 LR 统计量为 529.82，在 1%的水平上通过检验，则说明随机前沿生产函数应选择 translog 形式，不能简化为 C-D 形式。进一步地，translog 形式的随机前沿生产函数模型估计结果见表 12-2，各估计系数的影响方向与王善高等（2017）的研究结论基本一致。将表 12-2 中各变量估计系数代入式（12-4）计算 1997～2018 年 31 个省区市的农业化肥利用效率。分析表明，全国农业化肥施用平均效率为 69.205%，其中，粮食主产区的农业化肥施用平均效率为 72.853%，非粮食主产区的农业化肥施用平均效率为 66.570%，这说明粮食主产区在化肥利用效率上明显优于非粮食主产区。进一步地，本章运用 DID 模型，消除粮食主产区与非粮食主产区之间在地理、资源及经济等的不随时间变化的差异，同时控制省份与年份双向固定效应，进而识别粮食主产区政策对化肥利用效率的因果效应。

表12-2　translog形式的随机前沿生产函数模型的估计结果

变量	估计系数	标准误	变量	估计系数	标准误	变量	估计系数	标准误
$\ln(X)$	-0.539	0.371	T^2	0.0003	0.0002	$\ln(X_3)\times\ln(X_5)$	0.157^{***}	0.058
$\ln(X_2)$	2.855^{***}	0.534	$\ln(X_1)\times\ln(X_2)$	0.166^{*}	0.088	$\ln(X_3)\times\ln(F)$	-0.526^{***}	0.121
$\ln(X_3)$	0.780^{**}	0.380	$\ln(X_1)\times\ln(X_3)$	0.103	0.103	$\ln(X_3)\times T$	-0.014^{**}	0.007
$\ln(X_4)$	0.975^{**}	0.443	$\ln(X_1)\times\ln(X_4)$	0.092	0.079	$\ln(X_4)\times\ln(X_5)$	0.083^{*}	0.047
$\ln(X_5)$	-1.139^{***}	0.252	$\ln(X_1)\times\ln(X_5)$	-0.044	0.050	$\ln(X_4)\times\ln(F)$	0.221^{*}	0.114
$\ln(F)$	-1.747^{**}	0.733	$\ln(X_1)\times\ln(F)$	-0.255^{**}	0.093	$\ln(X_4)\times T$	0.018^{***}	0.005
T	-0.046^{**}	0.023	$\ln(X_1)\times T$	-0.0131^{**}	0.005	$\ln(X_5)\times\ln(F)$	0.117^{**}	0.047
$[\ln(X_1)]^2$	-0.089^{**}	0.033	$\ln(X_2)\times\ln(X_3)$	0.167	0.171	$\ln(X_5)\times T$	-0.005^{*}	0.003
$[\ln(X_2)]^2$	-0.378^{***}	0.120	$\ln(X_2)\times\ln(X_4)$	-0.414^{***}	0.119	$\ln(F)\times T$	0.003	0.006
$[\ln(X_3)]^2$	-0.331^{***}	0.763	$\ln(X_2)\times\ln(X_5)$	-0.069	0.070	常数项	-8.021^{***}	0.291
$[\ln(X_4)]^2$	-0.276^{***}	0.053	$\ln(X_2)\times\ln(F)$	1.089^{***}	0.161	Usigma	-3.871^{***}	0.597
$[\ln(X_5)]^2$	-0.076^{***}	0.018	$\ln(X_2)\times T$	0.010	0.007	Vsigma	-4.216^{***}	0.291
$[\ln(F)]^2$	-0.358^{***}	0.0989	$\ln(X_3)\times\ln(X_4)$	0.619^{***}	0.108			

注：模型的 log likelihood 值为 330.791。Usigma 为非效率项
***、**和*分别表示在 1%、5%和 10%的水平上显著

[①]　变差率 $\gamma=\sigma_u^2/(\sigma_u^2+\sigma_V^2)$，其中若 $\gamma\neq0$，则说明偏差由非效率项和随机误差项两者共同决定；反之，若 $\gamma=0$，则可忽略非效率项的影响（Battese and Coelli，1992）。

2. 粮食主产区政策对化肥利用效率的影响

在控制了省份与年份的双向固定效应后，DID 模型估计结果见表 12-3，由（1）列和（2）列可知，本章重点关注的交互项 Treat$_i$ × Period$_t$ 前的系数均为正且在统计上显著，这说明相比于非粮食主产区，粮食主产区政策显著地提高了 13 个粮食主产区的化肥利用效率。值得注意的是，化肥利用效率的取值介于 0 和 1 之间，采用 DID 模型可能导致估计结果有偏，鉴于此，本章进一步采用 Tobit-DID 模型来估计粮食主产区政策的因果效应，回归结果见表 12-3（3）列和（4）列。可以发现，DID 模型和 Tobit-DID 模型的估计结果基本一致，这表明前文 DID 模型所估计的因果效应具有一定的稳健性。进一步地，对列（2）与列（4）的估计系数进行解释分析，发现粮食主产区政策对化肥利用效率的估计作用约为 0.068，具体而言，在其他条件不变的情况下，与非粮食主产区相比，2004 年粮食主产区政策的实施使得 13 个粮食主产区的化肥利用效率平均提升了 6.8%。这一估计结果对前文粮食主产区与非粮食主产区间化肥利用效率存在差异的特征性事实给予了经验研究上的解释。

表12-3　粮食主产区政策对化肥利用效率的影响

FE	（1）	（2）	（3）	（4）	（5）	（6）
	DID		Tobit-DID		1997～2014 年样本 DID	
Treat$_i$ × Period$_t$	0.107***	0.068**	0.107***	0.068***	0.087**	0.057**
	（0.034）	（0.030）	（0.014）	（0.014）	（0.032）	（0.027）
Disater		−0.122***		−0.122***		−0.128***
		（0.036）		（0.025）		（0.038）
Price		−0.074		0.074***		−0.012
		（0.087）		（0.025）		（0.098）
Captial		0.174*		0.174***		0.276**
		（0.101）		（0.049）		（0.106）
Fiscal		0.033		0.033		0.040
		（0.028）		（0.037）		（0.031）
Urban		−0.021		−0.021		−0.040
		（0.072）		（0.037）		（0.069）
Industry		−0.137		−0.137		−0.146
		（0.193）		（0.074）		（0.195）

续表

FE	(1)	(2)	(3)	(4)	(5)	(6)
	DID		Tobit-DID		1997～2014 年样本 DID	
Income_lag		−0.279		−0.279***		−0.306
		(0.189)		(0.060)		(0.204)
Grain_lag		0.181***		0.181***		0.159***
		(0.051)		(0.020)		(0.049)
常数项	0.661***	1.191	0.748***	1.633***	0.674***	1.054
	(0.010)	(1.760)	(0.023)	(0.470)	(0.008)	(1.997)
省份固定效应	是	是	是	是	是	是
年份固定效应	是	是	是	是	是	是
组内 R^2	0.081	0.230			0.070	0.218
样本量	682	682	682	682	558	558

注：括号内为聚类于省份的稳健标准误；省份固定效应与年份固定效应的估计结果略

***、**和*分别表示在 1%、5%和 10%的水平上显著

与此同时，考虑到 2015 年农业部出台的《到 2020 年化肥使用量零增长行动方案》可能会对模型结果估计产生冲击，本章参考梁志会等（2020a）的做法，剔除可能受到宏观政策影响的样本，利用 1997～2014 年省级面板数据来进行稳健性检验。由（6）列可知，在地理、资源及经济等条件不变的情况下，粮食主产区政策使得处理组化肥利用效率平均提升了 5.7%，这表明粮食主产区政策对化肥利用效率具有显著的促进作用，与前文结论基本一致。

上述估计结果均表明，粮食主产区政策对农业化肥效率具有显著的促进作用。在产量目标导向的高压下，虽然粮食主产区不遗余力地保增产、促增收，但是也并未出现农业化肥施用过量低效的现象。相反，粮食主产区政策的实施提升了 13 个省区的农业化肥利用效率，也可能在一定程度上遏制了农业化肥过量施用、化肥面源污染不断恶化的趋势。据此判断，农业生产集聚，特别是粮食种植的生产集聚，可以兼顾种植主体增产增收，获得"金山银山"，以及生态环境保护，兼收"绿水青山"。

3. 平行趋势检验

表 12-3 中 DID 模型估计所得的政策效应是否能真实反映粮食主产区的设立对化肥利用效率的因果效应，还需对平行趋势假设进行验证。平行趋势假设是指在未实施粮食主产区政策的情况下，设立粮食主产区的 13 个省区与控制组的化肥

利用效率在时间上的变化趋势相一致。在控制一系列可观测变量的条件下，本章通过估计式（12-6）中各年份虚拟变量与分组变量的交互项系数 φ_t，将 2004 年作为基准组，检验 1997～2003 年是否通过平行趋势假设检验。由图 12-5 可以发现，1997～2003 年交互项系数 φ_t 在零值附近徘徊，说明在粮食主产区政策实施前，处理组与控制组之间化肥利用效率的变化趋势无显著差异，即平行趋势假设成立。

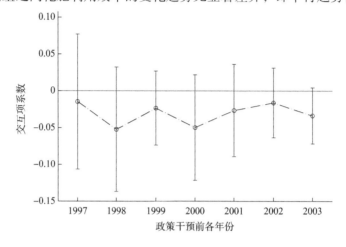

图 12-5　平行趋势检验示意图

与此同时，考虑到模型中纳入较多高度相关的交互项可能存在共线性问题，使得对各变量的贡献估计失真（Wooldridge，2015），本章进一步对 1997～2003 年交互项系数 φ_t 进行联合假设检验。检验结果见表 12-4（1）列，分析表明，粮食主产区政策干预前各时期交互项系数 φ_t 均联合不显著。为了使研究结论更为稳健，本章参考 Lu 等（2017）的做法，在式（12-6）的基础上纳入各省区市的时间线性趋势项，以消除各省区市之间固有的特征差异对估计结果造成的偏误。由表 12-4（2）列可知，1997～2003 年交互项系数 φ_t 联合假设依然不显著，表明各省区市的时间趋势差异没有对估计结果造成影响。

前文已证明粮食主产区政策对化肥利用效率具有显著的促进作用。在此基础上，本章继续利用事件分析法来明晰 2004 年后各时期的交互项系数 φ_t 的动态变化趋势。由图 12-6 可知，粮食主产区政策实施后，2005～2017 年的交互项系数 φ_t 呈现出波动上升的趋势；同时，表 12-4 中的联合假设检验也证明，无论是否控制各省区市的时间线性趋势项，在此期间的交互项系数 φ_t 均联合显著。因此，上述回归模型均满足平行趋势假定，在一定程度上消除了未观测变量所造成的内生性问题，表明前文所估计的政策效应具有因果意义上的解释。

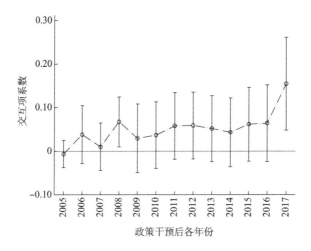

图 12-6　因果效应动态变化趋势图

图 12-5~图 12-6 中过圆点的竖线为对应交互项系数 φ_t 估计值的 90%置信区间

表12-4　政策干预前、政策干预后各年份估计系数联合显著性检验

原假设	被解释变量	（1）未考虑线性时间趋势	（2）考虑线性时间趋势
政策干预前（1997~2003 年）$H_0 : \beta_{1997} = \cdots = \beta_{2003} = 0$	FE_{it}	F 统计量=1.50；p 值=0.212	F 统计量=1.25；p 值=0.308
政策干预后（2005~2018 年）$H_0 : \beta_{2005} = \cdots = \beta_{2018} = 0$	FE_{it}	F 统计量=3.95；p 值=0.001	F 统计量=3.91；p 值=0.001

注：上述结果以 2004 年为基准组；图 12-5 和图 12-6 的联合显著性检验结果对应（1）列；上述模型均纳入了控制变量，具体控制变量同表 12-3（2）列

4. 安慰剂检验

虽然式（12-5）中已然控制了各省区市的特征变量，以及双向固定效应对化肥利用效率的影响，但仍有可能存在一些不可观测的系统性误差，导致粮食主产区政策干预前后农业化肥利用效率差异包含了选择性偏差，进而无法准确识别粮食主产区政策效应。对此，本章借鉴 la Ferrara 等（2012）的做法，构建 DID 模型估计量的安慰剂检验。具体操作是，首先，本章从非粮食主产区中随机抽取 13 个作为"伪处理组"，其余作为"伪控制组"；其次，随机抽取粮食主产区政策干预时点；最后，将两个随机抽取的变量代入式（12-5）进行虚拟估计得到一个虚假的交互项系数 $\hat{\varphi}^{random}$。理论上，随机产生的干预不会对农业化肥利用效率产生实际影响，即 $\hat{\varphi}^{random}=0$。重复随机抽样估计 500 次，对应产生 500 个交互项系数的估计值 $\hat{\varphi}^{random}$，如图 12-7 所示。其中，图 12-7（a）设定对应于表 12-3（1）列，图 12-7（b）对应于表 12-3（2）列，图中圆点为随机产生的 $\hat{\varphi}^{random}$，右侧虚线

为前文 DID 模型估计的真实值 $\hat{\varphi}$。可以发现，无论是否纳入控制变量，$\hat{\varphi}^{random}$ 均分布在零值附近且近似服从正态分布，同时真实值 $\hat{\varphi}$ 均位于远离 $\hat{\varphi}^{random}$ 均值的右侧。综上，安慰剂检验结果表明未发现不可观测的系统性误差干扰粮食主产区政策实施外生性的直接证据，再次证明了前文因果识别的有效性与估计结果的稳健性。

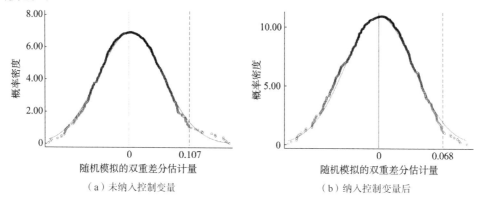

图 12-7　安慰剂检验

图 12-7（a）纳入控制变量模型设定同表 12-3（1）列；图 12-7（b）纳入控制变量模型设定同表 12-3（2）列

5. 机制分析与量化：基于规模化经营的视角

1）机制分析

以上研究结果表明，粮食主产区的设立显著地提升了 13 个粮食主产区的农业化肥利用效率，那么，其具体影响机制是什么？换言之，粮食主产区政策通过影响哪些关键变量来影响农业化肥利用效率？基于规模化经营视角下的理论分析，本章选取种植品种规模、农地经营规模、农机服务规模作为粮食主产区政策影响农业化肥利用效率的三条渠道。

由表 12-5（1）～（3）列可知，粮食主产区政策显著地提高了 13 个粮食主产区的种植品种规模、农地经营规模和农机服务规模，说明粮食主产区的设立达到了为保障粮食安全采取规模化经营的政策预期。从表 12-5（4）列可知，粮食作物品种在种植业结构中的比重提升亦能显著改善农业化肥利用效率；农地经营规模的扩大显著提升了粮食主产区内农业化肥利用效率；同时，农机服务规模对农业化肥利用效率具有显著的正向影响，这均与前文理论相符。进一步地，同表 12-3（2）列模型的估计结果相比较，当 DID 模型纳入各机制变量后，交互项 $Treat_i \times Period_t$ 前的系数由 0.068 减小至 0.020，这表明粮食主产区政策对化肥利用效率的促进作用有所减小。基于中介效应分析的原理可以判断，粮食主产区政策对化肥利用效率的一部分促进作用是通过扩大种植品种规模、农地经营规模和农机服务规模三条机制路径实现，因此理论部分阐述的影响机制得以验证。

表12-5 机制分析回归结果

变量	（1）Scale	（2）Machine	（3）Structure	（4）FE
$Treat_i \times Period_t$	0.299** （0.144）	0.071*** （0.024）	0.054*** （0.017）	0.020*** （0.011）
Scale				0.009* （0.004）
Machine				0.238** （0.049）
$\gamma = \sigma_u^2/(\sigma_u^2 + \sigma_v^2)$				0.813*** （0.077）
控制变量	是	是	是	是
常数项	−4.798*** （6.062）	−2.767* （1.447）	1.412 （27.952）	0.910*** （0.206）
省份固定效应	是	是	是	是
年份固定效应	是	是	是	是
样本量	496	589	682	403
组内 R^2	0.401	0.110	0.233	0.538

注：表 12-5 中（1）～（4）列控制变量同表 12-2（2）列，估计结果略。由于国家相关统计年鉴中农村居民家庭经营耕地面积数据只统计到 2012 年，农村机耕面积的统计年限为 2000～2018 年，故表 12-5 中（1）列模型观测样本量为 496，（2）列模型观测样本量为 589，（4）列模型利用的是 2000～2012 年样本，其样本观测数为 403

2）机制量化分解

进一步地，本章采用 Gelbach（2016）的做法对上述影响机制进行量化[1]。分析显示，粮食主产区政策对农业化肥利用效率促进作用的 76%可由关于规模化经营的三条路径机制进行解释，其中，农地经营规模扩大带来的解释比重为 3.2%，农机服务不断普及带来的解释比重为 20.2%，扩大粮食种植品种规模带来的解释比重为 52.6%（图 12-8）。

□ 种植品种规模（52.6%） ■ 农地经营规模（3.2%）
农机服务规模（20.2%） □ 未知因素（24.0%）

图 12-8 机制量化分解

---

① $\hat{\beta} = \hat{\gamma} + \sum \hat{\delta}^j \hat{\kappa}^j$，其中 $\hat{\delta}^j \hat{\kappa}^j$ 表示机制 j 的所解释部分，$\hat{\gamma}$ 表示模型未解释部分。因此，$\hat{\delta}^j \hat{\kappa}^j / \hat{\beta}$ 表示机制 j 的解释力度。

这表明，相比于非粮食主产区，13 个粮食主产区内高度集聚且呈规模化、机械化的粮食生产活动有助于提升化肥利用效率以实现减量化，与前文理论相一致。同时，该机制量化结果也表明本章所选取的三条规模化经营路径机制具有较强的解释力和可信性。综上所述，粮食主产区政策所引导的农业生产集聚，以及由此产生的规模效应（即种植品种规模、农地经营规模和农机服务规模扩张）既能够保障国家粮食安全，又能够改善生态环境，即兼顾"金山银山"与"绿水青山"。

12.3　结果与讨论

既有探讨产业集聚，尤其是生产集聚对生态环境影响的文献未能达成一致判断，并且相关文献多以工业产业为出发点，分析生产集聚的空间溢出效应。一方面，聚焦于农业产业的分析相对匮乏；另一方面，各地区域条件的强异质性和农业生产活动的强自然依赖性，造成空间溢出效应在解释生产集聚的生态环境影响时欠缺说服力。事实上，旨在稳定产量的粮食主产区政策，其本质即为鼓励粮食生产集聚。于是，本章将 2004 年全国 13 个粮食主产区的设立视为一次区域性政策干预，利用 DID 模型系统考察粮食主产区政策对化肥利用效率的影响及作用机制，以期回答在确保种粮主体稳产增收，收获"金山银山"，维护粮食安全的前提下，粮食主产区政策所表征的农业生产集聚是否能够提升化肥利用效率，兼收"绿水青山"，促进农业的可持续发展。

本章的研究结论为：①典型性事实分析初步表明，粮食主产区政策能够促进粮食增产，同时具有明显的化肥减施效应。②基准回归结果表明，粮食主产区政策对化肥利用效率具有显著的促进作用，具体地，与非粮食主产区相比，2004 年粮食主产区政策的实施使得 13 个粮食主产区的化肥利用效率平均提升了 6.8%，经过一系列稳健性检验后，上述结果依然成立。③机制分析结果表明，粮食主产区政策可以通过扩大种植品种规模、农地经营规模与农机服务规模以提升化肥利用效率，实现化肥减量化。综上，理论与实证证据均表明，粮食主产区政策有助于实现粮食增产与农业绿色发展的"双赢"目标。

本章的理论贡献为：①发现了非主产区粮食生产的化肥利用效率，在粮食主产区政策明确颁布后，反超主产区的效率值，且二者间的剪刀差呈扩大趋势。②基于粮食主产区政策的生产集聚本质，本章所构建的"种植品种规模-农地经营规模-农机服务规模"的三维规模分析框架，揭示出剪刀差产生并扩大的成因。③证实了农业产业的生产集聚，能够克服分散、细碎经营的局限，通过规模化优势兼收经济与环境效益。

　　本章的政策启示为：①粮食主产区的生产集聚更容易发展规模化经营，从而更具有提升化肥利用效率的规模效应。在粮食主产区内，粮食增产并未带来化肥低效、过量施用，这在一定程度上表明农业发展与生态环境保护之间的矛盾与冲突并非不可调和。中国农业可以实现既要"金山银山"也要"绿水青山"的绿色高质量发展目标。②由于得天独厚的要素资源优势与特殊的战略定位，粮食主产区政策通过粮食种植品种集约化、农地经营规模化、生产服务机械化，在促进粮食连年增产的同时，有效提升了化肥利用效率，实现了对化肥减量化的规模效应。可见，坚持以国家粮食安全为导向的粮食主产区政策可以统筹兼顾农业绿色发展。③优化粮食主产区的农业生产布局，积极引导种植主体改善种植品种规模、增大农地经营规模、扩张农机服务规模，通过强化农业生产的连片专业化、组织化与机械化，能够兼收"金山银山"与"绿水青山"。

第13章 宏观政策：中国农业减量化与高质量发展

13.1 重新认识农业的重要性

由 Kuznets（1966）开创的现代经济增长理论认为，在国民生产总值增长及人均产值提升的情形下，生产和劳动力的部门结构都会发生明显变化。尽管 1978 年以来农业占国内生产总值的比重和农业就业份额呈现明显下降趋势，但依然能够对经济增长做出如下四方面的贡献：一是产品贡献，包括满足人们的食物所需并保障营养健康，同时为食品加工、纺织业和烟草业等提供原料；二是市场贡献，农业部门和农业人口是国内消费市场的重要主体，为工业产品提供着广阔的市场空间；三是要素贡献，表现为农业生产要素，如剩余农业劳动力、剩余农产品和剩余农业资本等向非农部门的转移；四是外汇贡献，在需要增加国外先进技术和设备引进，但本国可供出口商品有限的情形下，调控农产品进出口成为平衡国际收支的重要策略（Kuznets，1961）。显然，上述界定是以工业化及经济增长为目的而将农业部门作为工具性与辅助性的经济部门的。

在以经济增长为导向、以要素配置为核心构建的新古典主义经济学分析范式中，农业被视为增长函数中的一个变量。这表现为：一方面，将农业定位为一个以产品或生产要素供给为主的被动产业；另一方面，将农业视作一个单纯的产业部门且仅产生经济贡献，在社会经济的进一步发展中不再具有任何特殊的功能（Federico，2005）。正因为如此，现代农业越来越呈现出"工业化"发展特征。尽管 20 世纪中叶以来，农业高产、高效的发展目标定位，以及集约化、化学化、机械化与设施化的发展路径，成功地解决了人类的饥饿问题，但却激发出更为多元的食物需求，既引发了社会对食物安全问题的担忧，也加剧了生态环境压力。对经济增长和物质利益最大化的追求将人与自然割裂开来，使处于工业社会的人们失去了在与自然的交互中本来能够获得的智慧、敬畏、惊奇、关怀与感动，以及对自然和劳动的尊崇等。事实上，随着收入水平的提高，人们的偏好和需求变得多元化与精神化，休闲农庄和观光农业等的蓬勃发展，表明农业不仅具有经济价值，更蕴含丰富的生态与人文的潜在价值。如何从"生产的农业"转变为"生命的农业"，从农业的经济功能转到农业的生态功能（维护生态多样性、稳定性与永续性）、社会功能（促进自然初心回归、农耕文明传承、生活福利改进），日益受到全社会的广泛关注（祖田修，2003）。

　　已有文献将农业的多功能性总结为食物功能、工业原料功能、贸易功能、经济增长功能、就业与收入功能、生态与环境功能、文化功能、乡村生活方式与发展功能、旅游与休闲功能、生物能源功能，甚至健康医疗功能等（陈秧分等，2019）。其中，农业的经济功能可以满足人类的生存与安全需要，农业的非经济功能则能够满足人类对爱与归属感、尊重和自我实现的需求。现代化的核心是人的现代化，是不断满足人类多样化、多层次需求的演化过程。因此，农业的贡献既包括为社会做出的食物产品贡献，也包括减少有毒有害要素使用和污染物排放做出的生态福利贡献；既包括通过原生农艺与乡土情境为人们提供的农耕文化体验，也包括通过景观、休闲、观光和疗养服务为人们带来的身心愉悦。

　　中国是人口大国，也是农业大国。中国农业承担着不可替代的重要使命，因为其不仅要养活中国人，继续做出有保障的产品贡献，而且要贡献环境福利、健康福利、文化福利和社会福利，尤其应该强化生态、康养、人文与社会等方面的功能。

　　其一，生态功能。已有文献大都聚焦农业生产与生态系统的负反馈关系及其改善，即农业对生态的消极影响与修复补偿（夏秋等，2018）。但被忽略的是，农业不仅基于生态系统提供产品，而且具有生态系统支持功能，在固碳、保持水土、调节局部小气候、维护生物多样性等诸多方面具有重要作用。采取恰当措施正向强化农业生产的生态保育价值，亦是农业现代化的重要构件。

　　其二，康养功能。在钢筋水泥构筑的城市里，拥挤的空间、快节奏的生活以及过大的工作压力，导致城市人口普遍处于亚健康状态。由此，田园景观（如花田和梯田）和休闲生活（如农家乐和休闲农庄）备受城市居民青睐（郭焕成和韩非，2010）。《全国乡村旅游发展监测报告》显示，2019上半年全国乡村旅游收入增至8600亿元（同比增加11.7%）。预计2020年休闲农业和农村旅游特色村会达到10万个以上，带动5000万农民转型提供乡村旅游服务并从中受益[1]。可见，农业的康养功能及其开发，正在成为既促进经济增长又增进社会福利的重要增长点。

---

　　① 资料来源：《国务院办公厅关于进一步促进旅游投资和消费的若干意见》（国办发〔2015〕62号）。当然，受突发性新型冠状病毒肺炎疫情的影响，这一预期可能会有所变化，但长期向好的趋势不会改变。

其三，人文功能。人类文明发端于农业社会。中国的黄河和长江流域，同西亚和中南美洲地区，并称为世界农业起源之地。通过长达千年的积淀，中国已形成极具地域和民族个性的农耕文化，是为中华文化瑰宝（龙文军等，2019）。所谓"物有本末，事有终始，知所先后，则近道矣"，讲的正是道法自然与乐天知命原则。中国农耕文化所特有的"应时、取宜、守则、和谐"的价值信念，能够修正经济增长与物质至上的单极追求，重塑敬畏自然之心，继而规制自我行为（夏学禹，2010）。悠久的农耕文明发展伴生出国人浓重的乡土情结，包含着可观的开发潜力。目前国家倡导的以乡愁和乡情为纽带发展乡愁产业，为农耕文明的传承提供了新思路。

其四，社会功能。虽然农业吸纳的就业人口数量呈下降趋势，但其仍然提供着大量的就业机会。国家统计局发布的数据显示，2018年，我国第一产业就业人员为20 258万人，占就业人员总数的26.11%。农业是农户实现生计可持续、避免返贫甚至实现致富的重要保障，也是维系村庄网络与社会稳定的安全阀。不仅如此，因农业劳作而产生和维系的技艺、经验等，经由口头传授与世代传承，不仅具有艺术价值，而且具有深刻的社会价值。

13.2　农业减量与高质量发展的本质规定

伴随中国工业化与城镇化进程的快速推进，农业在国民经济中所占份额不断下降。但经济贡献的下降，并不意味着农业地位的降低。美国的经验表明，虽然农业对国民经济的贡献相对有限，但农业是美国获得国际话语权的重要王牌之一（吕晓英和李先德，2014）。中国是世界上人口最多的国家，尤其在冷战思维依然延续、贸易保护主义不断抬头、全球化治理体系面临严峻挑战的背景下，中国的农业安全问题愈发凸显。

农业安全是一个多维的概念：第一，农产品的数量安全，其决定着人们的基本生存与社会稳定，具有不可或缺性；第二，农产品的质量安全，其决定着人们的生活质量，具有影响广泛性与深刻性；第三，农业的生命周期性特征与生态经济再生产特征，其使得农业成为具有外部性和生态性的产业。尤为重要的是，农产品，特别是粮食，已不再是单纯的农产品，而是日益成为垄断性经营品、金融与投机性产品。因此，对于中国来说，农业安全具有全局战略意义。

中国不可能依靠别人来解决自己的农业安全问题，中国的饭碗必须牢牢端在自己的手里，并且主要装盛中国的粮食。然而，农业安全的重要前提是农业成为一个有前景和有吸引力的行业，只有彻底颠覆其"面朝黄土背朝天"的固有落后面貌，才能激活农业领域的投资与资源注入。这就要求强化农业的功能价值，通过农业产品保障功能以外的生态、康养、人文与社会功能的多维发掘，提升农业产品和服务的附加价值。党的十九大报告指出，"我国社会主要矛盾已经转化为人民日益增长的美好生活需要和不平衡不充分的发展之间的矛盾"[①]。事实表明，人们生活的幸福程度并不单纯取决于物质财富的多少，而是在很大程度上取决于生活信念、生活方式及生活环境等。由此，农业功能多样化具有重要现实意义。概言之，中国农业不仅应该是数量保障型农业，而且还应成为质量型、福利型农业。特殊的国情与农情决定了中国农业的高质量发展应该具有如下本质规定。

一是保产，以土地生产率为主线的安全农业。中国已经并必须继续以占全球7%的耕地，养活占世界20%的人口。不存在可供拓展的耕地资源，甚至还面临耕地的退化问题，也不存在农产品需求削减的可能性或者依赖外部供给的可行性。中国的人地矛盾不仅将长期存在，且有逐步增强的趋势。为保障农产品供给，中国农业发展必须着力提高土地生产率，即增加单位耕地面积的产品产量。与此同时，物质生活条件的改善使得消费者的需求由"饱腹"升级为"营养""天然""有机""美观"，甚至"有趣"。因此，在保证产出数量以外，保产的另一重含义在于保证产出品质，增进单位面积耕地的高品质农产品产出率。

二是高效，以劳动生产率为主线的分工农业。伴随农业劳动力的大量非农转移，农业生产的劳动力短缺将成为常态，这一方面表现为农业劳动力数量不足，即农业可支配劳动力逐步减少；另一方面表现为农业劳动力素质不强，即较低的比较收益使农业在就业市场缺乏吸引力，导致优质人力资本不断流失。而劳动生产率不高的农业，既无法发挥其产品、市场、要素和外汇贡献，又无法实现其生态、康养、人文与社会贡献；既不能保证农业从业者收入的有效增长，也无法满足城镇居民多样化的产品与功能性服务需求，还会使国民经济失去重要市场动力。所以，通过引进现代生产要素（如良种、机械装备、耕种技术等）替代劳动力，强化农业社会化服务，促进农业的专业化并深化农业分工，以提升单位劳动力投入的产出效率，是高质量农业发展的重要构件。

三是减量，以绿色化发展为主线的优质农业。首先是资源消耗的减量，农业生产具有高度的自然资源依赖性，突出表现为对土地资源和水资源的依赖，所以寻找替代资源或者提升既有资源的利用效率，维持资源可持续是农业安全的核心保障。其次是污染物排放的减量，化肥和农药等化学品的广泛使用，会引致严重

---

① 《习近平：决胜全面建成小康社会 夺取新时代中国特色社会主义伟大胜利——在中国共产党第十九次全国代表大会上的报告》，http://www.xinhuanet.com/2017-10/27/c_1121867529.htm，2017 年 10 月 27 日。

的环境污染问题，如土壤板结酸化、水体富营养化和温室气体排放增加等，由此，采取恰当技术措施减少农业化学品用量，增加环境友好要素的投入势在必行（张露和罗必良，2020a）。概言之，农业高质量发展需要构建起农业同生态的高度和谐共生模式，使得农业成为产品供给与生态维护的重要支持系统。

四是增收，以多业态拓展为主线的功能农业。农业的高质量发展有赖于各类农业经营主体的恰当行为响应，而行为激励则源于农业活动可预期的潜在收入流。显然，依托于传统的农业种养项目所形成的农产品，因其较低的收入弹性与有限的市场容量，决定了经营主体增收的有限性，而农业的生态、康养、人文和社会功能所衍生出的功能性产品及服务形态，因其较高的需求弹性而具有广阔的潜在市场空间，能够拓展各类经营主体的增收渠道。因此，让农民在获得产品性收入的同时获取更多的功能性收入，是农业高质量发展的内在动力。

13.3　农业减量与高质量发展的逻辑转换

中国农业的经营主体是小农户。如何推动小农户和现代农业发展有机衔接，优化农业资源要素配置，促进农村第一、第二、第三产业融合，实现农业高质量发展，是重要的现实命题。

13.3.1　对传统思维的批评

长期以来，美国高劳动生产率和日本高土地生产率的农业发展模式，往往被视为现代化、高质量农业发展的典范。为了推进农业的高质量增长，主流文献大多关注于如何诱导小农引进现代生产要素，从而推进传统农业的改造，使其与现代农业有机衔接。这遵循的显然是 Schultz 式的新古典主义经济学思维范式。Schultz（1964）认为，在生产要素和技术状况不变的前提下，传统农业中对原有生产要素追加投资的收益率较低，因而农户难以内生出投资需求，农业领域缺乏资本投入导致传统农业发展滞后，当且仅当通过外力引入新的现代农业生产要素、打破原有生产均衡时，传统农业才能得以改造。Hayami（1981）进一步强调了技术进步和制度变迁对农业发展的诱致性作用。Schultz 思维范式在本质上表达的是一种农业生产或者农业增长的经济学，而不是农业功能的经济学。这一范式强调农业的生产效率或资源配置效率，忽视了农业的多功能性及其福利最大化；强调农民的经济理性，忽视了农民的社会理性与生态理性；强调农业外生性生产要素的引入，忽视了农户卷入分工经济的内生可能性。正因为如此，关于我国农业发展的基本主张及论争，也大都是 Schultz 思维传统的继续。

第一，经营能力说。在家庭承包经营体制下，中国的小农户广泛且大量存在。由农户的小规模、自给自足特征所决定的农业形态往往被视为传统农业。Schultz（1964）就将传统农业界定为"完全以农民世代使用各种生产要素为基础的农业"，并视其为一种特殊的经济均衡状态。由于农民对其所使用的要素的知识是这个社会中世代农民所熟知的，因此，传统农业生产方式本质上是一种长期没有发生变动的生产方式，或者说是维持简单再生产的、长期停滞的小农经济。为此，打破这种均衡格局，诱导小农投入现代生产要素尤为重要。但是，由于小规模农户的投资激励不足，所以鼓励农地流转推进规模经营、培育新型农业经营主体、强化农业技术推广与生产性服务等成为主流的政策主张。显然，这些主张的共同特征依然是集中于农业要素配置与生产效率的改善，农业功能及其生态福利并未受到重视。

第二，地权稳定说。土地均分是中国土地产权的基本制度安排，起初考虑土壤肥力、灌溉条件与距离远近等诸多因素所实施的地权分配，必须配合定期的经营权调整或者置换来保障制度的公平性。显然，由此引发的产权界定模糊或不稳定，可能削弱地权的排他性约束，引发农户的短期投资偏好，甚至造成"公地悲剧"等集体行为困境。即使对于遵循"生不增、死不减"原则而实施的新一轮农地确权，地权稳定究竟能否促进农户的长期投资偏好，学界也仍未达成一致。罗必良（2019）就曾提出，地权稳定可能激发农户的禀赋效应，即对自身所持有产权的农地产生高于实际的价值估值，从而抑制其流转，若此时该农户又不具备长期投资偏好或能力，则可能阻滞新技术采纳。更为重要的是，农业的外部经济性问题一直没有进入农地产权及其激励机制设计研究的视野。

第三，农地规模说。土地均分制及其调整，一方面造成了地权不稳定性问题，另一方面，也造成了土地细碎化问题。这可能引发部分租金耗散与效率损失。部分文献基于美国大农业的发展经验，认为扩大农地经营规模是农业现代化的必经之路（钟甫宁和纪月清，2009）。但此后有研究进一步指出，农地经营规模的扩张并非越大越好，而是存在一定阈值；长期鼓励土地流转与集中的努力并未取得显著进展，且农地经营规模同新技术采纳间也并非线性关系（张露和罗必良，2020a）。特别地，农业的规模经营并非由土地要素唯一决定，而是农地流转的交易成本、农户经营能力以及多种要素匹配的函数。不仅如此，规模经济追求的是成本最小化，但农业的多功能开发则需要进一步谋求社会福利与分工收益的最大化。

贯穿上述主张的核心逻辑是，通过地权稳定，激活土地要素交易市场，从而实现经营权从经营能力偏弱主体向经营能力偏强主体的转移，由此形成农地规模经营，进而能够提升农业生产效率。其中，高质量被视为全要素生产率，表达的正是 Schultz 范式的思维传统。

本章认为，改善农业规模经济性，必须从强调单一的土地要素转向注重多要素投入的均衡匹配，从仅仅关注生产成本拓展到同时考虑生产成本与交易成本，从关注规模经济性的成本节约转向关注分工深化的报酬递增机制（罗必良，2017b）。中国农业高质量发展，应该遵循中国农业发展的本质规定，从农业生产的经济学转向农业功能的经济学，从"为增长而增长"转向"为福利而转型"的目标导向，从农业的产品生产转向农业的功能拓展，由此重构"目标—行为—组织"的发展逻辑。

13.3.2　目标性转换：从产品生产到生态经济福利

综观世界农业的演进历程，农业借助外生动力实现发展的同时，也必须扎根地域生态系统特殊性，以激发内生动力。单纯由城市和工业增长极带动的外生发展模式因忽略地域生态系统特性而造成资源与环境危机。经济增长方式正在发生革命性转变，农业发展也正在从生产主义（productivist）转型为后生产主义（post-productivist）。前者基于自上而下的政策支持，通过集约化、规模化与专门化达到产量最大化，以确保粮食自给能力。后者基于自下而上的利益关联主体共同决策，通过分散化、延伸化和多元化降低外部投入品依赖，以提高生产可持续性（Evans，2010）。典型经验表明，基于本土自然与人文生态探索契合地域特色的农业发展模式往往具有目标选择的普适性。例如，美国劳动力相对短缺，通过机械化提升劳动生产率，发展资源密集型农业；日本自然资源匮乏，通过资本密集化提升土地生产率，发展精细农业；荷兰自然资源和劳动力均有限，通过科技化提升资本生产率，发展设施农业（张红宇，2017）。

可见，农业高质量发展，需要从重视产品生产转为重视生态经济福利，即基于地域生态系统特点形成特色鲜明的农业功能区。以长江经济带为例，上游的云南和贵州地处高原地带，以"坝子农业"著称。分布于山间盆地、河谷沿岸和山麓地带的农业种养活动，一方面形成引人入胜的农业景观，如云南元阳梯田；另一方面，产出独具特色的农产品，如贵州织金竹荪和都匀毛尖（任胜钢和袁宝龙，2016）。所以，上游地区农业发展的重心应为观光农业与特色农产品。中游地区的江汉平原、洞庭湖平原和鄱阳湖平原，位列全国九大商品粮基地，所在省份粮食产量占我国粮食总产量的 12.24%，是重要农业产区。因此，中游地区农业发展的重心为保障粮食生产，促进农业产出高效与产品安全。下游地区的江苏、浙江和上海等地，是我国具有重要影响力的国际城市群，为都市农业发展提供了广阔的市场。据此，下游地区可以在都市及其延伸地带，以先进设施设备为基础，以都市需求为导向，开展融生产、生活和生态于一体的农业生产（Zezza and Tasciotti，2010）。

13.3.3　行为性诱导：从分权激励到交易制度安排

在以往的农业生产效率目标导向下，产权界定被认为可以通过排他性约束，改善产权主体的稳定性预期与内在激励，由此提升资源的利用效率；也可以通过产权交易激励，促进产权的流转与集中，从而改善资源的配置效率。但有两方面的问题被忽略。

第一，并非所有要素或产品产权都可以被低成本地清晰界定，特别是生态经济福利不仅依赖于经济产品，更依赖于生态产品。而生态产品的供给往往具有公共性与外部性，由此为产权的明晰界定带来困难。无法明晰界定产权的物品或者引发"搭便车"行为，或者引发供给不足问题，从而决定了其租金耗散的必然性。并且，农业领域的诸多生态产品或服务依赖于地域的生物特性或景观特性，也造成了产权激励隐含着高额的交易成本（罗必良，2017a）。

第二，产品生产效率是多要素共同作用的结果。例如，农业产品的生产效率是土地、劳动力、资本等多要素的函数，而非土地要素单独决定的。所以，土地产权界定并不必然诱使农户的长期投资行为或者是积极的土地交易行为（钟甫宁和纪月清，2009）。农村土地确权后仍然存在的大量抛荒现象就是最直接的例证，因为对兼业农户而言，持有土地是其抵御务工失业风险的最后屏障，这可能阻滞其参与使用权交易；而确权并未改变部分家庭劳动力非农转移后的农业劳动力短缺局面，这可能阻滞其提升土地的利用效率（林文声等，2018）。

据此，恰当的交易制度安排尤为重要。Barzel（2015）将产权区分为"法定权利"和"经济权利"，罗必良（2019）对应地将其阐述为"产权界定"与"产权实施"。法定权利和产权界定强调行为主体对既定资产的占有、处置和收益分配等权利，经济权利和产权实施则强调对既有资产的处置方式。契合农业经营主体特征的迂回交易，可以突破产权界定或交易面临的成本制约和行为激励困境。例如，将无形的且产权模糊的民俗文化产品化，形成特色服务产品，由此改善其产权激励及其可交易性；或者针对农业经营主体的要素禀赋特征，通过服务外包、股份合作与联合经营，实现多元生产要素的匹配。

13.3.4　组织性拓展：从独立经营到卷入分工经济

经营主体的行为能力与产品生产经营特性隐含着重要的可匹配含义（刘守英和王瑞民，2019）。例如，在小规模分散化经营格局下，单个农户几乎不可能进行规模化、多样化的生态经济生产。鉴于农业的多功能性，单个农户的生产经营模式不仅面临着规模约束、投资约束，也面临着经营能力的约束。因此，一个可能的实施路径是将农户组织起来进行生态服务的规模经营。一方面，依托企业家能力，强化功能开发的外包服务；另一方面，诱导农户进行专业化经营，从而卷入农业的分工经济，进而形成共建、共营、共享的农业生产与功能经营体系。

伴随农业技术进步，农业生产环节的可分离性不断增强。例如，水稻种植的整地、育秧、插秧、植保、收割和秸秆处置均可作为独立的中间产品而存在，从而存在农业经营权细分的潜在空间。一旦小农的土地经营权存在产权细分的可能性，其内含的赢利机会就能够被企业家发现。由此，一方面形成提供"管理知识"这种中间产品（服务）的经营性主体，从而深化农业的知识分工并改进其经营效率；另一方面，形成提供"专业生产"这种中间产品（服务）的生产性主体，从而改善农业的技术分工与迂回生产效率（罗必良，2017b）。所以，即使农户不直接使用新要素进行生产，但当这种具备企业家能力的主体为农户提供上述服务时，农户就能够以购买服务的迂回方式采纳新要素与新技术，从而达到改造传统农业的目的。

更为重要的是，第一，与农地规模经营所倡导的经营权流转不同，外包服务经营有助于诱导农户卷入农业横向分工（在邻近地块上进行连片种植），而服务市场容量扩张与进一步的分工深化，可降低交易费用与组织成本。第二，外包服务主体的专业知识、技术装备与市场渠道所形成的专用性资产，在服务市场竞争生成情形下，不仅能够提升要素投入质量、促进化学品减量及改进农产品品质，而且可以拓展社会化服务市场、建设服务品牌及深化农业分工。第三，外包服务与企业家能力的增强，有助于发现功能性农业的市场机会，因而能够在连片经营的基础上进行景观改造、功能布局与多维价值开发，延伸和拓展农业产业链，从而在共建、共营、共享的经营体系中实现农民的功能性增收。

13.4　农业减量与高质量发展的策略选择

实现中国农业保产、高效、减量和增收的核心目标，促进农业的高质量发展，不仅需要思路的调整与转换,更需要发展路径及策略的合理选择,从而走向因"地"制宜、因"人"制宜、因"事"制宜的发展道路。

13.4.1　强化功能定位, 走因"地"制宜的农业发展道路

农业高质量发展要从有效率的经济增长转为有效率的功能拓展, 要求我们摆脱传统的基于产品产量与质量的发展思维, 从生态系统服务的角度来系统审视农业发展, 走因地制宜的多功能农业发展道路。因地制宜的关键在于农业高质量发展与地区生态系统的三方面融合。

一是同地域自然生态系统的融合, 即农业发展契合当地自然资源环境特征, 发挥地域资源禀赋优势并利用地域天然环境条件。例如, 更为契合本地土壤条件和气候条件的作物品种决策, 既能够形成作物产量的充分保证, 又可以避免化学品过量施用可能引致的生态破坏和食品安全问题。由此, 可以实现现代农业发展的生态功能。

二是同地域人文生态系统的融合, 即农业发展考虑当地民俗文化及其对种养行为的影响, 并结合文化特色与民俗传统开发休闲旅游与特色产品。例如, 在少数民族聚居地开展民俗文化村建设, 不仅可以向社会传播本民族的农耕文化, 而且可以规避自然条件对农业生产的限制, 提升农业活动的附加价值。由此, 可以实现现代农业发展的康养和人文功能。

三是同地域社会生态系统的融合, 即农业发展考察当地社会经济需求与相关技术实力, 以优先满足本地需求为重要前提。例如, 居民的饮食习惯与偏好往往受本地环境影响明显, 本地农产品更可能契合当地居民的营养和口味需求, 因此, 传统美食与地理标志产品能够唤起人们的乡土记忆, 增进乡土文化认同与自豪感, 与此同时实现乡愁的产业化。同样, 返璞归真的农耕体验、贴近自然的身心放松、天人合一的乡土感悟、敬畏生灵的意识美德, 不仅是城乡生态和食物供应链的链接扩展, 也是农业新型业态的结构性延伸。由此, 可以实现现代农业发展的社会功能。

13.4.2　靶向行为激励, 走因"人"制宜的农业发展道路

工业化与城镇化进程不断推进要素流动, 使得我国的农业经营格局正在发生重要转变。重新审视家庭经营体制下小农户的转型发展, 不难发现, 在农业去内

卷化趋势下，原有的自给自足的生存型小农户已然发生明显的分化：第一类是基于家庭内部的代际分工，以青壮年劳动力的务工收入满足家庭需求，留守劳动力开展简单的农业活动，成为追求劳有所得价值感的生活型农户；第二类是基于家庭卓越的农业劳动能力，通过土地要素交易市场或者亲缘关系，扩大土地经营面积，成为追求产量最大化的生产型农户；第三类是基于独特的自然条件或民俗文化拓展农业功能，发展休闲农业或者生态农业，成为追求农业功能拓展的功能型农户。显然，不同的农户有着不同的农业经营目标及行为特征。因人制宜，强调的是农业高质量发展与农户经营目标的契合。

第一，追求自给自足的生存型农户，其特点在于具有相对充裕的劳动力要素，因而偏好以密集的劳动投入来提升土地生产率。然而，由于资本要素极为有限，因此对化肥和农药等外部要素的投入都相对谨慎，偏好绿肥和农家肥等，以实现对生产成本的精准控制。所以这类农户并非先进技术和设备推广的恰当对象，对其帮扶的重心应放在将其家庭剩余劳动力吸纳至农业社会化服务队伍，使其成为职业农民，以谋求工资性收入来满足家庭生活需求。

第二，追求田园舒适的生活型农户，其特点在于农业劳动力相对缺乏，无法满足高劳动强度的作业需求。但因家庭成员外出务工能够获得稳定的收入来源，这类农户的农业经营具有明显的副业性质。所以其较为偏好劳动力节约型的技术或者生产资料，愿意为节省人力的产品或服务支付额外的费用，因而易于鼓励其开展连片化种植。该类农户应是农业社会化服务重点关注的目标群体。

第三，追求产量最高的生产型农户，其特点在于通过土地转入扩大农地经营规模，以谋求农业经营的规模经济性。但是受到强烈的经济目标驱使，此类农户可能以牺牲环境为代价，通过多施化肥和农药避免产量风险，由此带来环境污染和食品安全问题。所以，致力于促进化肥和农药减量的相关政策，应改变当前普惠制的激励模式，有针对性地激励这类群体的减量生产行为，诱导其提升产品品质及开展绿色经营。

第四，追求功能拓展的功能型农户，其特点在于所开展的农业经营活动，如休闲农业和绿色农业等，具有可观的附加值以及天然的资源保护和环境友好倾向。因而这一群体偏好资源和环境友好型技术的采纳，其能够通过高售价弥补新技术采纳引致的高成本，继而获得足够的利润空间保障。鉴于该群体是实现农业康养价值和人文价值的核心载体，且具有可观的就业吸纳潜力，因此有必要在信贷、用地等方面给予一定政策支持，促进功能型农户与相关经营主体的培育，由此实现农业的生态、康养、人文和社会的多功能融合与可持续发展。

13.4.3 深化农业分工，走因"事"制宜的农业发展道路

中国的农业规模经营，在基于土地经营权流转发展土地规模经营的同时，也正在谋求土地托管与服务外包等多种形式的服务规模经营。在我国粮食作物生产的环节中，收割环节机械化服务的覆盖率已经高达 90%，充分说明了农业社会化服务市场的广阔前景。事实上，不仅农业的生产性服务在快速扩展，农业的功能性服务与职业经理人市场服务也在快速扩展。因事制宜，强调的是农业高质量发展与农业分工的密切融合。

第一，通过农业社会化服务倒逼连片规模扩张。由于服务供应商具有生产要素采购成本优势、要素质量甄别优势和种养技术保障优势，因此其对小农户具有充分的吸引力。然而，细碎化的农地经营现状并不符合服务的连片作业要求，因而服务供应商通常会设置卷入服务的农地规模门槛。例如，江西绿能公司以 50 亩为服务外包的门槛值。为达到该阈值要求，农户会通过土地要素市场交易转入土地，或者同周围农户保持品种一致性，由此形成连片种植。所以，农地规模经营与服务规模经营需要进行有效衔接。

第二，通过农业社会化服务促进农业技术进步。农业高质量发展仍然以先进技术运用为载体，而社会化的服务组织正需要通过技术采纳提高劳动生产率、土地生产率与价值增值率。所以，农业分工及其专业化发展，不仅依赖于农业的生产技术、加工技术，更依赖于农业的绿色减量技术、品牌与创意设计技术及网络营销技术。技术的进步与分工的深化，以及由此所形成的市场容量与潜在收益空间，将不断诱导农业多功能开发与技术服务市场发育。更重要的是，农业的技术受体由农户转为专业服务组织，不仅使得技术采纳的门槛降低，而且使得服务市场竞争格局形成，这将不断激励各类专业服务主体强化技术创新，从而形成农业绿色、高质量发展的市场自发驱力。

第三，通过农业社会化服务强化农民职业队伍建设。农业分工、外包服务与经理人市场，能够诱导农业企业家群体的生成，形成代耕、代管与代营的职业化能人经营体系。其中，多样化与专业化的服务市场，将提供新的农业就业机会，能够使部分农地经营的退出农户转型为职业农民；农业的多功能开发与技术服务，也将培育专业化与职业化的农业技术人才队伍。因此，农业分工的效率空间和农业功能的潜在价值，将赋予农业新的生命力，吸引"有知识、懂技术、善经营、会管理"的专业化人才，形成"懂农业、爱农村、爱农民"的职业化农民队伍，而稳定的人才队伍及其专业化支持，才是农业高质量可持续发展的基本保障。

参 考 文 献

庇古. 2007. 福利经济学[M]. 金镝, 译. 北京：华夏出版社.

蔡昉. 2008. 刘易斯转折点后的农业发展政策选择[J]. 中国农村经济, (8): 4-15, 33.

蔡昉. 2010. 人口转变、人口红利与刘易斯转折点[J]. 经济研究, 45 (4): 4-13.

蔡荣, 汪紫钰, 钱龙, 等. 2019. 加入合作社促进了家庭农场选择环境友好型生产方式吗?——以化肥、农药减量施用为例[J]. 中国农村观察, (1): 51-65.

蔡时雨, 丰景春, 林锡雄, 等. 2019. 政府监管成本最低视角下建设市场主体最优信息灰度模型研究[J]. 科技管理研究, 39 (15): 224-229.

蔡颖萍, 杜志雄. 2016. 家庭农场生产行为的生态自觉性及其影响因素分析——基于全国家庭农场监测数据的实证检验[J]. 中国农村经济, (12): 33-45.

陈乃祥, 秦光蔚, 陈爱晶. 2018. 有机肥替代部分化肥对水稻产量及土壤有机质的影响[J]. 农业开发与装备, (11): 126-128.

陈秧分, 刘玉, 李裕瑞. 2019. 中国乡村振兴背景下的农业发展状态与产业兴旺途径[J]. 地理研究, 38 (3): 632-642.

程令国, 张晔, 刘志彪. 2016. 农地确权促进了中国农村土地的流转吗?[J]. 管理世界, (1): 88-98.

褚彩虹, 冯淑怡, 张蔚文. 2012. 农户采用环境友好型农业技术行为的实证分析——以有机肥与测土配方施肥技术为例[J]. 中国农村经济, (3): 68-77.

崔红志, 刘亚辉. 2018. 我国小农户与现代农业发展有机衔接的相关政策、存在问题及对策[J]. 中国社会科学院研究生院学报, (5): 34-41, 145.

邓宏图, 王巍. 2015. 农业合约选择：一个比较制度分析[J]. 经济学动态, (7): 25-34.

丁长发. 2010. 百年小农经济理论逻辑与现实发展——与张新光商榷[J]. 农业经济问题, 31(1): 96-102, 112.

杜锐, 毛学峰. 2017. 基于合成控制法的粮食主产区政策效果评估[J]. 中国软科学, (6): 31-38.

樊小林, 廖宗文. 1998. 控释肥料与平衡施肥和提高肥料利用率[J]. 植物营养与肥料学报, (3): 219-223.

方师乐, 黄祖辉. 2019. 新中国成立 70 年来我国农业机械化的阶段性演变与发展趋势[J]. 农业经济问题, (10): 36-49.

方师乐, 卫龙宝, 伍骏骞. 2017. 农业机械化的空间溢出效应及其分布规律——农机跨区服务的视角[J]. 管理世界, (11): 65-78, 187-188.

房丽萍, 孟军. 2013. 化肥施用对中国粮食产量的贡献率分析——基于主成分回归 C-D 生产函数模型的实证研究[J]. 中国农学通报，29（17）：156-160.

冯华超. 2019. 农地确权与农户农地转入合约偏好——基于三省五县调查数据的实证分析[J]. 广东财经大学学报，34（1）：69-79.

高晶晶，彭超，史清华. 2019. 中国化肥高用量与小农户的施肥行为研究——基于1995～2016年全国农村固定观察点数据的发现[J]. 管理世界，35（10）：120-132.

高斯，银温泉. 1992. 生产的制度结构[J]. 经济社会体制比较，（3）：56-60.

高云才. 2018-01-29. 乡村振兴加速培育新动能[N]. 人民日报，（1）.

郜亮亮. 2020. 中国种植类家庭农场的土地形成及使用特征——基于全国31省（自治区、直辖市）2014～2018年监测数据[J].管理世界，36（4）：181-195.

郜亮亮，黄季焜. 2011. 不同类型流转农地与农户投资的关系分析[J]. 中国农村经济，（4）：9-17.

郜亮亮，冀县卿，黄季焜. 2013. 中国农户农地使用权预期对农地长期投资的影响分析[J]. 中国农村经济，（11）：24-33.

格鲁伯，沃克. 1993. 服务业的增长：原因和影响[M]. 陈彪如，译. 上海：上海三联书店.

巩前文，穆向丽，田志宏. 2010. 农户过量施肥风险认知及规避能力的影响因素分析——基于江汉平原284个农户的问卷调查[J]. 中国农村经济，（10）：66-76.

顾乃华，毕斗斗，任旺兵. 2006. 生产性服务业与制造业互动发展：文献综述[J]. 经济学家，（6）：35-41.

郭焕成，韩非. 2010. 中国乡村旅游发展综述[J]. 地理科学进展，29（12）：1597-1605.

郭继强. 2007. "内卷化"概念新理解[J]. 社会学研究，（3）：194-208，245-246.

郭熙保，苏桂榕. 2016. 我国农地流转制度的演变、存在问题与改革的新思路[J]. 江西财经大学学报，（1）：78-89.

郭晓鸣，曾旭晖，王蔷，等. 2018. 中国小农的结构性分化：一个分析框架——基于四川省的问卷调查数据[J]. 中国农村经济，（10）：7-21.

郭阳，钟甫宁，纪月清. 2019. 规模经济与规模户耕地流转偏好——基于地块层面的分析[J]. 中国农村经济，（4）：7-21.

韩洪云，杨增旭. 2010. 农户农业面源污染治理政策接受意愿的实证分析——以陕西眉县为例[J]. 中国农村经济，（1）：45-52.

何凌云，黄季焜. 2001. 土地使用权的稳定性与肥料使用——广东省实证研究[J].中国农村观察，（5）：42-48，81.

何秀丽，刘文新. 2014. 东北商品粮基地县粮食生产影响因素及增产途径分析——以德惠市为例[J]. 中国农学通报，30（35）：304-309.

贺雪峰. 2011. 简论中国式小农经济[J]. 人民论坛，（23）：30-32.

贺雪峰，印子. 2015. "小农经济"与农业现代化的路径选择——兼评农业现代化激进主义[J]. 政治经济学评论，6（2）：45-65.

洪名勇，龚丽娟，洪霓. 2016. 农地流转农户契约选择及机制的实证研究——来自贵州省三个县的经验证据[J]. 中国土地科学，30（3）：12-19.

胡迪，杨向阳，王舒娟. 2019. 大豆目标价格补贴政策对农户生产行为的影响[J]. 农业技术经济，（3）：16-24.

胡凌啸. 2018. 中国农业规模经营的现实图谱："土地+服务"的二元规模化[J]. 农业经济问题，（11）：20-28.

胡霞，丁冠淇. 2019. 为什么土地流转中会出现无偿转包——基于产权风险视角的分析[J]. 经济理论与经济管理，（2）：89-100.

胡新艳，陈小知，米运生. 2018. 农地整合确权政策对农业规模经营发展的影响评估——来自准自然实验的证据[J]. 中国农村经济，（12）：83-102.

胡祎，张正河. 2018. 农机服务对小麦生产技术效率有影响吗?[J]. 中国农村经济，（5）：68-83.

黄国勤，王兴祥，钱海燕，等. 2004. 施用化肥对农业生态环境的负面影响及对策[J]. 生态环境，（4）：656-660.

黄绍文，唐继伟，李春花. 2017. 我国商品有机肥和有机废弃物中重金属、养分和盐分状况[J]. 植物营养与肥料学报，23（1）：162-173.

黄宗智. 1986. 略论华北近数百年的小农经济与社会变迁——兼及社会经济史研究方法[J]. 中国社会经济史研究，（2）：9-15，8.

黄宗智. 2014. "家庭农场"是中国农业的发展出路吗?[J]. 开放时代，（2）：176-194，9.

黄宗智，彭玉生. 2007. 三大历史性变迁的交汇与中国小规模农业的前景[J]. 中国社会科学，（4）：74-88，205-206.

黄祖辉，俞宁. 2010. 新型农业经营主体：现状、约束与发展思路——以浙江省为例的分析[J]. 中国农村经济，（10）：16-26，56.

纪龙，徐春春，李凤博，等. 2018. 农地经营对水稻化肥减量投入的影响[J]. 资源科学，40（12）：2401-2413.

纪月清，顾天竹，陈奕山，等. 2017. 从地块层面看农业规模经营——基于流转租金与地块规模关系的讨论[J]. 管理世界，（7）：65-73.

纪月清，张惠，陆五一，等. 2016. 差异化、信息不完全与农户化肥过量施用[J]. 农业技术经济，（2）：14-22.

贾蕊，陆迁. 2018. 土地流转促进黄土高原区农户水土保持措施的实施吗?——基于集体行动中介作用与政府补贴调节效应的分析[J]. 中国农村经济，（6）：38-54.

姜长云，王一杰. 2019. 新中国成立70年来我国推进粮食安全的成就、经验与思考[J]. 农业经济问题，（10）：10-23.

焦长权，董磊明. 2018. 从"过密化"到"机械化"：中国农业机械化革命的历程、动力和影响（1980~2015年）[J]. 管理世界，34（10）：173-190.

金书秦，周芳，沈贵银. 2015. 农业发展与面源污染治理双重目标下的化肥减量路径探析[J]. 环境保护，43（8）：50-53.

孔凡斌，郭巧苓，潘丹. 2018. 中国粮食作物的过量施肥程度评价及时空分异[J]. 经济地理，38（10）：201-210，240.

孔祥智，张琛，张效榕. 2018. 要素禀赋变化与农业资本有机构成提高——对1978年以来中国农业发展路径的解释[J]. 管理世界，34（10）：147-160.

李传桐，张广现. 2013. 农业面源污染背后的农户行为——基于山东省昌乐县调查数据的面板分析[J]. 地域研究与开发，32（1）：143-146，164.

李国祥，杨正周. 2013. 美国培养新型职业农民政策及启示[J]. 农业经济问题，34（5）：93-97，112.

李浩，栾江. 2020. 农业绿色发展背景下社会资本对农户环境行为的影响研究——以化肥减量化使用为例[J]. 农业经济，（1）：114-117.

李红莉，张卫峰，张福锁，等. 2010. 中国主要粮食作物化肥施用量与效率变化分析[J]. 植物营养与肥料学报，16（5）：1136-1143.

李江一. 2016. 农业补贴政策效应评估：激励效应与财富效应[J]. 中国农村经济，（12）：17-32.

李星光，刘军弟，霍学喜. 2018. 农地流转中的正式、非正式契约选择——基于苹果种植户的实证分析[J]. 干旱区资源与环境，32（1）：8-13.

厉为民. 2007. 论"农业结构"——国际经验给我们的启示[J]. 学习与实践，（2）：10-17，1.

梁志会，张露，刘勇，等. 2020a. 农业分工有利于化肥减量施用吗?——基于江汉平原水稻种植户的实证[J]. 中国人口·资源与环境，30（1）：150-159.

梁志会，张露，张俊飚，等. 2019. 小农发展气候智慧型农业的效率与成本改进：倡导农地流转还是发展社会服务?[J]. 长江流域资源与环境，28（5）：1164-1175.

梁志会，张露，张俊飚. 2020b. 土地转入、地块规模与化肥减量——基于湖北省水稻主产区的实证分析[J]. 中国农村观察，（5）：73-92.

列宁. 1958. 列宁全集（第二十七卷）[M]. 中共中央马克思列宁斯大林代表作编译局，译. 北京：人民出版社.

林楠，张洋，刘丽娟，等. 2019. 实验经济学方法下的农户绿色农药选择行为研究[J]. 生态经济，35（6）：113-119.

林文声，王志刚，王美阳. 2018. 农地确权、要素配置与农业生产效率——基于中国劳动力动态调查的实证分析[J].中国农村经济，（8）：64-82.

林毅夫. 1988. 小农与经济理性[J]. 农村经济与社会，（3）：31-33.

刘丹，巩前文，杨文杰. 2018. 改革开放 40 年来中国耕地保护政策演变及优化路径[J]. 中国农村经济，（12）：37-51.

刘世定，邱泽奇. 2004. "内卷化"概念辨析[J]. 社会学研究，（5）：96-110.

刘守英. 2019. 集体地权制度变迁与农业绩效——中国改革 40 年农地制度研究综述性评论[J]. 农业技术经济，（1）：4-16.

刘守英，王瑞民. 2019. 农业工业化与服务规模化：理论与经验[J]. 国际经济评论，（6）：9-23，4.

刘伟林. 2017a. 黑龙江开展"质量兴农护绿增绿"专项行动[J]. 农业工程，7（4）：141.

刘伟林. 2017b-09-02. 黑土地的"绿色蝶变"——黑龙江省开展东北黑土地保护提升耕地地力纪实[N]. 农民日报，（1）.

龙文军，张莹，王佳星. 2019. 乡村文化振兴的现实解释与路径选择[J]. 农业经济问题，（12）：15-20.

陆铭，冯皓. 2014. 集聚与减排：城市规模差距影响工业污染强度的经验研究[J]. 世界经济，37（7）：86-114.

罗必良. 2010. 合约的不稳定与合约治理——以广东东进农牧股份有限公司的土地承租为例[J]. 中国制度变迁的案例研究，（00）：221-248.

罗必良. 2012. 合约理论的多重境界与现实演绎：粤省个案[J]. 改革，（5）：66-82.

罗必良. 2016. 农地确权、交易含义与农业经营方式转型——科斯定理拓展与案例研究[J]. 中国农村经济，（11）：2-16.

罗必良. 2017a. 科斯定理：反思与拓展——兼论中国农地流转制度改革与选择[J]. 经济研究，52（11）：178-193.

罗必良. 2017b. 论服务规模经营——从纵向分工到横向分工及连片专业化[J]. 中国农村经济，（11）：2-16.

罗必良. 2019. 从产权界定到产权实施——中国农地经营制度变革的过去与未来[J]. 农业经济问题，（1）：17-31.

罗必良，等. 2017b. 农业家庭经营：走向分工经济[M]. 北京：中国农业出版社.

罗必良，洪炜杰. 2019. 农地调整、政治关联与地权分配不公[J]. 社会科学战线，（1）：60-70.

罗必良，李玉勤. 2014. 农业经营制度：制度底线、性质辨识与创新空间——基于“农村家庭经营制度研讨会”的思考[J]. 农业经济问题，35（1）：8-18.

罗必良，邹宝玲，何一鸣. 2017a. 农地租约期限的“逆向选择”——基于9省份农户问卷的实证分析[J]. 农业技术经济，（1）：4-17.

罗明忠，刘恺. 2015. 农业生产的专业化与横向分工：比较与分析[J]. 财贸研究，26（2）：9-17.

罗斯炫，何可，张俊飚. 2020. 增产加剧污染？——基于粮食主产区政策的经验研究[J]. 中国农村经济，（1）：108-131.

罗小娟，冯淑怡，黄信灶. 2019. 信息传播主体对农户施肥行为的影响研究——基于长江中下游平原690户种粮大户的空间计量分析[J]. 中国人口·资源与环境，29（4）：104-115.

骆永民，樊丽明. 2014. 中国农村人力资本增收效应的空间特征[J]. 管理世界，（9）：58-76.

吕娜，朱立志. 2019. 中国农业环境技术效率与绿色全要素生产率增长研究[J]. 农业技术经济，（4）：95-103.

吕晓英，李先德. 2014. 美国农业政策支持水平及改革走向[J]. 农业经济问题，35（2）：102-109，112.

马恩涛，姜超，王雨佳. 2018. 互补还是替代：地方政府财政支出空间关联性研究[J]. 公共财政研究，（5）：22-37.

马克思，恩格斯. 1995. 马克思恩格斯选集（第四卷）[M]. 中共中央马克思恩格斯列宁斯大林著作编译局，译. 北京：人民出版社.

蒙艳华，郭永旺，兰玉彬，等. 2018. 植保无人机低容量高浓度施药药剂在小麦植株上的消解动态研究[J]. 农业工程技术，38（9）：94-98.

闵继胜，孔祥智. 2016. 我国农业面源污染问题的研究进展[J]. 华中农业大学学报（社会科学版），（2）：59-66，136.

宁川川，王建武，蔡昆争. 2016. 有机肥对土壤肥力和土壤环境质量的影响研究进展[J]. 生态环境学报，25（1）：175-181.

农业部农村经济体制与经营管理司，农业部农村合作经济经营管理总站. 2018. 中国农村经营管理统计年报（2017年）[M]. 北京：中国农业出版社.

农业农村部农村合作经济指导司，农业农村部政策与改革司. 2019. 中国农村经营管理统计年报（2018年）[M]. 北京：中国农业出版社.

潘丹, 应瑞瑶. 2013. 资源环境约束下的中国农业全要素生产率增长研究[J]. 资源科学, 35（7）: 1329-1338.

庞巴维克. 1964. 资本实证论[M]. 陈瑞, 译. 北京: 商务印书馆.

彭海英, 史正涛, 刘新有, 等. 2008. 农作物种植结构与农民收入及其对环境影响的分析[J]. 环境科学与管理, （2）: 44-48.

恰亚诺夫. 1996. 农民经济组织 [M]. 萧正洪, 译. 北京: 中央编译出版社.

钱忠好. 2008. 非农就业是否必然导致农地流转——基于家庭内部分工的理论分析及其对中国农户兼业化的解释[J]. 中国农村经济, （10）: 13-21.

仇焕广, 栾昊, 李瑾, 等. 2014. 风险规避对农户化肥过量施用行为的影响[J]. 中国农村经济, （3）: 85-96.

仇童伟, 罗必良. 2018. 农业要素市场建设视野的规模经营路径[J]. 改革, （3）: 90-102.

全为民, 严力蛟. 2002. 农业面源污染对水体富营养化的影响及其防治措施[J]. 生态学报, （3）: 291-299.

任胜钢, 袁宝龙. 2016. 长江经济带产业绿色发展的动力找寻[J]. 改革, （7）: 55-64.

尚杰, 石锐, 张滨. 2019. 农业面源污染与农业经济增长关系的演化特征与动态解析[J]. 农村经济, （9）: 132-139.

邵帅, 李欣, 曹建华, 等. 2016. 中国雾霾污染治理的经济政策选择——基于空间溢出效应的视角[J]. 经济研究, 51（9）: 73-88.

邵帅, 张可, 豆建民. 2019. 经济集聚的节能减排效应: 理论与中国经验[J]. 管理世界, 35（1）: 36-60, 226.

沈涵, 吴文庆, 赵铮. 2011. 农民种粮收益影响因素与土地经营规模研究综述[J]. 经济学动态, （4）: 100-102.

师博, 沈坤荣. 2013. 政府干预、经济集聚与能源效率[J]. 管理世界, （10）: 6-18, 187.

石大千, 丁海, 卫平, 等. 2018. 智慧城市建设能否降低环境污染[J]. 中国工业经济, （6）: 117-135.

史常亮, 朱俊峰, 栾江. 2015. 我国小麦化肥投入效率及其影响因素分析——基于全国15个小麦主产省的实证[J]. 农业技术经济, （11）: 69-78.

舒尔茨. 2001. 报酬递增的源泉[M]. 姚志勇, 刘群艺, 译. 北京: 北京大学出版社.

斯密. 1997. 国民财富的性质和原因的研究 [M]. 郭大力, 王亚南, 译. 北京: 商务印书馆.

苏效坡, 曾爱军, 米国华. 2015. 中国和美国雨养玉米区机械化施肥技术比较分析[J]. 玉米科学, 23（6）: 142-148.

孙圣民, 陈强. 2017. 家庭联产承包责任制与中国农业增长的再考察——来自面板工具变量法的证据[J]. 经济学（季刊）, 16（2）: 815-832.

谭德水, 刘兆辉. 2018. 一次性施肥技术实现三大粮食作物轻简化绿色生产[J]. 中国农业科学, 51（20）: 3823-3826.

谭秋成. 2015. 作为一种生产方式的绿色农业[J]. 中国人口·资源与环境, 25（9）: 44-51.

田云, 张俊飚, 何可, 等. 2015. 农户农业低碳生产行为及其影响因素分析——以化肥施用和农药使用为例[J]. 中国农村观察, （4）: 61-70.

佟大建, 黄武, 应瑞瑶. 2018. 基层公共农技推广对农户技术采纳的影响——以水稻科技示范为例[J]. 中国农村观察，（4）：59-73.

万晶晶，王博，钟涨宝. 2020. 产权风险下农户农地无偿转包方式选择——基于正式制度与非正式制度视角[J]. 农业现代化研究，41（4）：637-648.

汪斌，董赟. 2005. 从古典到新兴古典经济学的专业化分工理论与当代产业集群的演进[J]. 学术月刊，（2）：29-36，52.

汪良军，童波，陆海. 2015. 合约理论的实验研究进展[J]. 经济学动态，（4）：103-120.

王宝义，张卫国. 2018. 中国农业生态效率的省际差异和影响因素——基于1996~2015年31个省份的面板数据分析[J]. 中国农村经济，（1）：46-62.

王常伟，顾海英. 2012. 逆向选择、信号发送与我国绿色食品认证机制的效果分析[J]. 软科学，26（10）：54-58.

王济民，张灵静，欧阳儒彬. 2018. 改革开放四十年我国粮食安全：成就、问题及建议[J]. 农业经济问题，（12）：14-18.

王建英，陈志钢，黄祖辉，等. 2015. 转型时期土地生产率与农户经营规模关系再考察[J]. 管理世界，（9）：65-81.

王剑锋，邓宏图. 2014. 家庭联产承包责任制：绩效、影响与变迁机制辨析[J]. 探索与争鸣，（1）：31-37.

王美艳. 2011. 农民工还能返回农业吗？——来自全国农产品成本收益调查数据的分析[J]. 中国农村观察，（1）：20-30，96.

王善高，刘余，田旭，等. 2017. 我国农业生产中化肥施用效率的时空变化与提升途径研究[J]. 环境经济研究，2（3）：101-114.

王新刚，司伟，赵启然. 2020. 土地经营权稳定性对农户过量施肥的影响研究——基于黑龙江省地块层面数据的实证分析[J]. 中国农业资源与区划，41（8）：162-168.

王志刚，申红芳，廖西元. 2011. 农业规模经营：从生产环节外包开始——以水稻为例[J]. 中国农村经济，（9）：4-12.

王祖力，肖海峰. 2008. 化肥施用对粮食产量增长的作用分析[J]. 农业经济问题，（8）：65-68.

魏后凯. 2017. 中国农业发展的结构性矛盾及其政策转型[J]. 中国农村经济，（5）：2-17.

夏秋，李丹，周宏. 2018. 农户兼业对农业面源污染的影响研究[J]. 中国人口·资源与环境，28（12）：131-138.

夏学禹. 2010. 论中国农耕文化的价值及传承途径[J]. 古今农业，（3）：88-98.

向涛，綦勇. 2015. 粮食安全与农业面源污染——以农地禀赋对化肥投入强度的影响为例[J]. 财经研究，41（7）：132-144.

项诚，贾相平，黄季焜，等. 2012. 农业技术培训对农户氮肥施用行为的影响——基于山东省寿光市玉米生产的实证研究[J]. 农业技术经济，（9）：4-10.

徐勇. 2006. "再识农户"与社会化小农的建构[J]. 华中师范大学学报（人文社会科学版），（3）：2-8.

徐志刚，谭鑫，郑旭媛，等. 2017. 农地流转市场发育对粮食生产的影响与约束条件[J]. 中国农村经济，（9）：26-43.

许红莲，胡愈. 2013. 农产品质量安全问题根源及其整治路径探究[J]. 中央财经大学学报，（12）：63-69.

许庆, 田士超, 徐志刚, 等. 2008. 农地制度、土地细碎化与农民收入不平等[J]. 经济研究, (2): 83-92, 105.

许庆, 尹荣梁, 章辉. 2011. 规模经济、规模报酬与农业适度规模经营——基于我国粮食生产的实证研究[J]. 经济研究, 46 (3): 59-71, 94.

闫湘, 金继运, 梁鸣早. 2017. 我国主要粮食作物化肥增产效应与肥料利用效率[J]. 土壤, 49(6): 1067-1077.

杨丹. 2019. 市场竞争结构、农业社会化服务供给与农户福利改善[J]. 经济学动态, (4): 63-79.

杨德才, 王明. 2016. 为什么小农经济会长期存在?——一个交易效率视角的探讨[J]. 农业经济问题, 37 (5): 77-87, 112.

杨林章, 冯彦房, 施卫明, 等. 2013. 我国农业面源污染治理技术研究进展[J]. 中国生态农业学报, 21 (1): 96-101.

杨小凯, 黄有光. 1999. 专业化与经济组织——一种新兴古典微观经济学框架[M]. 张玉纲, 译. 北京: 经济科学出版社.

杨泳冰, 易福金, 胡浩. 2016. 农业环境对粮食生产收益的新挑战——以近地面臭氧污染下的冬小麦种植为例[J]. 中国农村经济, (9): 72-82.

杨子, 饶芳萍, 诸培新. 2019. 农业社会化服务对土地规模经营的影响——基于农户土地转入视角的实证分析[J]. 中国农村经济, (3): 82-95.

姚从容. 2003. 环境问题的信息经济学分析[J]. 中国人口·资源与环境, (3): 118-121.

姚洋. 1998. 农地制度与农业绩效的实证研究[J]. 中国农村观察, (6): 3-12.

姚洋. 1999. 非农就业结构与土地租赁市场的发育[J]. 中国农村观察, (2): 18-23, 39.

姚洋. 2000. 中国农地制度: 一个分析框架[J]. 中国社会科学, (2): 54-65, 206.

叶兴庆. 2016. 演进轨迹、困境摆脱与转变我国农业发展方式的政策选择[J]. 改革, (6): 22-39.

叶兴庆, 翁凝. 2018. 拖延了半个世纪的农地集中——日本小农生产向规模经营转变的艰难历程及启示[J]. 中国农村经济, (1): 124-137.

应瑞瑶, 朱勇. 2015. 农业技术培训方式对农户农业化学投入品使用行为的影响——源自实验经济学的证据[J]. 中国农村观察, (1): 50-58, 83, 95.

应瑞瑶, 朱哲毅, 徐志刚. 2017. 中国农民专业合作社为什么选择"不规范"[J]. 农业经济问题, 38 (11): 4-13, 110.

虞祎, 杨泳冰, 胡浩, 等. 2017. 中国化肥减量目标研究——基于满足农产品供给与水资源的双重约束[J]. 农业技术经济, (2): 102-110.

张聪颖, 畅倩, 霍学喜. 2018. 适度规模经营能够降低农产品生产成本吗——基于陕西661个苹果户的实证检验[J]. 农业技术经济, (10): 26-35.

张福锁, 王激清, 张卫峰, 等. 2008. 中国主要粮食作物肥料利用率现状与提高途径[J]. 土壤学报, (5): 915-924.

张复宏, 宋晓丽, 霍明. 2017. 果农对过量施肥的认知与测土配方施肥技术采纳行为的影响因素分析——基于山东省9个县(区、市)苹果种植户的调查[J]. 中国农村观察, (3): 117-130.

张红宇. 2017. 准确把握农地"三权分置"办法的深刻内涵[J]. 农村经济, (8): 1-6.

张建, 诸培新, 南光耀. 2019. 不同类型农地流转对农户农业生产长期投资影响研究——以江苏省四县为例[J]. 南京农业大学学报(社会科学版), 19 (3): 96-104, 158-159.

张凯，冯推紫，熊超，等. 2019. 我国化学肥料和农药减施增效综合技术研发顶层布局与实施进展[J]. 植物保护学报，46（5）：943-953.

张可，豆建民. 2015. 集聚与环境污染——基于中国 287 个地级市的经验分析[J]. 金融研究，（12）：32-45.

张露. 2020. 小农分化、行为差异与农业减量化[J]. 农业经济问题，486（6）：131-142.

张露，罗必良. 2018. 小农生产如何融入现代农业发展轨道?——来自中国小麦主产区的经验证据[J]. 经济研究，53（12）：144-160.

张露，罗必良. 2019. 农业减量化及其路径选择：来自绿能公司的证据[J]. 农村经济，（10）：9-21.

张露，罗必良. 2020a. 农业减量化：农户经营的规模逻辑及其证据[J]. 中国农村经济，（2）：81-99.

张露，罗必良. 2020b. 农业减量化的困境及其治理：从要素合约到合约匹配[J]. 江海学刊，（3）：77-83.

张维理，武淑霞，冀宏杰，等. 2004. 中国农业面源污染形势估计及控制对策 Ⅰ.21 世纪初期中国农业面源污染的形势估计[J]. 中国农业科学，（7）：1008-1017.

张维理，张认连，冀宏杰，等. 2020. 中德农业源污染管控制度比较研究[J]. 中国农业科学，53（5）：965-976.

张晓恒，周应恒，严斌剑. 2017. 农地经营规模与稻谷生产成本：江苏案例[J]. 农业经济问题，38（2）：48-55，2.

张新光. 2011. 研究小农经济理论的政策含义和现实关怀——回应丁长发博士的质疑[J]. 农业经济问题，32（1）：81-88.

张云华，彭超，张琛. 2019. 氮元素施用与农户粮食生产效率：来自全国农村固定观察点数据的证据[J]. 管理世界，35（4）：109-119.

赵大伟. 2012. 中国绿色农业发展的动力机制及制度变迁研究[J]. 农业经济问题，33（11）：72-78，111.

赵丹丹，周宏. 2020. 农业生产集聚：如何提高粮食生产效率——基于不同发展路径的再考察[J]. 农业技术经济，（8）：13-28.

赵玉姝，焦源，高强. 2013. 农技服务外包的作用机理及合约选择[J]. 中国人口·资源与环境，23（3）：82-86.

郑风田，程郁. 2005.从农业产业化到农业产业区——竞争型农业产业化发展的可行性分析[J]. 管理世界，（7）：64-73，93.

郑微微，何在中，徐雪高. 2017. 江苏主要粮食生产中化肥过量施用评价及影响因素研究[J]. 农业现代化研究，38（4）：666-672.

郑旭媛，徐志刚. 2017.资源禀赋约束、要素替代与诱致性技术变迁——以中国粮食生产的机械化为例[J]. 经济学（季刊），16（1）：45-66.

钟甫宁，纪月清. 2009. 土地产权、非农就业机会与农户农业生产投资[J]. 经济研究，44（12）：43-51.

周广肃，谭华清，李力行. 2017. 外出务工经历有益于返乡农民工创业吗?[J]. 经济学（季刊），16（2）：793-814.

周静，曾福生，张明霞. 2019. 农业补贴类型、农业生产及农户行为的理论分析[J]. 农业技术经济，（5）：75-84.

周力，王镒如. 2019. 新一轮农地确权对耕地质量保护行为的影响研究[J]. 中国人口·资源与环境，29（2）：63-71.

周其仁. 2013. 城乡中国[M]. 北京：中信出版社.

周智炜，饶静，左停. 2013. 大都市郊区农户使用化肥行为的影响因素分析——基于北京郊区202个农户的调查数据[J]. 南方农业学报，44（12）：2102-2106.

朱淀，孔霞，顾建平. 2014. 农户过量施用农药的非理性均衡：来自中国苏南地区农户的证据[J]. 中国农村经济，（8）：17-29，41.

朱文珏，罗必良. 2020. 劳动力转移、性别差异与农地流转及合约选择[J]. 中国人口·资源与环境，30（1）：160-169.

朱希刚. 2004. 中国粮食供需平衡分析[J]. 农业经济问题，（12）：12-19.

朱兆良，金继运. 2013. 保障我国粮食安全的肥料问题[J]. 植物营养与肥料学报，19（2）：259-273.

诸培新，苏敏，颜杰. 2017. 转入农地经营规模及稳定性对农户化肥投入的影响——以江苏四县（市）水稻生产为例[J]. 南京农业大学学报（社会科学版），17（4）：85-94，158.

邹宝玲，罗必良. 2020. 农户分化与农地转出租约期限[J]. 财经问题研究，（3）：111-121.

邹伟，张晓媛. 2019. 土地经营规模对化肥使用效率的影响——以江苏省为例[J]. 资源科学，41（7）：1240-1249.

邹秀清，郭敏，周凡，等. 2017. 发展家庭农场对农户流转土地意愿的影响——来自江西省新余市的经验证据[J]. 资源科学，39（8）：1469-1476.

祖田修. 2003. 农学原论 [M]. 张玉林，等，译. 北京：中国人民大学出版社.

Abdulai A，Owusu V，Goetz R. 2011. Land tenure differences and investment in land improvement measures：theoretical and empirical analyses[J]. Journal of Development Economics，96（1）：66-78.

Alchian A A. 1965. The economics of property rights[J]. IL Politico，30（4）：816-829.

Allen D，Lueck D. 2002. The Nature of the Farm，Contracts，Risk and Organization in Agriculture[M]. Cambridge and London：MIT Press.

Angrist J D，Krueger A B. 1994. Why do world war Ⅱ veterans earn more than nonveterans?[J]. Journal of Labor Economics，12（1）：74-97.

Angrist J D，Pischke J S. 2009. Mostly Harmless Econometrics[M]. Princeton：Princeton University Press.

Apesteguia J，Palacios-Huerta I. 2010. Psychological pressure in competitive environments：evidence from a randomized natural experiment[J]. American Economic Review，100（5）：2548-2564.

Arriagada R A，Sills E O，Pattanayak S K，et al. 2010. Modeling fertilizer externalities around Palo Verde National Park，Costa Rica[J]. Agricultural Economics，41（6）：567-575.

Arrow K J. 1962. The economic implications of learning by doing[J]. The Review of Economic Studies，29（3）：155-173.

Barzel Y. 2015. What are "property rights"，and why do they matter? A comment on Hodgson's article[J]. Journal of Institutional Economics，11（4）：719-723.

Battese G E. 1992. Frontier production functions and technical efficiency：a survey of empirical applications in agricultural economics[J]. Agricultural Economics，7（3/4）：185-208.

Battese G E，Coelli T J. 1992. Frontier production functions，technical efficiency and panel data：with application to paddy farmers in India[J]. Journal of Productivity Analysis，3：153-169.

Becker G S，Murphy K. 1992. The division of labor，coordination costs，and knowledge[J]. The Quarterly Journal of Economics，107：1137-1160.

Bertrand M，Duflo E，Mullainathan S. 2004. How much should we trust differences-in-differences estimates?[J]. The Quarterly Journal of Economics，119（1）：249-275.

Bickel W K，Vuchinich R E. 2000. Reframing Health Behavior Change With Behavioral Economics[M]. Hove：Psychology Press.

Bierma T J，Waterstraat F L. 1999. Cleaner production from chemical suppliers：understanding shared savings contracts[J]. Journal of Cleaner Production，7（2）：145-158.

Bradshaw B. 2004. Plus c'est la même chose? Questioning crop diversification as a response to agricultural deregulation in Saskatchewan，Canada[J]. Journal of Rural Studies，20：35-48.

Chen Y H，Wen X W，Wang B，et al. 2017. Agricultural pollution and regulation：how to subsidize agriculture?[J]. Journal of Cleaner Production，164：258-264.

Cheng K，Pan G X，Smith P，et al. 2011. Carbon footprint of China's crop production—an estimation using agro-statistics data over 1993—2007[J]. Agriculture Ecosystems & Environment，142（3/4）：231-237.

Coase R H. 1960. The problem of social cost[J]. The Journal of Law and Economics，3（4）：1-44.

Conley T G，Udry C R. 2010. Learning about a new technology：pineapple in Ghana[J]. American Economic Review，100（1）：35-69.

Cordell D，Drangert J O，White S. 2009. The story of phosphorus：global food security and food for thought[J]. Global Environmental Change，19（2）：292-305.

Du X Q. 2015. How the market values greenwashing? Evidence from China[J]. Journal of Business Ethics，128（3）：547-574.

Duranton G，Puga D. 2004. Micro-foundations of urban agglomeration economies[J]. Handbook of Regional and Urban Economics，4：2063-2117.

Evans N. 2010. Multifunctional agriculture：a transition theory perspective[J]. Journal of Rural Studies，26（1）：81-82.

Federico G. 2005. Feeding The World：an Economic History of Agriculture，1800—2000[M]. Princeton：Princeton University Press.

Gao L，Zhang W D，Mei Y D，et al. 2018. Do farmers adopt fewer conservation practices on rented land? Evidence from straw retention in China[J]. Land Use Policy，79：609-621.

Geertz C. 1963. Agricultural Involution：The Process of Ecological Change in Indonesia[M]. Berkeley，Los Angeles：University of California Press.

Gelbach J B. 2016. When do covariates matter? And which ones，and how much?[J]. Journal of Labor Economics，34（2）：509-543.

Goetzke B，Nitzko S，Spiller A. 2014. Consumption of organic and functional food. A matter of well-being and health?[J]. Appetite，77：96-105.

Greenfield H I. 1966. Manpower and the Growth of Producer Services[M]. New York，London：

Columbia University Press.

Hayami Y. 1981. Induced innovation, green revolution, and income distribution: comment[J]. Economic Development and Cultural Change, 30（1）: 169-176.

Heckman J, Pinto R, Savelyev P. 2013. Understanding the mechanisms through which an influential early childhood program boosted adult outcomes[J]. American Economic Review, 103（6）: 2052-2086.

Henderson J V. 2003. Marshall's scale economies[J]. Journal of Urban Economics, 53: 1-28.

Hirschman A O. 1964. The paternity of an index[J]. The American Economic Review, 54（5）: 761.

Huang J K, Huang Z R, Jia X P, et al. 2015. Long-term reduction of nitrogen fertilizer use through knowledge training in rice production in China[J]. Agricultural Systems, 135: 105-111.

Jacobson L S, LaLonde R J, Sullivan L L G. 1993. Earnings losses of displaced workers[J]. American Economic Review, 83（4）: 685-709.

Jayne T S, Mather D, Mason N, et al. 2013. How do fertilizer subsidy programs affect total fertilizer use in sub-Saharan Africa? Crowding out, diversion, and benefit/cost assessments[J]. Agricultural Economics, 44（6）: 687-703.

Jeffrey M W. 2015. Introductory Econometrics: A Modern Approach[M]. 6ed. Boston: Cengage Learning.

Ju X T, Gu B J, Wu Y Y, et al. 2016. Reducing China's fertilizer use by increasing farm size[J]. Global Environmental Change, 41: 26-32.

Ju X T, Xing G X, Chen X P, et al. 2009. Reducing environmental risk by improving N management in intensive Chinese agricultural systems[J]. Proceedings of the National Academy of Sciences of the United States of America, 106（9）: 3041-3046.

Khonje M G, Manda J, Mkandawire P, et al. 2018. Adoption and welfare impacts of multiple agricultural technologies: evidence from eastern Zambia[J]. Agricultural Economics, 49（5）: 599-609.

Koenker R, Bassett G. 1978. Regression quantiles[J]. Econometrica: Journal of the Econometric Society, 46（1）: 33-50.

Krugman P. 1994. The myth of Asia's miracle[J]. Foreign Affairs, 73（6）: 62-78.

Kuznets S. 1961. Economic growth and the contribution of agriculture: notes on measurement[J]. International Journal of Agrarian Affairs, （3）: 56-75.

Kuznets S. 1966. Modern Economic Growth: Rate, Structure and Spread[M]. New Haven: Yale University Press.

la Ferrara E, Chong A, Duryea S. 2012. Soap operas and fertility: evidence from brazil[J]. American Economic Journal: Applied Economics, 4（4）: 1-31.

Lin J Y. 1992. Rural reforms and agricultural growth in China[J]. American Economic Review, 82（1）: 34-51.

Liu Y, Ruiz-Menjivar J, Zhang L, et al. 2019. Technical training and rice farmers' adoption of low-carbon management practices: the case of soil testing and formulated fertilization technologies in Hubei, China[J]. Journal of Cleaner Production, 226: 454-462.

Lu Y，Jenkins A，Ferrier R C，et al. 2015. Addressing China's grand challenge of achieving food security while ensuring environmental sustainability[J]. Science Advances，1（1）：e1400039.

Lu Y，Tao Z G，Zhu L M. 2017. Identifying FDI spillovers[J]. Journal of International Economics，107：75-90.

Lucas R E. 1988. On the mechanics of economic development[J]. Journal of Monetary Economics，22：3-42.

Maki A，Burns R J，Ha L. 2016. Paying people to protect the environment：a meta-analysis of financial incentive interventions to promote proenvironmental behaviors[J]. Journal of Environmental Psychology，47：242-255.

Manda J，Alene A D，Gardebroek C，et al. 2016. Adoption and impacts of sustainable agricultural practices on maize yields and incomes：evidence from rural Zambia[J]. Journal of Agricultural Economics，67（1）：130-153.

Marshall A. 1920. Principle of Economic[M]. 8th. London：Macmillan.

Mason N M，Jayne T S，van de Walle N. 2017. The political economy of fertilizer subsidy programs in Africa：evidence from Zambia[J]. American Journal of Agricultural Economics，99（3）：705-731.

Mueller N D，Gerber J S，Johnston M，et al. 2012. Closing yield gaps through nutrient and water management[J]. Nature，490：254-257.

Nunn N，Nancy Q. 2011. The potato's contribution to population and urbanization：evidence from a historical experiment[J]. The Quarterly Journal Of Economics，126（2）：593-650.

Nunn N，Wantchekon L. 2011. The slave trade and the origins of mistrust in Africa[J]. American Economic Review，101（7）：3221-3252.

Pan D，Kong F B，Zhang N，et al. 2017. Knowledge training and the change of fertilizer use intensity：evidence from wheat farmers in China [J]. Journal of Environmental Management，197：130-139.

Pan D，Zhou G Z，Zhang N，et al. 2016. Farmers' preferences for livestock pollution control policy in China：a choice experiment method[J]. Journal of Cleaner Production，131：572-582.

Pigou A C. 1920. Welfare Economics[M]. London：Macmillan Publishers Limited.

Quiroga S，Garrote L，Fernández-Haddad Z，et al. 2011. Valuing drought information for irrigation farmers：potential development of a hydrological risk insurance in Spain[J]. Spanish Journal of Agricultural Research，9（4）：1059-1075.

Romer P M. 1986. Increasing returns and long-run growth[J]. Journal of Political Economy，94：1002-1037.

Rosen S. 1983. Specialization and human capital[J]. Journal of Labor Economics，1：43-49.

Schultz T W. 1964. Transforming Traditional Agriculture[M]. New Haven and London：Yale University Press.

Scott J C. 1976. The Moral Economy of the Peasant[M]. New Haven：Yale University Press.

Sherwin R. 1983. Specialization and human capital [J] Journal of Labor Economic，1：43-49.

Takeshima H，Nkonya E. 2014. Government fertilizer subsidy and commercial sector fertilizer demand：evidence from the Federal Market Stabilization Program（FMSP）in Nigeria[J]. Food

Policy，47：1-12.

Tirole J. 1999. Incomplete contracts：where do we stand?[J]. Econometrica，67（4）：741-781.

van Kippersluis H，Rietveld C A. 2018. Beyond plausibly exogenous[J]. The Econometrics Journal，21（3）：316-331.

Verhoef E T，Nijkamp P. 2002. Externalities in urban sustainability：environmental versus localization-type agglomeration externalities in a general spatial equilibrium model of a single-sector monocentric industrial city[J]. Ecological Economics，40（2）：157-179.

Wang Y，Zhu Y C，Zhang S X，et al. 2018. What could promote farmers to replace chemical fertilizers with organic fertilizers?[J]. Journal of Cleaner Production，199（10）：882-890.

Wooldridge J M. 2012. Introductory Econometrics：a Modern Approach[M]. Michigan：South Western Educational Publishing.

Wooldridge J M. 2014. Introductory Econometrics：a Modern Approach [M]. 2nd. Stamford：Thomson Learning.

Wooldridge J M. 2015. Introductory Econometrics：A Modern Approach[M]. 6th. Boston：Cengage Learning.

Wu Y Y，Xi X C，Tang X，et al. 2018. Policy distortions，farm size，and the overuse of agricultural chemicals in China[J]. Proceedings of the National Academy of Sciences of the United States of America，115（27）：7010-7015.

Xin L J，Li X B，Tan M H. 2012. Temporal and regional variations of China's fertilizer consumption by crops during 1998—2008[J]. Journal of Geographical Sciences，22（4）：643-652.

Xin X L，Qin S W，Zhang J B，et al. 2017. Yield，phosphorus use efficiency and balance response to substituting long-term chemical fertilizer use with organic manure in a wheat-maize system[J]. Field Crops Research，208：27-33.

Xu Y T，Huang X J，Bao H X H，et al. 2018. Rural land rights reform and agro-environmental sustainability：empirical evidence from China[J]. Land Use Policy，74：73-87.

Young A A. 1928. Increasing returns and economic progress[J]. The Economic Journal，38（152）：527-542.

Zezza A，Tasciotti L. 2010. Urban agriculture，poverty，and food security：empirical evidence from a sample of developing countries[J]. Food Policy，35（4）：265-273.

Zhang L，Yan C X，Guo Q，et al. 2018. The impact of agricultural chemical inputs on environment：global evidence from informetrics analysis and visualization[J]. International Journal of Low-Carbon Technologies，13（4）：338-352.

Zhang T，Xue B D. 2005. Environmental efficiency analysis of China's vegetable production[J]. Biomedical and Environmental Sciences，18（1）：21-30.

Zhu Q H，Li Y，Geng Y，et al. 2013. Green food consumption intention，behaviors and influencing factors among Chinese consumers[J]. Food Quality and Preference，28（1）：279-286.

后　　记

本书是在张露博士后出站报告基础上修改而成的。

这是张露在华南农业大学从事的第二站博士后工作。第一站博士后工作是在华中农业大学。记得 2017 年 2 月在武汉举行的博士后出站答辩会上，我应其合作导师张俊飚教授的邀请担任答辩主席。在此之前，我对张露博士是有印象的。2015年初，我应邀在华中农业大学讲学，期间顺便指导了张露的国家自然科学基金青年项目的申请书写作，她在讨论过程中所表现出的反应、理解与处理能力，给我留下了深刻印象，尤其是当我提出"水稻生命周期、碳足迹演化与气候变化的响应机制"这一逻辑线索时，我发现了只有可造之材才会表现出的思维敏锐与学术兴奋［果然，她申报的项目《水稻全生命周期的碳足迹演化及对气候变化的响应机制研究——以长江中下游地区为例》（项目编号：41501213）被顺利立项］。

张露第一站的出站答辩当然是顺利通过，并得到了答辩委员会的一致好评。不过，我给出的评价是"一正一负"：问题的处理与实证检验总体上做得不错，但理论逻辑与机理分析还有很大的改进余地。张俊飚教授趁机说了一句："那干脆再跟你做一次博士后嘛！"一拍即合，张露的第二站博士后工作就这样被敲定了。

张露的主攻方向是农业减量化与绿色发展。这与我的研究兴趣是有偏差的（好在我曾经有很长一段时间关注过生态农业与可持续发展问题）。所以进站伊始，我带她做了两个方面的努力：一是适当拓展研究领域，二是强化逻辑思维与学理训练。因此，先后有《小农的种粮逻辑——40 年来中国农业种植结构的转变与未来策略》（《南方经济》2018 年第 8 期）、《小农生产如何融入现代农业发展轨道？——来自中国小麦主产区的经验证据》（《经济研究》2018 年第 12 期）、《贸易风险、农产品竞争与国家农业安全观重构》（《改革》2020 年第 5 期）、《中国农地确权：一个可能被过高预期的政策》（《中国经济问题》2020 年第 5 期）、《中国农业的高质量发展：本质规定与策略选择》（《天津社会科学》2020 年第 5 期）等多篇合作论文得以发表。

在此基础上，重新回到农业减量化主题，以便于继续深化张露的博士后研究工作。尽管有关农业减量化的研究文献浩如烟海，但主流观点认为，干预决策者心理构建（如通过培训提升环境认知以形成对减量的积极态度），优化农户要素禀赋配置（如通过农地流转实现规模经营以提升施用效率），强化政府政策干预（如通过实施财政补贴等支持方式以校正外部性问题），是农业减量的重要策略。对此，我们认为，如何有效激发农户的减量行为，进而形成激励相容与自我执行机制，是必须关注的重要问题。

考虑到农药产品特性与理化性质的复杂性，我们决定聚焦化肥减量。我们希望回答的问题是：化肥减量施用的行为主体是谁？化肥作为生产投入要素，同其他要素禀赋有何关联，有着怎样的减量效应？家庭经营制度下的小农户是化肥减量的恰当主体吗？既有减量激励的理论逻辑和策略存在怎样的问题，改进空间何在？

无疑，农户是农业减量化技术的采纳主体，其减量意愿及潜在技术需求具有重要的行为发生学意义。为此，我们通过构建"农户分化—要素匹配—减量策略"的分析框架，揭示出不同农户减量的目标偏好及其行为差异，从而阐明化肥减量行为的"四维"逻辑，即技术逻辑、规模逻辑、分工逻辑和治理逻辑。

张露的博士后研究工作可以说是近乎"完美"。三年时间，她以第一或通讯作者名义发表学术论文35篇[其中，期刊引用报告（Journal Citation Reports，JCR）一区期刊论文6篇；1篇论文被 *Nature* 子刊 *Nature Climate Change* 作为 Research Highlight 进行介绍]；分别获得中国博士后科学基金特别资助项目、中国博士后科学基金面上一等资助项目、国家社会科学基金一般项目、国家自然科学基金面上项目等多个项目的立项。此外，还获得了湖北省社会科学优秀成果奖三等奖（排名第一）。

2020年12月19日，华南农业大学农林经济管理博士后工作站为张露举行了"高规格"的出站答辩，由著名学者钟甫宁、黄祖辉、何秀荣、顾海英、霍学喜，以及罗明忠、胡新艳等教授组成的答辩会，对张露的博士后工作给予了高度评价，一致评定为"优秀"等级。

作为合作导师，我非常高兴本书能够顺利出版。此书不仅是张露勤奋刻苦的记录，也是我们师徒思想碰撞的结晶，还是代际传承合作的结果。所以要特别感谢张露指导的研究生梁志会、李红莉、唐晨晨对部分章节所做的贡献，也感谢杨高第、张鹏静、孙胜鹏、赵宁和沈雪等学生所参与的农户调研与数据清理工作。

最后，感谢国家自然科学基金委员会、全国哲学社会科学工作办公室和中国博士后科学基金会的项目支持，并对本书责任编辑认真、细致的工作表达真诚的谢意。

罗必良

2021年2月3日

于广州